煤焦油加氢技术

邱泽刚　李志勤　著

MEIJIAOYOU JIAQING JISHU

化学工业出版社
·北京·

内容简介

本书共7章，介绍了煤焦油的来源、性质、特点和分离，煤焦油加氢的基本原理，煤焦油加氢技术的现状及发展，煤焦油加氢工艺和催化剂，煤焦油加氢裂化，煤焦油加氢脱氮，煤焦油加氢脱硫，煤焦油加氢脱氧，以及煤焦油与煤、重油等的共炼，涵盖了煤焦油加氢技术的关键单元及催化剂体系。

本书可供煤化工和煤焦油加工领域的科研、工业生产、设计等技术人员使用，也可供高等院校相关专业师生参考。

图书在版编目（CIP）数据

煤焦油加氢技术/邱泽刚，李志勤著.—北京：化学
工业出版社，2020.11
ISBN 978-7-122-38017-3

Ⅰ.①煤… Ⅱ.①邱… ②李… Ⅲ.①煤焦油-加氢
Ⅳ.①TQ522.64

中国版本图书馆 CIP 数据核字（2020）第 236683 号

责任编辑：张双进	文字编辑：林 丹 苗 敏
责任校对：宋 玮	装帧设计：王晓宇

出版发行：化学工业出版社（北京市东城区青年湖南街 13 号　邮政编码 100011）
印　　装：涿州市般润文化传播有限公司
710mm×1000mm　1/16　印张 16½　字数 320 千字　2020 年 11 月北京第 1 版第 1 次印刷

购书咨询：010-64518888　　　　售后服务：010-64518899
网　　址：http://www.cip.com.cn
凡购买本书，如有缺损质量问题，本社销售中心负责调换。

定　　价：98.00 元　　　　　　　　　　　　　版权所有　违者必究

前　言

21世纪以来，我国煤干馏工业发展迅速，产生了大量高温和中低温煤焦油，2018年我国煤焦油年产量已达2500万吨。煤焦油高效、清洁利用是煤炭高效、清洁利用的关键技术之一，被列入《能源技术革命创新行动计划（2016—2030年）》。催化加氢是目前我国处理中低温煤焦油和部分高温煤焦油的一项主要技术。近年来，随着以热解为先导的煤炭分质利用技术的发展，煤焦油产量增大，煤焦油加氢产业迅速发展，煤焦油加氢技术取得长足进步。

编者十多年来从事煤焦油领域研发工作，结合研究和工业实践经验，以煤焦油加氢的技术进展为重点，兼顾煤焦油性质和特点、预处理技术以及煤焦油与其他原料的共炼，对煤焦油加氢技术原理、工艺、催化剂进行了系统的阐述，以期为煤焦油加工领域的科研、生产和设计等技术人员提供借鉴。

全书共7章，第1章介绍煤焦油与煤化工的关系，煤焦油主要的来源、技术，各类煤焦油的性质、组成特点以及煤焦油的分离利用；第2章重点阐述煤焦油加氢技术总体发展状况，煤焦油加氢前的各类预处理技术，典型的加氢工艺以及关键加氢催化剂的概况；第3章介绍煤焦油加氢裂化的反应原理、催化剂、典型工艺流程以及加氢裂化反应动力学等；第4、5、6章分别阐述煤焦油加氢清洁化所必需的三个关键过程，包括加氢脱氮、加氢脱硫和加氢脱氧；第7章则介绍了煤焦油与其他原料的共加氢。

本书第1章和第3章至第6章由西安石油大学邱泽刚编写，第2章和第7章由西安石油大学李志勤编写，全书由邱泽刚统稿和定稿。

本书获得"西安石油大学优秀学术著作出版基金"资助。本书编写过程中参考了大量国内外文献资料，西安石油大学研究生王元哲、王英、贺小霞、赵晟国参与了书稿的核对工作，并且化学化工学院给予了支持，谨在此一并表示感谢。

由于编者的水平有限，本书中难免有不妥和疏漏之处，敬请读者批评与指正。

著者

2020 年 10 月

目　录

第1章

绪 论

　　能源是人类社会赖以生存和发展的重要物质基础，能源问题不仅关系到经济安全和国家安全，对生态环境也有重要影响。煤炭是世界储量最多、分布最广的化石能源。BP《世界能源统计年鉴 2019》显示，2018 年世界煤炭探明储量为 10547.82 亿吨，煤炭在一次能源消耗中占比 27.2%，石油占比 33.6%，天然气占比 23.9%，其他能源占比 15.3%。《中国统计年鉴 2019》显示，煤炭在一次能源消耗中占比 59.0%，石油占比 18.9%，天然气占比 7.8%，其他能源占比 14.3%。全球能源结构和能源消费预测见图 1-1，可见即使在全球范围内，煤炭也占有一席之地。

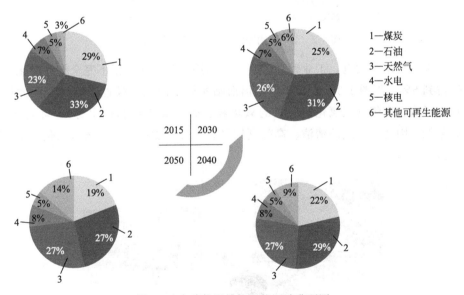

1—煤炭
2—石油
3—天然气
4—水电
5—核电
6—其他可再生能源

图 1-1　全球能源结构和能源消费预测

　　煤炭是我国现在和未来能源的重要组成部分。图 1-2 是我国不同时间的能源构成图，在 2001 年煤炭占比达到 68.3%，2016 年降低至 62.0%，消耗量为 37.8 亿吨，而 2020 年以后，煤炭占比要约束在 62.0% 以下，消耗量控制在 42 亿吨以下。根据我国相关规划，即使到 2050 年，估计煤炭占比仍大于 50%。由此可见，我国以煤炭为主的能源结构格局将保持相当长一段时期。此外，我国 2018 年石油进口量达 4.62 亿吨，对外依存度达 70.8%。《能源发展"十三五"规划》中明确提出，要提高国内油气供给保障能力，增强重点领域石油减量替代功能，加快发展石油替代产业，加强煤制油气等战略技术储备，这无一不昭示着煤炭利用在能源利用中具有重要的战略作用。

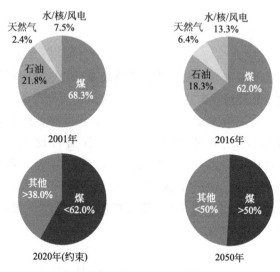

图 1-2　煤炭在中国一次能源消耗中的占比

煤炭主要用于发电，工业锅炉、窑炉，民用以及转化，据不完全统计煤化工用煤约占到 6%，见图 1-3。但煤炭利用仍面临着许多问题：煤直接燃烧产生大量的煤灰、煤渣、废气（二氧化硫、氮的氧化物、碳的氧化物和烟尘等），环境污染，燃烧率低。因此，煤炭的清洁、高效利用具有十分重要的意义，洁净煤化工是煤利用关键的发展方向。

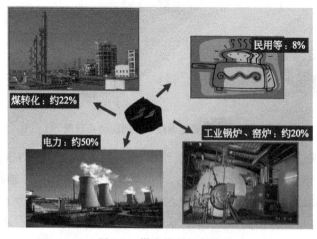

图 1-3　煤炭的利用方式

1.1　煤化工概述

煤化工是以煤为原料经过化学加工以实现煤综合利用的工业，也称"煤化学工业"。从煤加工过程区分，煤化工包括煤干馏（含炼焦和低温干馏）、煤气化、煤液化以及煤基合成化学等。概括起来，其源头技术及产品如表 1-1 所示，由此可以看出，煤化工的主要产品是燃料和化工品。

表 1-1　煤化工的范畴

煤转化	煤干馏(煤热解)	煤气化	煤液化
原理	把煤隔绝空气加强热,使其分解	把煤中的有机物转化为可燃性气体	把煤转化为液体燃料
原料	煤	煤	煤
产品	焦炭、煤焦油、焦炉气	氢气、一氧化碳	液体燃料(甲醇、汽油等)

煤化工有传统煤化工与现代煤化工之分。相对以产能过剩的合成氨、电石、焦炭等为主要产品的传统煤化工行业而言，现代新型煤化工以煤气化和煤热解为核心技术，通过优化整合先进化工生产技术，形成"煤炭-能源-化工"一体化新兴产业，并以天然气、烯烃、油品等我国进口依存度较高的能源、化工原料为主要终端产品。新型煤化工是未来煤化工发展的主要方向。新型煤化工技术主要包括八项，见图 1-4。

近几年来，煤的分质利用及低品质煤的提质受到人们的高度关注，煤的热解成为关键的源头技术，煤热解能提供市场所需的多种煤基产品，是洁净、高效利用低阶煤资源的有效途径，提高了煤基产品的附加值。

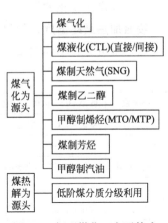

图 1-4　新型煤化工主要技术

1.2　煤的热解

煤的热解也称作煤的干馏或热分解，是指煤在隔绝空气的条件下加热至高温时发生一系列物理变化和化学变化的复杂过程，主要发生裂解反应和缩聚反应。在煤热解过程中，煤炭会经历软化、熔融、流动、膨胀和再次固化这一系列特殊的形态转化过程，生成物为气、液、固三相共存的混合物。

煤热解过程主要经历三个阶段：第一阶段，吸附气体（甲烷、氮气和二氧化碳等）脱除；第二阶段，发生解聚和分解反应，煤热解挥发分（煤气和煤焦油）析出和半焦生成；第三阶段，发生缩聚反应（也称为二次裂解反应），半焦进一步反应生成焦炭，析出的挥发分主要有 H_2、烃类。煤热解最终生成荒煤气（CH_4、CO、CO_2、H_2S、C_mH_n 和 H_2 等）、煤焦油、焦炭或半焦等产品。低阶煤热解能得到高产率的煤焦油和荒煤气。煤焦油经加氢可以制取汽油、柴油和喷气燃料，是石油的替代品。荒煤气是使用方便的燃料，可成为天然气的替代品。

根据干馏温度不同煤热解可分为低温煤热解（500～650℃）、中温煤热解（700～900℃）和高温煤热解（900～1100℃）。与高温煤热解（即焦化）相比，低温煤热解的煤焦油产率较高而荒煤气产率较低。一般半焦为 50%～70%，低温煤焦油为 8%～25%，荒煤气为 80～100m³/t（原料煤）。

按照不同的工艺条件煤的热解工艺可分为不同类型。煤热解工艺的选择取决于对产品的要求，并需综合考虑煤质特点、设备制造、工艺控制技术水平以及最终的经济效益。慢速煤热解是为了获得最高产率的固体产品（半焦）；中速、快速和闪速煤热解主要是为了获得最高产率的化工原料（挥发产品如煤焦油或煤热解气），从而达到煤定向转化的目的。

按照加热最终温度、加热速度、加热方式、热载体类型、气氛、压力等工艺条件，煤热解可分为不同类型，具体分类见表1-2。

表1-2　煤热解工艺分类

最终温度	低温 500～600℃,中温 700～900℃,高温 900～1100℃,超高温＞1200℃
加热速度	慢速＜5℃/h,中速 5～100℃/h,快速 500～1000℃/h,闪裂解＞1000℃/h
加热方式	外热式,内热式,内外并热式
热载体类型	固体热载体,气体热载体,气-固热载体
气氛	氢气,惰性气氛(氮气),水蒸气,催化加氢
压力	常压,加压,高压,隔绝空气

按加热方式热解炉可分为外热式、内热式及内外并热式。外热式炉的加热介质与原料不直接接触，热量由炉壁传入；内热式炉的加热介质与原料直接接触。加热介质可分为三类，分别称为固体热载体、气体热载体和气-固热载体。如西方研究公司的煤热解法用半焦作为热载体，TOSCOAL 法用陶瓷球作为热载体，鲁奇-鲁尔煤气法用砂子作为热载体等。

1.2.1　高温煤热解

煤在焦炉内隔绝空气加热到 1000℃ 左右，可获得焦炭、化学产品和煤气，此过程称为高温热解或高温炼焦，一般简称炼焦。炼焦产品包括焦炭、化学产品和煤气。2019 年，全国焦炭产量为 47126 万吨。90% 焦炭用于高炉炼铁，其余用于机械工业、铸造、电石生产原料、气化以及有色金属冶炼。化学产品硫酸铵、吡啶碱、苯、甲苯、二甲苯、酚、萘、蒽、沥青等用于合成化学肥料、农药、纤维、塑料等。煤气可用来合成氨、生产化学肥料或用作加热燃料。

煤的成焦过程包含了四个阶段：小于350℃的阶段是煤干燥预热阶段；350～480℃的阶段是胶质体形成阶段；480～650℃的阶段是半焦形成阶段；650～950℃的阶段是焦炭形成阶段。

焦炉的炭化室内同时进行着不同的成焦阶段。在装煤约8h内，炭化室内同时存在着湿煤层、干煤层、胶质体层、半焦层和焦炭层。两胶质体层在装煤后11h左右在中心汇合。装煤后15h左右焦炭成熟。

煤的成焦过程中产生大量气体，按气体析出途径可分为里行气和外行气。里行气占10%左右，形成于两胶质体之间，不可能穿过胶质体，只能上行进入炉顶空间，没有经历二次热解作用，含大量水蒸气，含煤一次分解产物，主要是CH_4及其同系物，还有H_2、CO_2、CO及不饱和烃；外行气占90%左右，产生于胶质体外侧，胶质体固化和半焦热解产生大量气态产物，沿焦饼裂缝及炉墙与焦饼间隙进入炉顶空间，经过高温区，经二次热解作用，二次热解产物主要为H_2及少量CH_4。

气体中含有化学产品，原料煤性质对化学产品产率的影响较大。挥发分高，煤气和粗苯产率都高。炉墙温度、焦饼温度对化学产品产率影响较大，其次是炭化室炉顶空间温度。

炼焦炉是煤炼焦过程的核心设备，经历了一个逐步发展的过程。

（1）早期的煤成堆、窑式土法炼焦

将煤置于地上或地下的窑中，依靠干馏时产生的煤气和部分煤直接燃烧产生的热量来炼制焦炭，称为土法炼焦。土法炼焦成焦率低，焦炭灰分高，结焦时间长，化学产品不能回收，综合利用率差。

（2）倒焰式焦炉

将成焦的炭化室和加热的燃烧室分开，隔墙上设有通道，炭化室内煤干馏产生的煤气经通道流入燃烧室内，同来自炉顶通风道内的空气混合，自上而下地边流动边燃烧，该焦炉称为倒焰式焦炉。干馏时所需热量从燃烧室经炉墙传给炭化室内的煤料。

（3）废热式

将炭化室和燃烧室完全隔开，炭化室内产生的荒煤气送到回收车间分离出化学产品后，再送回燃烧室内燃烧或民用。燃烧后产生的高温废气直接从烟囱排出。

（4）蓄热式

将高温烟气经蓄热室降温，热量用来预热空气等。

随着钢铁工业的快速发展，为适应高炉大型化与钢铁生产节能减排的总体要求，对焦炭的高质量需求日益提高，促进了炼焦技术不断提升。我国焦炉从极为简单、落后的土焦、改良焦、红旗三号小焦炉起步，逐步发展了炭化室高 4.3m、5.5m、6m 和 7.63m 的现代顶装焦炉，同时发展了炭化室高 3.2m、3.8m、4.3m、5.5m、6.0m 和 6.78m 的现代侧装捣固焦炉。焦炉的大型化、自动化、智能化发展，不仅意味着焦炉炭化室高度与有效容积的增加，而且标志着一个国家炼焦技术和装备水平的全面提升。随着焦化企业技术操作和管理水平的提高，环境保护和清洁生产水平的全面改善，我国焦化工艺技术装备和生产管理等综合能力已达到世界先进水平。

在现代科技发展的推动下，为满足市场多样需求、适应资源供给和环境改善等挑战，我国在煤炭焦化技术的开发、焦炉大型化、煤气资源化和炼焦化学产品的精深加工、节能减排等方面均有所突破与发展，实现了由焦炭生产大国向炼焦技术强国的转变。

1.2.2 低温煤热解

目前，国内有许多低温煤热解方法和技术，例如，煤炭科学技术研究院有限公司北京煤化工分院开发的 MRF 煤热解工艺；大连理工大学的固体热载体催化煤热解；浙江大学循环流化床（炉渣热载体与燃煤锅炉结合）；中国科学院过程工程研究所和中国科学院山西煤炭化学研究所联合研发的"煤拔头工艺"等。其中，大连理工大学固体热载体法快速煤热解的特点有：

① 油收率高，可达到 92%～96%；

② 原料利用率高；

③ 热效率高；

④ 单套装置的原料处理能力强，可达到 5000～8000t/d；

⑤ 产品油凝点和黏度较低，产品燃气热值高，冷凝设备小，轻汽油回收相对容易，干馏燃气含硫量低；

⑥ 生产过程耗水量少，废水量少，SO_2 和 NO_x 排放量少；

⑦ 设备结构简单；

⑧ 设备开、停灵活，操作弹性大，相对容易控制。

煤低温热解面临的问题和挑战，有以下几方面。

(1) 环境污染问题是煤低温热解行业面临的突出问题之一

主要原因如下。

① 焦化行业的排污环节比较多、强度比较高，污染物种类繁杂。

② 资源浪费严重，生产过程能耗大。

③ 威胁人民群众的身体健康。低温干馏生产过程中排放的废水、废气和废渣等大量有害污染物不但严重污染环境，而且还威胁生产地区居民的身体健康。

(2) 煤低温热解工艺的经济效益差

煤低温热解的高值产品是煤焦油，对煤焦油进行有效深加工和综合利用是项目主要经济来源。但目前煤热解普遍规模较小，运行成本高且无法形成煤焦油加工产业链。煤热解产生的煤气一般作为工业燃气利用，未进行分级高值利用。作为热载体的半焦，不仅难以冷却、储存和运输，且含有大量焦渣，热值下降，利用价值低。

（3）煤焦油的品质难以有效控制也限制了其发展

进入冷却系统的粉尘无法与煤焦油有效分离，煤焦油含尘量高不利于其深加工利用且易堵塞管路。通过水或氨水急冷分离煤气中的煤焦油，分离效果差。由于煤焦油、氨水和煤焦油渣的密度差较小，在气液分离器中依靠密度分离煤焦油较为困难。

国内典型中低温煤热解技术路线是：将低变质煤经自然干燥，然后在煤热解炉内进行炭化处理，在 $600\sim800℃$ 的条件下物料在隔绝空气的炉中发生脱水、热解、裂解等一系列反应，产生荒煤气、煤焦油和半焦。

荒煤气可按照 C_1 化工办法处理得到 CH_4、CO 和 H_2，再分别或综合利用，如高炉喷吹煤气、焦炉煤气用作燃料，焦炉煤气用作化工原料和还原剂等，这都是成熟的技术。如采用固体热载体技术产生的高热值煤气可直接作为工业原料和民用燃料气，采用气体热载体技术产生的低热值煤气只能作为工业燃料。煤低温热解的气态主要成分为 55%～60% 的氢气、23%～27% 的甲烷、5%～8% 的一氧化碳、2%～4% 的 C_2 以上不饱和烃、1.5%～3% 的二氧化碳、0.3%～0.8% 的氧气和 3%～7% 的氮气。

从煤焦油中提取酚，可加氢制成轻质芳烃、石脑油等油品。煤焦油经加工得到的稠环芳烃与杂环芳烃仍具发展潜力，特别是在医药、农药、燃料、合成纤维、耐高温材料等领域具有一定的不可替代性。低温干馏煤焦油中酚类化合物含量可高达 20%～30%，约是高温干馏煤焦油酚类产率的 20 倍。传统固定床低温干馏酚类产率虽高，但是主要以高沸点酚类化合物为主，其占总酚的 57%～87%。酚类是煤化工的一种高价值产品，但当其回收无经济效益或因条件限制不能回收时，又会造成严重的水质污染，必须加工处理。酚类化合物的含量和组成对煤化工产品的加工工艺及整体经济效益和社会效益都有很大的影响。褐煤低温热解产生的酚含量很高，约占煤焦油产率的 30%。因此研究褐煤热解过程中酚类化合物生成规律有很重要的意义。

半焦作为清洁能源，可用于高炉喷吹和气化原料。低灰分半焦可作为制备水煤浆、型焦、活性炭等的原料。半焦也称为兰炭，是高挥发分煤炭经过中低温煤热解得到的固体产品。半焦气化对提高中低温煤热解工艺竞争力，真正实现煤的清洁、高效、环保利用有着重大的意义。

在煤的温和气化过程中，副产品半焦占所有反应产物的 60%～90%（质量分数）。如何经济、有效、合理地利用半焦将决定整个煤温和气化过程的经济性和实现该过程工业化的可能性。煤温和气化所得半焦的性质主要取决于煤种、灰含量和形成半焦的反应条件等。

半焦的用途取决于半焦质量及其性质，煤热解所得半焦具有反应性及可磨性较好、比电阻较高、无爆燃等优点，此外其低廉的价格，使其具有较为广阔的应用前景。

半焦气化只在老式的固定床气化炉中少量掺用，没有大规模的工业化应用实例。

1.3 煤炭分质分级利用

煤炭主要分为褐煤、烟煤（长焰煤、不黏煤、弱黏煤、气煤、气肥煤、焦煤、瘦煤、贫煤）、无烟煤。较年轻的低变质烟煤和褐煤，低阶煤煤化程度低，含有较多非芳香结构和含氧基团，结构不规则，芳香核的环数较少，侧链长而多，官能团也多，空间结构较为疏松。低阶煤疏松的结构和多侧链的特点决定了其具有较高的反应活性和较高的挥发分，尤其是褐煤含水量高，热值低，不适于直接燃烧或运输，不得不进行分级提质后再加以利用。长期以来，煤炭仅作为能源，单纯追求化学能的获取，使碳、氢元素消耗转化为 CO_2 和 H_2O。传统煤化工单纯追求将煤转化成为某一类化学品，能量利用率不高。科学家提出的煤炭分质利用就是为了提高能量转化效率。

煤炭分级分质利用是基于煤炭各组分的不同性质和转化特性，将煤炭同时作为原料和燃料，将煤的热解（干馏）与燃煤发电、煤气化、煤气利用、煤焦油深加工等多个过程有机结合的新型能源利用系统。煤炭分级分质的先导技术是煤热解，煤热解产物为低成本的洁净煤、煤气和煤焦油产品。

煤的分质利用是：煤中低温热解（500～650℃）后分解成气体（荒煤气）、液体（煤焦油）、固体（半焦或称兰炭）三种形态产品，然后根据各类煤热解产物的物理、化学性质有区别地进行利用，梯级延伸加工，对煤炭组分进行有效综合利用。

1.3.1 煤炭分质分级利用的路线

煤炭分质利用是一个梯级利用过程。先将煤炭进行煤热解处理，产出荒煤气、煤焦油和半焦等初级产品，完成对原料煤炭的分质。从荒煤气中提取氢气，用于精馏出酚等高附加值产品后的煤焦油加氢，产出石脑油、柴油、液化气等产品；将提氢后荒煤气中的甲烷分离出来，用于生产压缩天然气或液化天然气，荒煤气中剩余的 CO 用于生产甲醇或其他化工产品，或作为工业燃料。根据产品质量和粒度大小对半焦进行分质利用，块状半焦用于生产电石、铁合金，粉状半焦经煤气化后生产化工产品。产品多联产是今后煤炭分质利用的发展趋势。

与直接燃烧或气化相比，煤炭分质利用具有资源高效利用的优势。直接燃烧是将煤的化学能全部转化为热能，只利用了煤的热能。气化是煤与水反应，将煤中的化学键断开，裂解生成基本的合成气 CO 和 H_2，再通过合成反应，重新将 CO 和 H_2 转化成所需的燃料或化学品，能效低，且煤炭原有的结构没有得到很好的利用。而分质利用的第一步则是通过低温干馏打开桥键，把原煤中部分化学结构保存下来，尤其是一些可以直接经过加工得到油品或其他高附加值产品的轻质组分。与直接燃烧或气化相比，分质利用直接利用了煤炭原有的部分结构，资源和能量利用率更高，潜在经济效益更好。

实际上，这个思路在 20 世纪 40 年代已经实现，但工艺技术水平远远落后于现在。

由此可见，分质转化工艺路线符合物质流和能量流的合理配置，有利于实现能耗和排放的最小化，被认为是能耗、物耗最低的煤炭转化方式。

目前，关于煤炭分质利用主要有两种思路，一种主张半分质利用，即低品质煤转化为油品和半焦，见图 1-5；另一种主张深度分质利用，即低品质煤全部转化为油品，见图 1-6。

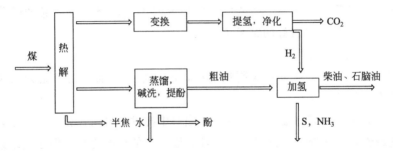

图 1-5　半分质利用路线

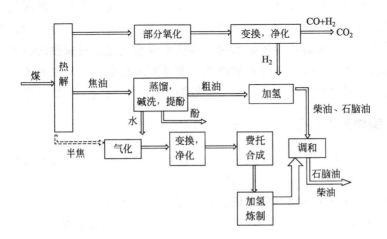

图 1-6　深度分质利用路线

半分质利用和深度分质利用的主要特点如下。

（1）半分质利用

半分质利用厂实际上是一个焦化厂加煤焦油制油厂，产品为半焦和油品，还会有少量的液化气和合成气。

① 这个方法只适合于高挥发分低阶煤。一旦这个办法可行，这类煤的价格会明显上涨。

② 半分质利用是靠投入煤量的40%～50%生产半焦来维持的，处理半焦的任务需要交给社会去统筹解决。

③ 煤焦油加氢后的柴油质量欠佳，十六烷值不够高，接近国家标准的下限。

④ 有大量含酚污水需处理。

⑤ 干馏产生的煤气很难完全脱除煤焦油，容易黏结设备和管道。

⑥ 煤的干馏采用常压设施，设备巨大，千万吨级的工厂占地面积较大。

⑦ 在有大量半焦存在的情况下，副产品利用的转化需要能量，半分质利用的能量转化率为75%，在对比能量转化率时，必须将半焦全部转化为下游产品。因此，从全过程来看，半分质利用的能量转化率并不高，将下游产品的转化计算在内，能达到45%已经是较好的结果了。

（2）深度分质利用

深度分质利用厂是真正的煤制油工厂，没有半焦产品，主产品为柴油和石脑油，还会有少量的液化气。

实际上它是一个煤制油的优化流程，当煤中挥发分含量比较高的时候，这个流程具有优越性，它能充分发挥煤中气、液、固三相的全部优势。但是实现这个流程的关键仍然是半焦能否大规模气化。如果做不到这一点，仍然是空谈。

半分质利用没有实际意义，可能是不可取的。深度分质利用是煤化工的美好理想，要努力去实现它，首先应该建设一个示范厂，但难点还有不少。若要实现深度分质利用，应先解决半焦的利用。即使水煤浆气化是很成熟的技术，不能就此推理到水焦浆气化也是很成熟的技术。要证明水焦浆气化是成熟的，不仅需要实验室数据，还需要工程数据，这个问题的解决与否决定了分质利用的命运。

1.3.2 国内煤炭分质分级利用技术现状

国内煤炭分质分级利用技术主要针对的是占煤炭总量55%的低阶煤。煤炭分质转化利用多联产具有代表性的路线主要有：

① 陕西煤业化工集团有限责任公司（以下简化为"陕煤化集团"）构建了自己的分质转化多联产路线，主要是围绕着陕北低阶煤中的长焰煤展开；

② 大连理工大学的分质转化多联产路线主要围绕着褐煤的分质利用展开；

③ 浙江大学的分质转化多联产路线是一条围绕着热电化多联产展开的路线；

④ 其他路径的分质转化多联产路线，因开发主体、区域资源、行业特点、下游需求、技术来源等因素不同而各具特点。

陕煤化集团煤分质利用理念的整体思路是：含油率较高（5％以上）的低阶煤经中低温（550～850℃）煤热解，抽取其中的煤焦油、煤气等轻质组分，同时获得热值较高的清洁碳素材料半焦。煤气用于制氢或甲烷；煤焦油经提酚等处理后与氢气发生催化裂化反应生产石脑油和柴油馏分；脱除了挥发分的半焦，比原煤热值更高、更洁净，既可气化生产合成气，继而生产化工产品，又可作为优质民用燃料和电厂燃料，还可替代无烟煤，用于炼钢炉的高炉喷吹，从而实现煤的分质分级高效、清洁利用，煤分质利用路线见图 1-7。

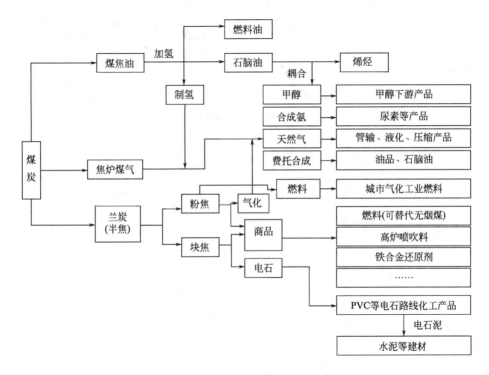

图 1-7　陕煤化集团的煤分质利用路线

中国科学院以低阶煤为先导的煤热解清洁、高效梯级利用路线如图 1-8[1] 所示：主要包括三条路线，路线一是低温煤热解-油品提质-半焦燃烧发电，路线二是低温煤热解-油品提质-半焦气化-合成，路线三是加氢煤热解-半焦气化-费托合成-油品共处理。

信达公司提出了如图 1-9 所示的路线[2]。煤炭通过煤热解和煤焦油加氢产生汽油、柴油、LPG、沥青等。煤热解产生的兰炭可用于发电、制甲醇和天然气，甲醇可以进一步加工成汽油和烯烃。1000kg 煤炭可产生 70～80kg 成品油。

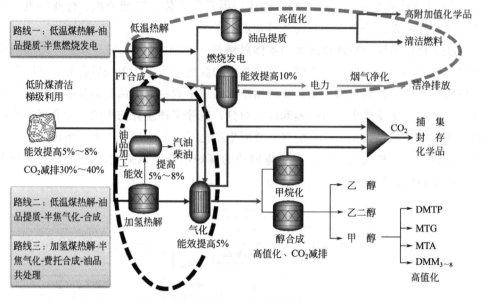

图 1-8　低阶煤清洁、高效梯级利用路线

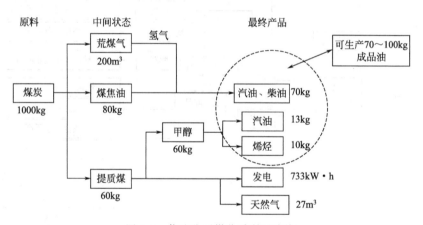

图 1-9　信达公司煤分质利用路线

1.4　煤焦油概述

近年来，随着煤化工项目的大量开工运行，煤焦油的产量也在快速增长。在2008年间，仅焦化行业就产生820万吨煤焦油，与此同时低温煤热解、气化过程中产生的煤焦油也达到400万吨以上。但是，2008年应回收煤焦油1150万吨，实际煤焦油的回收率仅为71.3%，有$330×10^4$吨未被回收，这不仅浪费了资源，也给环境造成了严重污染。2008年12月9日中华人民共和国工业和信息化部公告修

订的《焦化行业准入条件（2008 修订）》，首次将半焦（兰炭）焦炉和生产列入其中，从而为我国洁净煤的开发利用及生产中温和低温煤焦油提供了政策依据。焦油清洁加工技术研究被列入科技部在 2012 年 3 月发布的《洁净煤技术科技发展"十二五"专项规划》中。因此，煤焦油清洁加工是洁净煤利用的必要组成技术。

1.4.1　煤焦油来源和分类

煤焦油是一种具有刺激性臭味的黑色或黑褐色黏稠状液体，是一种重要的化工原料，也是一种宝贵的资源，是煤在热解过程中产生的液体产品。按照煤热解温度的不同大致可把煤焦油分为 3 类，即低温煤焦油（450～550℃）、中温煤焦油（600～800℃）和高温煤焦油（1000℃）。工业上煤焦油主要产生于高温炼焦和中低温热解（干馏），少量煤焦油产生于固定床气化过程。当前，我国高温煤焦油年产量在 1500 万吨以上，主要产生于高温炼焦工业，中低温煤焦油的年产量也达 600 万吨，主要产生于煤热解制兰炭工业[3,4]。另外，还有一个巨大的潜在来源是低阶煤的分质分级利用。低阶煤如褐煤、长焰煤、不黏煤、弱黏煤、气煤等占我国已发现资源量的 58% 以上，中低温热解能得到高产率的煤焦油，在可预见的未来，以煤热解为先导富产中低温煤焦油的大规模低阶煤清洁、高效梯级利用技术的发展将产生更大的经济和环境效益。

1.4.2　煤焦油的性质

常温下高温煤焦油的密度为 1.17～1.19g/cm^3，具有酚、萘的特殊臭味，闪点为 96～105℃，自燃点为 580～630℃，燃烧热为 35.7～39.0MJ/kg。煤焦油中悬浮有炭黑状物质和高分子树脂，决定了其深暗的颜色。这些物质是由高分子特别是多碳少氢的芳烃或稠环芳烃所组成的，不溶于苯、甲苯、吡啶和喹啉等有机溶剂，统称为苯不溶物（BI）或甲苯不溶物（TI）。它们对煤焦油的性质和质量产生很大的影响。煤焦油中还含有 2%～5% 的氨水，呈碱性。

煤焦油中的组分可分为芳香烃、酚类、杂环氮化合物、杂环硫化合物、杂环氧化合物及复杂的高分子环状烃等。尽管其成分复杂，但总体而言有以下特点：

① 主要是芳香族化合物，而且大多数是两个环以上的稠环芳香族化合物，烯烃、烷烃和环烷烃化合物很少。

② 含氮化合物主要是具有弱碱性的喹啉和吡啶类化合物，也有吡咯类化合物，如咔唑、吲哚，以及少量的胺类和腈类。

③ 含氧化合物主要是相应烃的羟基衍生物，即酚类、酯类等，还有一些中性含氧化合物，如氧芴等。

④ 含硫化合物是噻吩类、硫杂茚、硫酚等。

低温煤焦油是低变质煤在气化过程中产生的具有不愉快气味的暗褐色液体。它的干馏温度通常为 450～650℃，组成随干馏条件和煤种的差异而变化。低温煤焦

油的密度一般小于 $1g/cm^3$，黏度较大。其中烷烃含量为 $2\%\sim10\%$，烯烃含量为 $3\%\sim5\%$，有机碱含量为 $1\%\sim2\%$，芳烃含量为 $15\%\sim25\%$，沥青含量约为 10%，酚含量约为 40% 等。

中温煤焦油是一种黑色或黑褐色黏稠状液体，主要产生于 $600\sim800℃$ 煤热解炉和 $900\sim1000℃$ 的立式炼焦炉，密度约为 $1g/cm^3$，其中脂肪烃类和芳香烃类含量约 50%，酚类含量约 30%。

高温煤焦油是煤热解生产焦炭的副产物，为黑色黏稠状的液体。其产量与焦炭生产紧密相关，产率为 $2.5\%\sim4\%$[5]，密度大于 $1g/cm^3$，主要成分为芳香族化合物。其所含组分数在 10000 种左右，含量接近或超过 1% 的物质仅有十余种，包括萘、芴、苊、蒽、咔唑、荧蒽和苯甲酚等，约占高温煤焦油含量的 30%。通过对高温煤焦油进行深加工处理，可从中提取出医药、纤维、塑料和燃料等行业中一些重要的化学原料。

中低温煤焦油主要是低阶煤生产兰炭或气煤热解时产生的液体产物[6,7]，为有特殊气味的黑褐色液体，密度约为 $1g/cm^3$，黏度较大。其组成和性质介于低、中温煤焦油之间，与原油相接近。但其硫、氮、芳烃含量，碳氢比，不饱和度，杂质及残炭含量要高于原油。可通过催化加氢反应使其转化为清洁燃料油，作为石油资源的替补能源。

煤焦油之间的差异主要源自不同种类煤炭的煤热解，低阶煤 H、O 元素含量高，随着煤阶的提高，H、O 元素含量下降，C 元素含量增加。低阶煤热解产生的煤焦油 H、O 元素含量高，高阶煤热解产生的煤焦油 H、O 元素含量相对较低。煤焦油中 H/C 原子比大小顺序为：低温煤焦油＞中温煤焦油＞高温煤焦油。煤焦油中的氧元素含量大小顺序则为：低温煤焦油＞中温煤焦油＞高温煤焦油[8]。不同温度下煤焦油的组成与特性见表 1-3。

表 1-3　不同温度下煤焦油的组成与特性

项目		低温煤焦油（600℃）	中低温煤焦油（700℃）	中温煤焦油（800℃）	高温煤焦油（1000℃）
煤焦油产率/%		$9\sim10$	$5\sim7$	$5\sim6$	$3\sim3.5$
密度(20℃)/(g/cm³)		0.9427	0.9742	1.0293	1.1204
运动黏度(100℃)/(mm²/s)		59.6	114.6	124.3	159.4
馏程	初馏点/℃	205	210	208	235
	10%/℃	250	250	252	288
	30%/℃	329	329	331	350
	50%/℃	368	370	372	398
	70%/℃	429	430	433	452
	90%/℃	486	496	498	534
	终馏点/℃	531	539	542	556

项目		低温煤焦油 （600℃）	中低温煤焦油 （700℃）	中温煤焦油 （800℃）	高温煤焦油 （1000℃）
总氮含量/%		0.69	0.71	0.75	0.72
总硫含量/%		0.29	0.31	0.32	0.36
总氧含量/%		8.31	8.11	7.43	6.99
水分含量/%		2.13	2.54	2.46	3.82
烷烃含量/%		25.12	22.71	22.68	17.33
芳烃含量/%		28.43	22.99	27.96	27.34
胶质含量/%		28.49	30.94	27.12	31.41
沥青质含量/%		17.96	23.36	22.24	23.62
机械杂质含量/%		2.35	2.55	2.61	3.42
金属 /(μg/g)	铁	37.42	55.84	64.42	52.72
	钠	4.04	4.12	3.96	4.21
	钙	86.70	91.43	90.58	88.41
	镁	4.12	4.93	3.64	3.94

1.4.3　高温煤焦油

　　高温煤焦油一般由煤高温干馏得到，高温干馏是在焦炉的炭化室中进行的。煤在炭化室内经干燥、煤热解形成胶质体，继而生成半焦，半焦进一步炭化而形成焦炭。由于焦炉的特点，炭化室内的结焦是成层结焦。在成层结焦过程中，胶质体发生剧烈的煤热解反应，形成大量的初次煤热解产物（初煤焦油，500～550℃）。初煤焦油的大致组成见表1-4。

表 1-4　初煤焦油的组成

链烷烃（脂肪烃）	芳烃	盐基类	烯烃	树脂状物质	酸性物质
8.0%	53.9%	1.8%	2.8%	12.1%	14.4%

　　初煤焦油中芳烃主要有甲苯、二甲苯、甲基萘、甲基联苯、菲、蒽及其甲基同系物；酸性物质多为甲酚和二甲酚，还有少量的三甲酚和甲基吲哚；链烷烃和烯烃皆为 $C_{5\sim22}$ 的化合物；盐基类主要是二甲基吡啶、甲基苯胺、甲基喹啉等。这些初次煤热解产物受炉墙、焦饼中心和炉顶空间的高温作用，发生裂解、脱氢、缩合和脱烃基侧链一系列二次煤热解反应，生成二次煤热解产物芳烃化合物和杂环化合物。煤热解温度对煤焦油组成影响较大，随着煤热解温度的提高，苯和萘的含量明显增加，二甲苯和蒽的含量变化不明显，酚含量明显下降。

　　高温煤焦油的馏分含量见表1-5。

表 1-5　高温煤焦油各馏分含量

馏分名称	沸点范围/℃	平均含量/%	所含主要化合物	
			烃类	非烃类
轻油	<170	0.5	B.T.X	轻吡啶、吡啶、噻吩等
酚油	170~210	1.5	萘	酚、甲酚、重吡啶等
萘油	210~230	9.0	萘、甲基萘、二甲基萘	茚、古马隆的烃基衍生物、喹啉衍生物等
洗油	230~300	9.0	苊、芴	喹啉衍生物、咔唑及其衍生物、硫芴等
蒽油	300~360	23.0	蒽、菲、荧蒽	
沥青质	>360	57.0		

1.4.4　中温煤焦油

我国中温煤焦油主要来自陕西省榆林市、山西省大同市、内蒙古自治区的鄂尔多斯市和宁夏回族自治区的石嘴山市等地区内热式直立炉生产半焦（兰炭）的副产物。

丑明等对神府煤直立炉生产半焦副产品的中温煤焦油进行了分析[9]，其结果见表 1-6 和表 1-7。

表 1-6　煤焦油元素分析（质量分数）

样品	C/%	H/%	N/%	O/%	S/%	H/C原子比
神府煤焦油1号	86.28	8.31	1.11	3.86	0.36	1.16
神府煤焦油2号	86.03	8.45	1.14	3.93	0.45	1.18
高温煤焦油	92.81	5.30	0.96	0.03	0.90	0.69

表 1-7　煤焦油性质分析

样品	密度/(g/cm³)	灰分/%	水分/%	恩氏黏度(E_{80})	甲苯不溶物/%	萘/%	酚/%	吡啶及同系物/%
神府煤焦油1号	1.06	0.13	6.2	1.6	1.6	2.30	21.7	1.3
神府煤焦油2号	1.05	0.16	10.3	1.8	2.6	1.90	17.0	2.2
高温煤焦油	1.18	0.02	1.4	5.3	6.3	10.28	0.2	—

从表 1-6 和表 1-7 可以看出，神府煤焦油与高温煤焦油相比较有以下特点：

① 含C低，含H高，含氧高，含S低。

② 密度小，灰分高，黏度低，萘含量低。

③ 酚含量高，水含量高（污水酚含量高）。

黄绵延对陕西省神木长焰煤在立式炉中于 800℃ 进行热解所得煤焦油的性质和

组成进行了研究，其性质见表 1-8 和表 1-9。

表 1-8　中温煤焦油的性质

性质	指标	性质	指标
密度(20℃)/(g/cm³)	1.064	灰分/%	0.038
恩氏黏度(E_{80})	2.03	水分/%	4.3
苯不溶物/%	1.26		

表 1-9　中温煤焦油蒸馏实验

煤焦油试样	各馏分段产率[在无水煤焦油中的含量(质量分数)]/%					蒸馏时间/h
	180℃前	180~230℃	230~300℃	300℃~终温	沥青	
A 焦油	0.42	9.58	25.96	11.63	52.41	3.0
B 焦油	0.64	7.87	23.44	14.19	53.86	2.6
C 焦油	0.82	10.78	21.85	14.14	52.14	2.8

　　煤焦油蒸馏各馏分段产率与蒸馏终温和蒸馏时间等因素有直接关系。陕西神木中温煤焦油的组成见表 1-10。

表 1-10　中温煤焦油中几种组分的含量

组分名称	组分含量/%		组分名称	组分含量/%	
	中温煤焦油	高温煤焦油		中温煤焦油	高温煤焦油
萘	2.84	8~12	苊	0.50	1.2~2.5
喹啉	1.30	0.18~0.3	芴	1.42	1~2
异喹啉	0.62	0.1	菲	1.69	4~6
β-甲基萘	2.30	0.8~1.2	蒽	0.41	0.5~1.8
α-甲基萘	0.95	1.0~1.8	咔唑	1.00	0.9~2.0

　　陕西神木中温煤焦油没有充分进行二次热解和芳构化，故稠环芳烃含量比高温煤焦油低得多。煤焦油中酚类和吡啶类化合物的含量见表 1-11。

表 1-11　煤焦油中酚类和吡啶类化合物的含量

煤焦油试样		酚类化合物/%		吡啶类化合物/%	
		在馏分中的含量(质量分数)	在煤焦油中的含量(质量分数)	在馏分中的含量(质量分数)	在煤焦油中的含量(质量分数)
D 焦油	180~230℃的馏分	50.50	7.60	3.09	0.47
	230~300℃的馏分	31.02	9.17	2.95	0.87
	共计		16.77		1.34

续表

煤焦油试样		酚类化合物/%		吡啶类化合物/%	
		在馏分中的含量 (质量分数)	在煤焦油中的含量 (质量分数)	在馏分中的含量 (质量分数)	在煤焦油中的含量 (质量分数)
E焦油	180～230℃的馏分	59.76	4.80	3.60	0.29
	230～300℃的馏分	44.03	10.45	5.08	1.21
	共计		15.23		1.50
F焦油	180～230℃的馏分	57.22	4.76	2.77	0.23
	230～300℃的馏分	44.10	10.42	3.50	0.83
	共计		15.18		1.06

总之，立式炉中长焰煤中温煤焦油的组成与普通的高温煤焦油相比，有较大差别。长焰煤中温煤焦油中酚类化合物含量约为15%，其中高级酚占40%以上；在300℃前的馏分中甲酚和二甲酚含量高于苯酚。而高温煤焦油中酚类化合物含量为1.0%～2.5%，主要是低级酚。长焰煤中温煤焦油中两环以上的芳烃化合物含量比高温煤焦油低，如中温煤焦油中萘含量小于3%，而高温煤焦油中萘含量一般为10%～12%。

1.4.5 低温煤焦油

低温煤焦油早在19世纪就随着煤低温干馏的发展而出现，特别是在20世纪40年代的第二次世界大战期间，德国利用低温干馏煤焦油制取动力燃料，以满足战时燃料的需要。日本在战时也曾采用类似的方法将低温煤焦油加工成战时用燃料。这些低温煤焦油加工生产厂的工艺流程与高温煤焦油加工生产厂完全不一样，也从未与高温煤焦油联合生产过。从某种意义上说这是世界上真正的低温干馏的煤焦油加工厂。在1943年这些战时工厂生产和加工了约250万立方米低温煤焦油，而当时焦炉生产的高温煤焦油在加工量上相当于低温煤焦油加工量的77%。战后，由于廉价的石油冲击[10]，低温干馏工业处于停滞状态，而一些石油资源贫乏的国家，至今仍在生产。单一的煤低温干馏已经不多见，但从能源以及化工资源角度考虑，低温干馏和低温煤焦油加工还是得到了一定的发展。在欧洲，目前低温煤焦油年加工生产量大约为150万立方米，采用加氢[11,12]、蒸馏、萃取[13]、裂解、脂化等工艺方法，生产汽油、柴油、酚类、盐基类、溶剂、石脑油、渣油等产品。适合用于低温干馏的煤是无黏结性的非炼焦用煤，如褐煤或高挥发分烟煤。我国这类煤种储量丰富，是发展低温干馏的基础。低温干馏过程比煤的气化和直接液化简单得多，加工条件温和。

通过回收低温干馏煤气和煤焦油[14]，使低温干馏产品能找到较好的利用途径，其将会具有很好的竞争力[15～17]。

从外观上看低温煤焦油是暗褐色液体，密度小于$1g/cm^3$且接近$1g/cm^3$，黏度大，具有特殊的不愉快气味。在恩氏蒸馏试验时 350℃前馏出率在 50%左右，初馏点较高，几乎不含轻质馏分。低温煤焦油的性质与其组成有密切关系，而低温煤焦油的组成不仅受煤的品位或煤化程度影响，还受到煤热解时多种因素的影响，如加热终温、升温速率、煤热解压力和煤热解气氛等条件。年轻的煤热解时，煤气、煤焦油和煤热解水产率高，煤气中 CO、CO_2 和 CH_4 含量高。中等程度变质类烟煤热解时，煤气和煤焦油产率较高，煤热解水含量低。年老煤如贫煤以上煤种，煤热解时煤气产率低。随着干馏最终温度的升高，煤焦油产率下降，煤焦油中芳烃和沥青含量增加，酚类和脂肪烃含量降低，说明加热温度不同，煤热解反应的深度不同。

提高升温速率，在一定时间内液体产物的生成速率显著地高于挥发和分解速率，煤热解初次产物较少发生二次煤热解，缩聚反应的深度不大，故可以增加煤气和煤焦油的产率，提高产物中烯烃、苯和乙炔的含量。

在氢气氛条件下进行煤热解，由于裂解生成的碳具有很高的直接加氢活性，而且裂解产生的气态烃类、油类和碳氧化合物发生加氢反应，减少了重质煤焦油的数量。这两种加氢反应速率随加氢压力的增加而增加。在加氢条件下，气态和液态产物总量比常压下高得多，因此加氢煤热解[18] 已成为煤制取天然气和轻质油类的重要研究方向。

高挥发分烟煤和褐煤低温煤焦油的一般性质见表 1-12 和表 1-13。

表 1-12　烟煤低温煤焦油的一般性质（干基）

项目		烟煤 A	烟煤 B	烟煤 C
密度(20℃)/(g/cm³)		1.0080	1.0289	1.0420
恩氏黏度(E_{50})		3.68	4.22	5.32
凝固点/℃		32	22	−3
恩氏蒸馏试验	初馏点/℃	—	201.0	78.5
	蒸出 10%/℃	256	236	185
	蒸出 20%/℃	286	270	237
	蒸出 30%/℃	312	300	286
	蒸出 40%/℃	337	330	331
	蒸出 50%/℃	353	350	350
沥青质(石油醚不溶物)/%		3.15	5.94	9.18
石蜡含量/%		9.25	5.50	0.42
苯不溶物/%		—	0.61	0.80
碱性组分/%		4.2	2.5	—
酚类组分/%		36.5	40.6	4.0

续表

项目		烟煤 A	烟煤 B	烟煤 C
焦油元素组成/%	C	84.40	84.36	83.06
	H	10.36	8.85	8.53
	O	4.32	6.00	6.03
	N	0.61	0.48	0.82
	S	0.31	0.32	1.56
	C/H 原子比	0.68	0.79	0.81

表 1-13　褐煤低温煤焦油的一般性质（干基）

项目		褐煤 A	褐煤 B	项目		褐煤 A	褐煤 B
密度(20℃)/(g/cm³)		0.93～1.00	0.9822	苯含量/%		—	3.4
恩氏黏度(E_{50})		—	—	酚类组分/%		11～14	4.0
凝固点/℃		33～46	29	碱性组分/%		—	6.1
闪点/℃		150～180	—	元素分析/%	C	80.52～83.26	80～84
蒸馏试验	初馏点/℃	250～300	144		H	9.15～10.55	9.86
	300℃前/%	4.0	21.8		S	1.97～2.03	0.64
	330℃前/%	7～18	67(350℃)		O	2.69～3.79	7.75
	380℃前/%	22～40	—		N	(O+N)	0.91
沥青质(石油醚不溶物)/%		—	7.0	C/H 原子比		0.66～0.73	0.68
石蜡含量/%		16.5～18.8	9.7				

　　王树东等在 500～550℃ 条件下，对陕西神府烟煤进行了热解，并对其煤焦油的基本性质进行了测定[19]，相对密度（d_4^{20}）为 1.18，凝固点为 16℃，康氏残炭为 18.2%，灰分为 0.21%。

　　煤焦油小于 420℃ 馏分的相对密度（d_4^{20}）为 0.9769，凝固点为 6.1℃，恩氏黏度（E_{20}）为 2.79。由于热解原料和条件的差异，低温煤焦油在化学组成上有很大不同。特别是非烃类物质含量很高，酚类物质含量占干基煤焦油的一半左右。表 1-14 和表 1-15 所列为我国大同烟煤、抚顺烟煤低温煤焦油的化学组成。

表 1-14　大同烟煤低温煤焦油的化学组成

项目		<170℃馏分	170～230℃馏分	230～270℃馏分	270～300℃馏分	>300℃馏分
产率(质量分数)/%		0.7	12.4	10.7	8.3	67.6
酸性组分(体积分数)/%		—	53.4	37.8	27.1	—
碱性组分(体积分数)/%			2.1	2.6	3.5	—
中性油组分(体积分数)/%	芳烃	—	6.91	9.77	6.59	—
	烷烃	—	43.94	53.94	52.09	—
	环烷烃	—	49.15	36.29	41.32	—

表 1-15 抚顺烟煤低温煤焦油的化学组成

项 目		<200℃馏分	200~325℃馏分	325~400℃馏分	全馏分
中性油(无水基)(体积分数)/%		4.99	16.0	13.8	34.8
酸性组分(体积分数)/%		3.07	11.0	5.2	19.3
碱性组分(体积分数)/%		0.26	1.02	0.8	2.1
总计		8.32	28.02	19.8	56.2
中性油组成(体积分数)/%	烷烃	29.2	20.5	36.7	
	烯烃	20	14.4	—	
	芳烃 单环芳烃	42.3	24.1	13.0	
	多环芳烃	—	28.8	30.5	
	非烃类	8.2	12.2	19.8	
总计		100	100	100	

王树东等对神府烟煤低温焦油的化学组成进行了测定,其结果如下。

① 酸、碱性组分含量的测定。对小于 420℃馏分酸、碱性组分进行了测定,结果见表 1-16。由表 1-16 可见酸性组分和中性油的含量较高。

② 对碱洗得到的酸性组分进行了色谱-质谱联用分析,主要组分含量列于表 1-17。

表 1-16 小于 420℃馏分酸、碱性组分和中性油含量 (质量分数)

酸性组分	碱性组分	中性油
25.94%	2.20%	71.86%

表 1-17 小于 420℃馏分酸性组分组成 (质量分数)

峰号	化合物	含量	峰号	化合物	含量
1	苯酚	30.03	12	2,3,5-三甲酚	0.99
2	邻甲酚	0.69	13	甲基乙基酚	1.26
3	间甲酚	16.37	14	异丙基酚	0.36
4	对甲酚	16.19	15	2,4,6-三甲酚	0.67
5	2,6-二甲酚	0.74	16	3,4,5-三甲酚	1.44
6	乙基苯酚	0.24	17	甲基羟基茚满	0.45
7	2,4-二甲酚	7.07	18	萘酚	1.41
8	2,5-二甲酚	3.20	19	α-甲萘酚	0.45
9	3,5-二甲酚	2.63	20	β-甲萘酚	0.66
10	2,3-二甲酚	1.72	21	乙基萘酚	0.69
11	3,4-二甲酚	0.37		共计	87.61

由表 1-17 中的数据可见,苯酚的含量占酸性组分的 30.03%,邻甲酚、间甲酚、对甲酚共占 33.25%,二甲酚占 15.73%,此外还含有一些三甲酚、萘酚、α-甲萘酚、β-甲萘酚和乙基萘酚。由于苯酚、甲酚和二甲酚的含量较高,共占酸性组

分的 79.01%，所以对酚类化合物进一步加工精制，可制取高价值的酚类产品。

碱洗脱酚后小于 420℃馏分的柱色谱分析结果列于表 1-18，由表 1-18 可见脱酚后该馏分的链烷烃和芳烃含量较高，极性化合物含量较低，适合于加工成燃料油。

表 1-18　小于 420℃馏分的柱色谱分析结果（质量分数）

链烷烃	芳烃	极性化合物
36.25%	56.315	7.17%

1.5　煤焦油的分离

对于煤焦油的分离，国内目前的研究方向主要集中在高温煤焦油，主要是因为精馏分离产品品种少、高附加值产品更少（国内产品品种和商品等级最多分别为 70 和 80，德国则为 220 和 500）；分离能耗高、热量回收率低（国内煤焦油吨能耗为 1200～1300MJ，国外平均为 800～900MJ）。

（1）煤焦油的组分表征分析

煤焦油组分复杂（万种以上），组分定性、定量困难，目前用于煤焦油成分分析的仪器主要有气相色谱（GC）、质谱仪（MS）、高效液相色谱仪（HPLC）、傅里叶变换红外光谱仪（FTIR）等。GC 主要是利用物质的沸点、极性及吸附性的差异来实现混合物的分离，对于煤焦油的分析，GC 只能对已知组分进行定量的分析，并且需要以纯物质为参比。由于色谱在有机物分析上具有高灵敏度和高选择性的特点，所以目前的分析方法很多都是色谱与其他分析仪器联用，如气相、液相和超临界流体色谱与质谱联用技术。但质谱对芳香异构体化合物的鉴定存在一定困难。GC/MS 是分析重质碳资源的常用方法，可提供组分的一些结构信息，但该方法只能分析产物中分子量较小的组分，不能全面反映有机物各组分的分子结构。综上所述，尽管新的分析仪器、技术、方法不断出现，但是针对煤焦油复杂体系准确的定性、定量分析方法还未形成一个完整的体系。

（2）基本物理、化学性质

如果煤焦油定性、定量的检测是认识煤焦油的重要步骤，那么基本物理、化学性质的研究则是综合利用其的重要依据，是煤焦油分离、加氢等后续工艺的基础。如密度、黏度等基本物理、化学性质没有标准数据可供对照、比较，需要大力加强实验测定并建立更准确的计算方法。同时为便于全面了解、利用煤焦油，也必须加强单组分、混合组分的物理、化学性质研究，这也是分离方法开发的基础。据统计，已从煤焦油中分离并认定的单种化合物有 500 余种，但大部分物理性质数据不全，并且含有大量的共沸物，特别是对于复杂的共沸体系，目前仅有共沸点数据，因此，收集、预测、整理物理性质数据库非常重要。

（3）煤焦油的深度净化

由于煤焦油组分复杂，深度脱水、脱氮、脱硫、脱灰等方法的研究是获得合格精细化学品的关键，但是目前的净化手段大多是初步净化，因此对煤焦油的深度净化是一个必须的环节。

（4）煤焦油分离、高附加值产品利用

煤焦油中含上万种有机化合物，可以鉴定的组分占总量的 55％，其中有些产品不可能或者不能经济地从石油化工原料中取得。因此，煤焦油中精细化学品清洁、高效地分离、提取具有重要价值。

煤焦油分离方法包括溶剂萃取法（包括无机溶剂萃取法和有机溶剂萃取法）、蒸馏法、超临界萃取法、膜分离法、结晶法和色谱法等，其中工业上应用最广的是溶剂萃取法和蒸馏法[20]。

1.5.1　溶剂萃取法

溶剂萃取法是最常用的分离方法，其原理是根据煤焦油中化合物的酸碱性特征或不同组分在不同溶剂中的溶解度不同，达到分离的目的。

（1）酸碱分离法

结合煤焦油中化合物的酸碱性特征，利用无机强酸或无机强碱溶液将其分离为酸性组分、中性组分和碱性组分。对于高温煤焦油，最常用的方法是碱洗提酚法。中低温煤焦油的中性组分含量最高，约占煤焦油全馏分的 70％，酸性组分约占 25％，其余为碱性组分；高温煤焦油的中性组分含量最高，酸性组分含量占比小于 10％，以盐基化合物为主的碱性组分含量更少，一般在 3％以下。

（2）有机溶剂分离法

煤焦油中不同组分在有机溶剂中的溶解度不同，利用不同有机溶剂将煤焦油分成若干组分。煤焦油萃取分离中常用的溶剂有甲醇、乙醇、正己烷、正庚烷、甲苯、四氢呋喃、石油醚、丙酮等。

李克健等[21] 利用不同溶剂将煤焦油层析分离成饱和烃组分、芳香组分、轻极性组分和重极性组分。姜广策等[22] 以 N,N-二甲基甲酰胺和甲酰胺为萃取剂，对 210～340℃脱酚馏分油中的芳烃组分进行分离和精制，芳烃收率达 95％。马鸿雷[23] 以石油醚、甲醇、丙酮、丙酮/二硫化碳溶剂对煤焦油进行萃取和多次分级萃取，并对比了不同溶剂与萃取次数对煤焦油萃取能力的影响。黄志雄等[24] 以甲醇和石油醚为萃取剂，萃取液中富集了大量的芳香烃类化合物。唐世波等[25] 以二甲苯和溶剂油为萃取剂，对高温煤焦油中的喹啉不溶物（QI）进行分离研究，精制煤焦油收率为 75.48％，QI 脱除率为 87.7％。高平强等[26] 以丙三醇水溶液为萃取剂，对中低温煤焦油轻油中的酚类进行超声萃取，萃取率达 93.9％。

1.5.2 蒸馏法

煤焦油是非理想的混合溶液,含有大量沸点相近和恒沸点的化合物,通常采用蒸馏法不易从煤焦油中分离出纯度很高的化合物。

在传统高温煤焦油的加工工艺中,采用蒸馏法可将高温煤焦油分成轻油馏分、酚油馏分、洗油馏分、一蒽油馏分、二蒽油馏分和沥青。精馏作为特殊的蒸馏方法,也常用于从煤焦油中提取高纯度的甲基萘、精蒽等多种化工原料。借鉴石油的实沸点蒸馏法,结合煤焦油自身特点,可将各种煤焦油切割成若干窄馏分,如初馏点~170℃、170~210℃、210~230℃、230~300℃、300~360℃及>360℃等馏分油组分,再针对不同馏分油的特点进行相应的性质研究和模拟计算,从而为煤焦油的加工利用提供更为详细的基础数据。煤焦油的馏分分布通常受煤质特点、煤焦油来源、生产过程中煤焦油的收集方式以及煤焦油收集时的工艺条件等因素影响。

1.5.3 结晶法

结晶法常用于特定化学品的提纯、分离。日本、苏联和加拿大都有专利介绍[27],采用溶剂结晶法可将萘含量75%左右的原料提纯,得到纯度90%、甚至99%以上的精萘。利用压力结晶法,可将70%的咔唑混合液提纯到99.5%以上的高纯度,通过改变压力,还可得到99.99%~99.9999%的咔唑。我国酒泉钢铁公司采用三段结晶工艺使蒽油结晶,通过提高一蒽油的含蒽量和结晶温度,生产出质量分数40%以上的粗蒽。

精馏是最成熟的技术之一,也是采用最广泛的方法,其缺点是容易导致煤焦油中某些高沸点芳香族化合物发生化学变化,且所得产品等级低、纯度低,同时也不适用于共沸体系。相比于精馏,结晶法的工作温度低、回流比和能耗也低,具有一定优势,但也有局限性,比如分离设备适用范围窄、操作复杂、效率低;不同物料结晶时在温度和速度上的差异也会影响结晶物的纯度,高效热传导材料的选择也存在困难。超临界流体分离作为较新的萃取方法,优点是节能、溶解能力强,高沸点组分易获得较好的分离效果,易与其他分析仪器配套使用;其局限性在于要达到流体的临界条件非常困难,工业化生产难。溶剂萃取分离特别是液-液萃取已经非常成熟,具有生产力高、回收性高、产品成本低的优点,是当今焦化行业的分离新技术,但其中的关键性问题是寻找高选择性萃取剂,且先进分离技术与传统分离工艺的有机结合,也是分离发展的一个方向。

对于复杂煤焦油体系的分离,涉及的分离技术多、分离能耗高、热量回收率低,因此必须加强分离序列理论研究,发展系统集成理论,降低能耗,提高资源利用效率。

褐煤、次烟煤等高挥发分低阶煤产生的低温煤焦油(以下简称"煤焦油")与石油在应用上十分相似，是高收率生产液体燃料的宝贵资源。煤焦油重质组分氢碳比低、黏度大、酸值高、含有灰分和沥青质等杂质，改质过程难度大，难以用常规的加工手段加工或实现有效利用。与此同时，随着环保法规的严格实施，我国清洁油品质量升级的步伐不断加快，预计我国在"十四五"期间将实施国Ⅵ清洁汽、柴油标准。因此，开发成本低、竞争力强、生产符合环保标准要求的清洁油品的加氢技术是未来煤焦油加工技术发展的方向。

参考文献

[1]　中国科学院能源领域战略研究组.中国至 2050 年能源科技发展路线图 [M].北京：科学出版社，2009.

[2]　马宝岐，任沛建，杨占彪，等.煤焦油制燃料油品 [M].北京：化学工业出版社，2011.

[3]　张军民，刘弓.低温煤焦油的综合利用 [J].煤炭转化，2010，33：92-96.

[4]　燕京，吕才山，刘爱华，等.高温煤焦油加氢制取汽油和柴油 [J].石油化工，2006，35（1）：33-36.

[5]　江巨荣.国内煤焦油的加工工业现状及发展 [J].广州化工，2009，37（4）：52-55.

[6]　刘芳，王林，杨卫兰，等.中低温煤焦油深加工技术及市场前景分析 [J].现代化工，2012，32（7）：7-11.

[7]　孙会青，曲思建，王利斌.低温煤焦油生产加工利用的现状 [J].洁净煤技术，2008，14（5）：34-38.

[8]　周军，高明彦，孙建军.高温煤焦油加氢技术与发展 [J].山东化工，2012，41：38-40.

[9]　丑明，吴志勇，徐秀丽，等.直立炉炼焦过程中焦油分布及脱水的研究 [J].冶金能源，2004（01）：41-43.

[10]　张祺.中国石油进口依存度问题研究 [D].武汉：武汉大学，2013.

[11]　张晔，赵亮富.中/低温煤焦油催化加氢制备清洁燃料油研究 [J].洁净煤技术，2009，32（3）：48-53.

[12]　张晓静.中低温煤焦油加氢技术 [J].煤炭学报，2010，36（5）：840-844.

[13]　王世宇，白效言，张题，等.低温煤焦油柱层析色谱族组分分离及 GC/MS 分析 [J].煤质技术，2013，32（3）：59-62.

[14]　胡发亭，张晓静，李培霖.煤焦油加工技术进展及工业化应用现状 [J].洁净煤技术，2011，17：31-35.

[15]　BP Statistical Review of World Energy Full Report 2012.

[16]　Young Gul Hur, Min-Sung Kim, Dae-Won Lee, et al. Hydrocracking of vacuum residue into lighter fuel oils using nanosheet-structured WS_2 catalyst [J]. Fuel, 2014, 37: 237-244.

[17]　钱伯章.煤焦油加氢技术与项目风险分析 [J].化学工业，2013，31（4）：10-14.

[18]　唐洪青.现代煤化工新技术 [M].2 版.北京：化学工业出版社，2015.

[19]　王树东，郭树才.神府煤新法干馏焦油的性质及组成的研究 [J].燃料化学学报，1995（02）：198-204.

[20]　谷小会.煤焦油分离方法及组分性质研究现状与展望 [J].洁净煤技术，2018，24：1-12.

[21]　李克健，蔺华林，章序文.煤焦油的组分分离方法：CN104845651 A [P].2015-09-21.

[22]　姜广策，张生娟，王永刚.低温煤焦油中特定芳烃组分的选择性分离 [J].化工学报，

2015，66（6）：2131-2138.

[23] 马鸿雷.煤焦油溶剂萃取分离研究［J］.山东煤炭科技，2016（4）：193-195.

[24] 黄志雄，黄纯洁，王成.高温煤焦油萃取物的 GC/MS 分析［J］.广西轻工业，2010（2）：19-20.

[25] 唐世波，魏晓慧，熊楚安.溶剂沉降法脱除煤焦油中的喹啉不溶物［J］.煤炭转化，2016，39（1）：58-61.

[26] 高平强，乔再立，张岩.超声萃取中低温煤焦油轻质油中酚类化合物研究［J］.洁净煤技术，2016，22（2）：53-59.

[27] 肖瑞华.煤焦油化工学［M］.北京：冶金工业出版社，2009.

第2章

煤焦油加氢技术

2.1 煤焦油加工

21世纪以来，我国煤干馏工业发展迅速，产生了大量高温和中低温煤焦油，由于缺少与之相适应的先进加工技术，使得煤焦油利用方式相对粗放。除部分高温煤焦油用于提取化工产品外，大部分中低温煤焦油和少量高温煤焦油被作为燃料粗放燃烧。因煤焦油中含有大量的芳香族等环状结构化合物，致使燃烧不完全而产生炭黑，同时煤焦油含碳量高、含氢量低、硫和氮的含量也较高，因此燃烧时，产生大量的烟尘，排放出 SO_x 和 NO_x，造成严重的环境污染。如果煤焦油能合理加工利用，不仅能够提高煤焦油的利用价值，并且能减少环境污染。煤焦油加工利用包括加氢制备交通运输燃料油，航空燃料油、喷气燃料、润滑油基础油等特种油品，以及化工产品等。中低温煤焦油成分集中度很低，主要加工方向是加氢制清洁燃料油（汽油、柴油等），目前市场上利用中低温煤焦油制燃料油已形成了一定的规模。

国内高温煤焦油加工工业是随着炼焦工业发展起来的，20世纪70年代由于受到化学工业激烈竞争的影响，以及钢铁工业的制约，其发展比较缓慢。20世纪90年代中期，由于对煤焦油产品（如萘、蒽、菲、吡啶、酚类等多环或杂环芳香烃）的需求，以及碳素工业对针状焦、中间相沥青的需求，人们对高温煤焦油加工工业的重要经济地位又有了新的认识，因而近年来高温煤焦油加工工业得到了很大的发展。目前我国已有一些较大规模的高温煤焦油加工装置，例如，山西宏特煤化工有限公司，单套装置年加工能力可达18万吨。国内年加工总能力较大的企业有宝钢、鞍钢和上海梅山冶金公司，各有2套10万吨/年加工装置，年加工量均可达25万吨。特别是2004年初上海梅山化工公司并入宝钢后，宝钢年加工能力已达52万吨，居全国第一位，全球第四位。最近几年，一些省份开始建设大型煤焦油集中加工装置，从技术上突破了过去几十年设计能力最大仅为10万吨/年的局面，目前，山东、河南、江西、山西、河北、辽宁、云南等地已经建成或者在建一批15万～30万吨/年规模的加工装置。炭黑企业为了解决自身的原料油问题，也在建设或者拟建高温煤焦油加工装置。另外，许多焦化厂或煤焦油加工厂也在建设炭黑生产装置，除了原来就有的上海焦化、苏州宝化等厂以外，还有一些企业在建设规模为 2 万～6 万吨/年的炭黑生产装置。这种煤焦油生产和炭黑生产结合的模式，不仅有利于节省原料油的运输费用，而且有利于炭黑产品质量的提高和尾气热能的综合利用，从而提高企业的经济效益和环保效益，因此很快被采用。可见，我国高温煤焦油的深加工已经形成规模。虽然上述高温煤焦油的深加工也存在技术落后、单套装置加工规模小（相对国外而言）、产品种类少、技术装备水平和产品科技含量均较为低下等问题，但其加工的工艺及模式已基本确定，已基本可满足加工需要。随着我国焦炭生产行业中土焦的完全取缔，其加工生产将逐渐向大型化、规模化、集中化发展，加工技术逐渐向精细化发展。近年来我国逐渐发展了高温焦油馏分的加氢技术。

就发达国家而言，由于日趋严格的环保政策，许多焦化企业不得不缩小在本国的生产规模。据报道，前几年，德国煤焦油产量从 150 万吨减少为 50 万吨，法国 20 个焦化厂只保留了一个，仅保持 20 万吨煤焦油生产能力，日本也仅保留 100 万吨煤焦油生产能力。同时在煤焦油加工方面，发达国家逐步淘汰本国的粗加工，即关闭焦化厂的煤焦油加工装置，而从其他国家进口煤化工粗加工产品，在本国使用高技术深加工为精细化工产品后再出口，以获得高额利润。概括来讲，国外高温煤焦油生产总量受到限制，但加工呈现规模大、集中化的特点，同时加工技术先进、加工方式多元化。

2.2　煤焦油预处理

煤焦油含有对加氢生产设备、加氢催化剂和产品质量造成危害或产生不良影响的杂质。这些杂质主要是水分（1.5%～4.5%）、金属（100～400μg/g）和固体杂质（2%～5%）。煤焦油中的水分能引起加热炉操作温度波动，使燃料耗量增加；水分汽化后造成设备压力变化；水蒸气使催化剂老化而活性下降或使其粉化堵塞加氢反应器。煤焦油中所含的金属主要是钠、钙、镁和铁等，这些金属不仅会对加氢生产设备和管道造成危害，而且会使加氢催化剂中毒而失活。煤焦油中的固体杂质主要是细煤粉、焦粉和炭黑等，这些固体杂质会使加氢生产设备和管道严重堵塞，尤其会使加氢反应器床层严重堵塞。另外，煤焦油中含有胶质、沥青质，影响催化剂使用周期。因此，煤焦油加氢转化过程中，必须经过预处理脱除水分、固体杂质，并将胶质、沥青质和残炭等控制在一定范围内。煤焦油预处理工艺与煤焦油加氢技术路线有关，悬浮床、沸腾床和固定床路线对煤焦油进料的要求不同，但总的要求均包括脱水、脱固体杂质，通常采用分离、电脱盐、过滤等方法处理。分离方法包括沉降分离、离心分离、旋流分离和萃取分离等。

2.2.1　沉降分离

煤焦油的脱水可分为初步脱水和最终脱水。煤焦油的初步脱水是在煤焦油储槽内以静置加热沉降的方法实现的，储槽内煤焦油温度维持在 80～90℃，静置 36h 以上，水和煤焦油因密度不同而分离。温度稍高，有利于乳浊液分离，但温度过高，对流作用增强，反而影响澄清，并使煤焦油挥发，损失增大。静置加热脱水可使煤焦油中水分降至 2%～3%，虽然脱水时间长，所需储槽容积大，但方法简单，易操作，是目前普遍采用的一种初步脱水方法。

在初步脱水的同时，溶于水中的盐类（主要是铵盐）也随水一起排出。对于煤焦油的最终脱水，日本有的加工厂采用加压静置沉降脱水法。此法中煤焦油在加压（0.3～10MPa）和加热（120～150℃）的条件下，静置 30min，水和煤焦油便可分开，降低了热耗。加压脱水槽如图 2-1 所示。

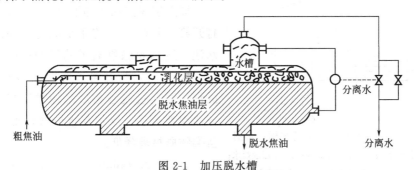

图 2-1　加压脱水槽

为了提高煤焦油静置分离的脱水率，现已采用或研究的主要方法如下。

（1）改造现有的工艺和设备

赵焕栋等对原生产工艺过程进行了改造[1]。主要工艺是：增设一台加热器，将煤焦油温度由 50℃提升到 60℃，以减小水的密度，并将煤焦油的运动黏度由 464mm²/s 降低到 86.1mm²/s，加速两相分离。在立式煤焦油氨水分离槽的入口处设置液体分配盘，使煤焦油先流到分配盘上，再从盘沿流出，改变了

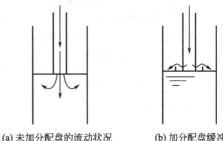

(a) 未加分配盘的流动状况　(b) 加分配盘缓冲

图 2-2　煤焦油流动示意图

煤焦油的流动方向，减少了冲击，保证槽内煤焦油的层流下降，如图 2-2 和图 2-3 所示。

刘振虎等[2] 对工艺设备进行了研究。如图 2-4 所示，在预处理过程中，在脱水槽下部先注入一定量的脱盐水，然后将煤焦油注入脱水槽，脱水槽内设置蒸汽加热盘管，并通入低压蒸汽加热汽浮数小时。加热汽浮过程中，主要利用盐类物质易

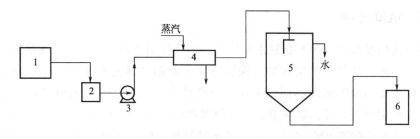

图 2-3　改造后工艺流程

1—机械化澄清槽；2—中间槽；3—泵；4—加热器；5—立式煤焦油氨水分离槽；6—煤焦油储槽

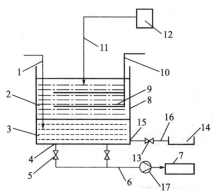

图 2-4　煤焦油脱水脱盐装置结构示意图

1—脱盐水管道；2—上层煤焦油；3—下层脱盐水；
4—泄油口；5—第一阀门；6—煤焦油输出管道；
7—罐区；8—脱水槽；9—蒸汽加热管；
10—蒸汽输入管道；11—煤焦油输入管道；
12—煤焦油中间储罐；13—第二阀门；
14—氨水池；15—排水口；16—排水管道；
17—煤焦油输送泵

溶于脱盐水，再通过蒸汽加热蒸发和气泡带动，不断蒸发带走煤焦油中的大部分水分。溶解大部分盐类物质的水分经静置分层，即上层煤焦油 2 和下层脱盐水 3；然后打开第二阀门 13，将下层脱盐水外送至氨水池，达到脱除氯离子的目的；最后关闭第二阀门 13，打开第一阀门 5，将处理后的煤焦油通过脱水槽底部输送至罐区。该方法预处理后，煤焦油水分含量低于 3%，盐类物质显著降低。

专利 CN1746262A 公开了一种煤焦油脱水的方法[3]：在油储槽的轴向垂直方向安装由数根开孔直管组成的吹气鼓泡元件，吹气鼓泡元件顶部直管与空气压缩机相连，在煤焦油储槽的放空管排气。主要控制参数：装油高度为 2～3m；吹入空气量为 200～300m³/(t·h)，操作温度为 80～95℃。将含水煤焦油用泵送入用于脱水的煤焦油储槽中加热至额定温度后，开启鼓风机，控制流量，进行脱水，脱水完毕，用泵送入无水煤焦油储槽中。该技术的有益效果是：通过向加热到 80～95℃ 的煤焦油中吹入空气，有效地破坏了乳浊液，快速地降低气液两相界面上的水蒸气分压，使煤焦油中的水分在低于其沸点温度下汽化，并在空气流的夹带下脱除，具有脱水能耗低、效率高的优点。

（2）添加破乳剂提高煤焦油脱水效果

于世友等[4] 在温度为 90℃、破乳剂加入量为 3μg/g、搅拌速率为 1200r/min 的条件下，将莱钢焦化厂的煤焦油搅拌 1min 后恒温沉降 15min，取脱水后的煤焦油测定含水量，计算出脱水率。对 9 种破乳剂进行脱水率试验的结果见表 2-1。

表 2-1　脱水率试验

破乳剂	脱水率/%
环氧丙烷嵌段聚酯 HA 系列	85.4
环氧丙烷嵌段聚酯 HB 系列	92.5
失水山梨醇单油酸酯破乳剂	94.0
水溶性聚氧乙烯聚氧丙烯聚醚破乳剂	98.4
水解的聚丙烯酰胺破乳剂	90.0
壬基酚聚氧乙烯醚破乳剂	96.3
聚氧乙烯聚氧丙烯酚醛树脂破乳剂	94.0
甲基丙烯酸甲酯-丙烯酸丁酯-苯乙烯衍生物三元共聚物破乳剂	96.5
油溶性酚醛树脂类破乳剂	92.6

经进一步优化工艺条件后，确定使用水溶性聚氧乙烯聚氧丙烯聚醚破乳剂，工业试验用量为 $3.5\mu g/g$，连续加入循环氨水中。通过 1 个月的试验，取得了令人满意的试验效果，煤焦油含水量由 10% 以上（原生产工艺采用蒸汽加热沉淀 48h 后，煤焦油的含水量只能降低到 4.5%～7.5%）降低到 2% 以下（没有蒸汽加热），平均为 1.55%；氨水中的煤焦油含量由 500～600$\mu g/g$ 降低到 140～150$\mu g/g$，焦油渣由原来的流体状变为试验后的半粉状，焦油渣中煤焦油的含量明显降低；在不加热的情况下，煤焦油中的萘含量由 8.9% 升高到 11.0% 左右，提高了煤焦油深加工中萘的产量，减少了向大气中的扩散量。

金学文等[5] 以宝钢的焦油为原料，采用 N9961 型破乳剂进行了脱水试验。N9961 为一种水溶性的破乳减黏剂，药剂加入系统后，大部分同氨水中的焦油相结合，在分离器内，可加强焦油、氨水分离速度和分离效果，并通过破乳、分散、减黏结作用，使焦油、氨水乳化层变薄，提升焦油、氨水在分离器内的分离效率，从而降低氨水中夹带的悬浮物含量，适当降低焦油的表面张力，加速焦油与焦油渣的分离以获得含水分及渣更低的焦油，同时最大限度地减少夹带进入氨水中的悬浮物及油含量，改善循环氨水质量，加强剩余氨水处理效果。在现场试验过程中 N9961 的加入量为 100～400$\mu g/g$，试验结果表明，可使焦油中的水分由 3.7% 降至 2.0%，氨水层悬浮物由 113mg/L 下降到 78mg/L。

对表面活性添加剂在煤焦油净化处理中作用的研究结果表明：①在煤焦油溶剂絮凝、净化处理过程中，添加少量表面活性添加剂，可有效地提高煤焦油净化处理效果，并且大大降低了净化处理所需溶剂油用量；采用酚油系列溶剂对煤焦油进行净化处理时，溶剂油用量可降至混合液的 30%～35%。②表面活性添加剂的加入有效地改善了煤焦油所含杂质微粒的表面性质，使原生喹啉不溶物（QI）炭微粒表面由极性转变为非极性，从而改善了其与煤焦油物系之间的亲和性，使得杂质炭微粒易分散于煤焦油混合液中，为煤焦油溶剂絮凝、脱除杂质创造了有利的条件。

2.2.2　离心分离

卧式螺旋卸料沉降离心机（简称卧螺离心机）是一种高效物料分离机，分为固-液、液-液两相分离型和固-液-液三相分离型。卧螺离心机现已广泛应用于石油、化工、制药、造纸、电镀、酿造、食品加工、木材加工、城市污水处理等行业的悬浮液分离或采矿工程中的粒子分级、提纯等方面。

（1）两相卧螺离心机

两相卧螺离心机外形及工作原理如图 2-5 所示。转鼓支撑在两端的主轴承座上，螺旋推进器借助其两端轴颈上的轴承安装在转鼓内，转鼓壁与螺旋叶片外缘有微小间隙，转鼓与螺旋推进器维持一定的转速差，以便螺旋推进器将转鼓内的沉渣推送出转鼓。

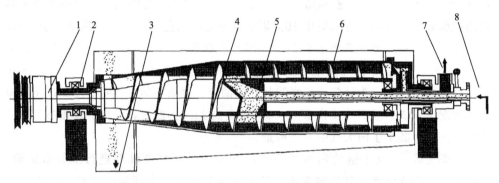

图 2-5　两相卧螺离心机外形及工作原理

1—差速器；2—轴承；3—排渣口；4—螺旋推进器；5—进料分配器；6—转鼓；7—清液出口；8—进料口

被分离的悬浮液通过进料管连续进入螺旋推进器内，物料在螺旋推进器内得到加速，悬浮液经螺旋推进器进料口迅速进入转鼓内，利用悬浮液中固-液相的密度差，在离心力作用下，固相颗粒迅速沉降在转鼓内壁形成沉渣。由于转鼓和螺旋推进器之间存在一定的转速差，使沉积在转鼓内壁上的物料由螺旋推进器推到转鼓小端的排渣口排出机外，澄清的分离液沿螺旋叶片通道经转鼓大端清液出口排出机外，由此实现固-液分离。

（2）三相卧螺离心机

三相卧螺离心机的工作原理与两相卧螺离心机基本相同。被分离的三相悬浮液通过加料管连续进入螺旋推进器内，物料在螺旋推进器内得到加速，悬浮液经螺旋进料口迅速进入转鼓内，利用悬浮液中固-液-液三相的密度差，在离心力作用下，固相颗粒迅速沉降在转鼓内壁形成沉渣。由于转鼓和螺旋推进器之间存在一定的转速差，这样沉积在转鼓内壁上的物料由螺旋推进器推到转鼓小端的排渣口而排出机外，澄清的分离液由于液-液相的密度差在螺旋叶片通道被分离成两层，为将轻、重液相分开，在转鼓大端设置有轻、重液相出口，重液相经通道进入环状空间由撇液管排出，轻液相经溢流堰进入通道靠重力排出。这样就实现了固-液-液三相的分离（见图 2-6）。

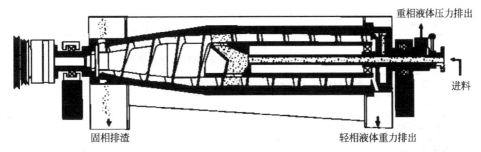

图 2-6　三相卧螺离心机外形及工作原理

卧螺沉降离心机属于自动型连续离心机，主要特点如下：是一种较全面、多功能的离心机，适用范围较广；对物料的适应性很强，固体颗粒在很大的范围内均能分离（颗粒直径可达 2～20mm）；对悬浮液浓度的变化适应性很强；单机的生产能力大；结构紧凑，节省动力消耗，可加压密封；可用于固-液-液的三相分离，例如煤焦油分离；可应用于固体颗粒粒度的分级。

卧螺离心机在国内外的煤焦油脱渣和除水中已得到广泛应用。俄罗斯于 2003 年用卧螺离心机脱除焦油中的油渣，提高了商品焦油的质量，使其灰分含量由 0.14%～0.16% 下降到 0.08%～0.10%[6]。日本水岛厂将卧螺离心机用于焦油除渣，使焦油中的残渣降低了 25%[7]。

三相卧螺离心机用于焦油脱水除渣的工艺流程如图 2-7 所示。

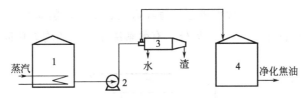

图 2-7　焦油脱水除渣工艺流程

1—焦油储罐；2—泵；3—三相卧螺离心机；4—净化焦油中间槽

在生产过程中，离心机控制系统采用西门子 S7-300 系列的 PLC，主要由机架、CPU 处理模块、信号模块、功能模块、接口模块、通信处理器、电源模块等组成[8]。

俄罗斯在焦化生产中，采用 20TH2201-Y-02 型三相卧螺离心机对焦油进行脱水除渣处理，具有操作稳定、效果良好的特点，该卧螺离心机的技术特性见表 2-2。用于焦油净化处理中的实例见表 2-3。

表2-2 20 TH2201-Y-02型三相卧螺离心机技术特性

项目	指标	项目	指标
按原始的焦油计算的生产能力/(t/h)	8~9	转子的内径/mm	2200
分离系数	445	电动机的功率/kW	
转速/s^{-1}	10	离心机的传动装置	16.0
转子的工作容积/m^3	2.75	油泵	2.2
转子的工作长度/mm	1800	无传动装置的离心机质量/t	27.1

表2-3 三相卧螺离心机用于焦油脱水除渣实例

项目	湘潭钢铁公司焦化厂	安阳钢铁公司焦化厂	马鞍山钢铁公司焦化厂
型号	Z4E-4/441	Z4E-3/441	—
处理量/(m^3/h)	8~12	8~10	5~7
转鼓转速/(r/min)	3500~3650	3600~3850	2600~3000
堰高/mm	275~280	270~275	—
扭矩/kN·m	—	22~24	—
差速/(r/min)	1~20	6~8	20~30
螺旋电机功率/kW	7.5	7.5	—
焦油温度/℃	80~90	65~80	60~70
原料油含水量/%	6~10	4~8	—
脱水焦油含水量/%	2	1.5~2.5	<2
出渣量/(t/d)	1	0.8~1.2	焦油中含渣量由0.5%~1.0%下降到0.1%~0.6%

傅勤斌等[9] 将两台离心机用于焦油预处理，工艺流程见图2-8。离心机脱渣效果较好，两台超级离心机每天处理焦油300t，焦油中的焦油渣含量由0.5%~1.0%降至0.1%~0.6%。含水量也显著降低（表2-4），焦油的平均水分低于2%，无水焦油的含水量低于0.38%。另外，有效解决了焦油的均匀化问题。

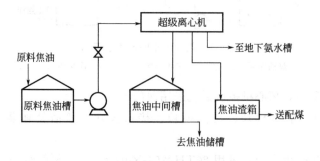

图2-8 离心机处理焦油工艺流程示意图

表 2-4　超级离心机使用前后的焦油和无水焦油的含水量　　　单位:%

时间		2002-09	2002-10	2002-11	2002-12	2003-01	2003-02
使用前	焦油	2.36	2.61	2.15	2.92	3.21	3.17
	无水焦油	0.38	0.44	0.39	0.70	0.50	0.45
使用后	焦油	2.01	1.72	2.02	1.88	1.87	1.97
	无水焦油	0.35	0.35	0.38	0.36	0.35	0.36

2.2.3　电脱盐

在石油加工过程中,常规的方法是在电场作用下脱除原油中的水分和盐分,称为原油电脱盐。其主要作用是:脱除氯化物,减少氯化物的量,减轻对设备的腐蚀;脱除原油中的固体杂质,减轻换热设备的结垢,提高传热效率,减少管内物料在流动中的磨损和腐蚀;除去一些金属杂质,延长催化剂寿命,降低催化剂消耗;减少原油组分中的灰分等杂质,提高产品的质量;脱除大量水分,减少原油在加工过程中的能耗及热负荷。由于煤焦油的性质和组成与原油具有相似性,因此国内对煤焦油电场净化技术进行了研究,并在焦油加氢技术生产过程中,将电脱盐技术用于焦油的预处理。

姚磊等[10]以典型中低温煤焦油为原料,采用物理、化学相结合的方法研究了煤焦油电化学脱水、脱盐。乳液滴震动、热处理和化学辅助等多方式组合的电化学预处理方法对煤焦油有明显的破乳脱水脱盐效果。二级电脱盐的实验结果见表 2-5。煤焦油电化学处理后含水量小于 1.4%,含盐量(NaCl)小于3mg/L。

表 2-5　二级电脱盐实验结果

实验项目	盐(NaCl)含量/(mg/L)		含水量/%
脱前原料油	1	13.2	1.50
	2	10.3	1.70
	3	13.2	1.55
一级电脱	1	4.91	1.01
	2	3.74	1.13
	3	5.04	1.10
二级电脱	1	2.09	1.33
	2	1.98	1.15
	3	2.68	1.25

2.2.4 过滤

舒歌平等对哈尔滨气化厂鲁奇炉加压气化的焦油采用固液分离装置进行预处理。

① 离心沉降分离机转鼓尺寸为 $\phi230mm \times 690mm$，转速为 6000r/min，离心加速度为 4600g，进料温度为 60℃，处理量为 30L/h。

② 加压过滤机过滤面积为 $2m^2$，最大操作压力为 0.6MPa，滤芯孔径为 $40\mu m$，操作时进料温度为 60℃，过滤压力为 0.5MPa。其试验结果见表2-6。

表2-6　两种固液分离方法的试验结果（质量分数）

项　目	离心分离	加压过滤	项　目	离心分离	加压过滤
滤液收率/%	65.4	79.9	滤渣含油量/%	73.2	50.9
滤渣收率/%	34.6	20.1	滤液含固体量/%	0.70	0.03

由表2-6可见，离心分离在滤渣收率、滤液固体含量等方面，均不如加压过滤，其原因是原料油的黏度偏大，再加上原料油中固体物以煤粉为主，与混合油密度差小，给固液分离的效果带来影响。

吕春祥等[11]以武钢煤焦油为原料，在 250℃、0.1MPa 条件下，先用 250 目的不锈钢滤网过滤，然后再用 $4\sim7\mu m$ 孔径的烧结陶瓷过滤，可使焦油中的 QI 含量由 6.72% 减少到 0.74%。试验结果表明，热过滤是煤焦油的有效净化手段，但是对滤材要求较高，滤材孔径必须是微米级才能起到良好的净化作用。如果能解决高强度、小孔径（微米级）滤材的制造问题，热过滤将是工业生产中有效的净化方法。

王秀丹等[12]以 5 种煤焦油沥青为原料，以喹啉为溶剂，研究了热溶过滤脱除喹啉不溶物（QI）等杂质的效果。结果表明，热溶过滤可以有效地脱除喹啉不溶物，QI 脱除率随滤网网目增加而提高，但阻力增加，脱除时间变长。综合考虑脱除率和实际可操作性，采用 1000 目的滤布，QI 含量可以降到 0.3% 以下，基本能达到要求。采用凝胶色谱对脱除 QI 后沥青的组成和分子量分布的研究表明，热溶过滤脱除了沥青中的大分子组分，分子量减小，且分子量分布变窄。

唐课文等在温度 110℃、压差 0.2MPa 条件下，选用多层金属丝网烧结滤芯（孔隙率为 25%）对煤焦油进行过滤净化研究[13,14]，其测试结果见表2-7，并得出以下两点结论。

表2-7　煤焦油的过滤效果（质量分数）

项目	甲苯不溶物/%	喹啉不溶物/%	项目	甲苯不溶物/%	喹啉不溶物/%
煤焦油过滤前	4.23	2.27	$10\mu m$ 滤芯过滤后	0.386	0.18
$5\mu m$ 滤芯过滤后	0.354	0.12	$20\mu m$ 滤芯过滤后	0.427	0.21

① 煤焦油过滤分离效果较好，过滤效率达到 90% 以上。过滤后的煤焦油可达到煤焦油催化加氢制取汽油、柴油时对固体含量的要求。

② 滤芯精度越高，过滤效果越好。在煤焦油过滤分离过程中，5μm 滤芯过滤效果最好，对喹啉不溶物的过滤效率可达 94.7%。

目前在焦油加氢生产燃料油的过程中，用于焦油净化处理的自动反冲洗过滤器，有直列式和双桶式两种类型。

(1) 直列式自动反冲洗过滤器

①金属丝缠绕式滤芯[15]。金属丝缠绕式滤芯的典型结构如图 2-9 所示。在支撑金属丝的成型管的外表面上，车削出螺旋线，然后将金属丝连续缠绕在成型管上，线圈的螺距控制在最小 50μm。此种缠绕方式能较精确地控制相邻线圈的间隔，明显优于焊接结构。

缠绕的金属丝断面为楔形。楔形丝的平面朝外，而尖端嵌在成型管的螺旋线沟里，楔形断面不易被粒子堵塞，如图 2-10、图 2-11 所示。

图 2-9　沿成型管上螺旋线
缠绕金属丝的滤芯

图 2-10　楔形金属丝筛

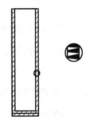

图 2-11　楔形网过滤元件

楔形金属丝筛网的材料为不锈钢、碳素钢、镀锌碳钢、黄铜、紫铜、磷青铜、蒙乃尔合金、铝合金及镍、钛等特殊合金。滤芯的规格有 5μm、10μm、15μm、20μm、25μm 等。

② 生产工艺基本原理过程。直列式自动反冲洗过滤器由多个滤筒组成，分成多个单元，每个滤筒内装有多根滤芯（见图 2-12、图 2-13）。

过滤器投运后，介质从下而上通过过滤组件，滤芯的外表将原料中的颗粒杂物阻隔，干净液体由内排出，经过滤器出口进入储罐。随着滤芯上截留的聚集物增多，进、出料总管之间的压差逐渐增大，当此压差达到某一设定值时，过滤器进入反冲洗工作

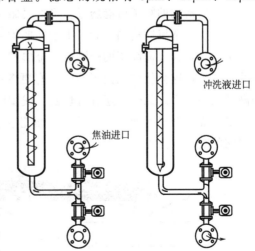

图 2-12　直列式自动反冲洗过滤器

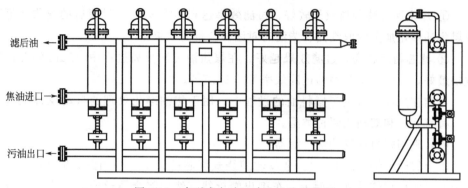

图 2-13   直列式自动反冲洗过滤器装置

状态。冲洗液反向流动,将过滤器元件外表面上堆积的固体颗粒冲洗掉,过滤器的污油排入污油罐。系统接蒸汽管线,供开工或维护时及对焦化物反吹扫用。

过滤器以配备的压差控制器作为信号源,当过滤器进、出口流体压差达到设定值时,压差控制系统输出触点信号,输出触点信号驱动现场防爆电磁阀,防爆电磁阀由电信号转为气信号启动气动程序控制器,气动程序控制器使执行机构切换其中一组三通阀门。利用已过滤的油浆及缓冲罐压力由内向外对过滤器芯进行反向冲洗,并按顺序逐个进行。待该台反冲洗完毕后,气动程序控制系统自动驱动另一台过滤器的气动程序控制,进行反冲洗。依此类推,待整个系统全部反冲洗完毕后,系统的压差恢复到正常工作状态,直至下一次信号到来。

(2) 双桶式自动反冲洗过滤器

① 烧结的织造金属网。未经烧结的织造金属网会因受到振动、脉冲流、高压差的作用而产生应力。应力导致金属丝位移和变形,造成金属丝网在使用中不稳定,具体表现为:额定过滤效率恶化,金属丝的金属粒子落入滤液中造成滤液污染,先前捕捉到的粒子可能透过变形的网眼进入滤液中。

改用烧结金属织造网之后,上述问题均可避免。因为烧结后所有金属丝的结点都固结起来,大大提高了网的刚度,金属网不易变形。制作烧结金属网还可以使用细的金属丝,这会使单位面积的网上有更多的空隙,提高了渗透性,降低了流阻,提高了纳污能力。此外,还有可切割、成型时无破裂危险的优点。

多层烧结金属网如图 2-14 所示,滤芯反吹再生原理如图 2-15 所示。多层烧结金属网的技术数据见表 2-8。

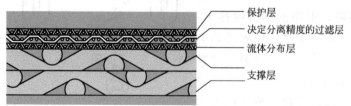

图 2-14   多层烧结金属网

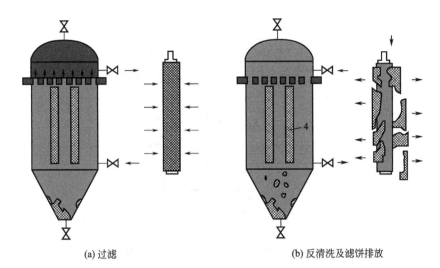

(a) 过滤　　　　　　　　　　　　(b) 反清洗及滤饼排放

图 2-15　滤芯反吹再生原理

表 2-8　多层烧结金属网的技术数据

介质等级	过滤额定值/μm		厚度 /mm	剪切强度 /(N/mm²)	断裂强度 /(N/mm²)	延伸率 /%	屈服强度 /(N/mm²)	空隙率 /%	单位面积质量/(g/dm²)
	名义的	绝对的							
2	<2	5							
5	5	10		220~230					
10	10	15	1.6~2.0						
15	15	20							
20	20	25			100~130	10~15	55~60	35	90~92
30	30	35							
40	40	50	1.8~2.2	230~240					
50	50	60							
60	60	75							

注：1N/mm² = 1MPa。

②生产工艺基本原理[16]。双桶式自动反冲洗过滤器由两个过滤罐（A、B 罐）、气源储气罐（D）、污油罐（C）、切换阀和程序控制器等组成，如图 2-16 所示。

每个过滤罐内有多根滤芯，滤芯是由金属丝烧结形成的多层滤网，该滤网采用 4 层结构（见图 2-14）：第 1 层为保护层，由较粗金属丝构成较大网孔，仅起表面保护作用；第 2 层为起过滤作用的精细烧结网，网孔尺寸稳定，达到拦截一定规格颗粒的目的；第 3 层为流体分布层，使得较小颗粒能够迅速通过滤材进入下游；第 4 层为由很粗金属丝烧结成的具有很大网孔的支撑层，使滤材的机械强度达到要求。这样的滤芯机械强度高，容污能力强。

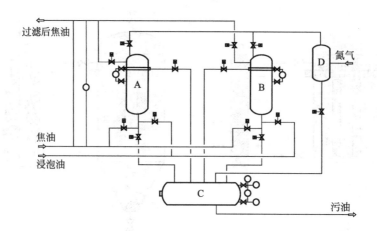

图 2-16　双桶式自动反冲洗过滤器组成

根据工艺条件的不同，操作系统具有交替运行和并联运行两种模式可供选择。

① 交替运行模式。过滤罐 A、B 为一开一备，即当过滤罐 A 过滤时，过滤罐 B 处在待机状态，当过滤罐 A 需要反冲洗时，则过滤罐 B 投入过滤，过滤罐 A 进行反冲洗后进入待机状态，过滤罐 A、B 交替运行。

② 并联运行模式。过滤罐 A、B 同时进行过滤，当滤芯受堵后，将过滤罐 A 切除后反冲洗，过滤罐 B 继续过滤，过滤罐 A 反冲洗完成后马上投入过滤运行，然后将过滤罐 B 切除后反冲洗，过滤罐 B 反冲洗完成后投入过滤运行，过滤罐 A、B 继续过滤，继续等待反冲洗条件。

在正常工作状态时，焦油从下而上通过过滤组件，由上部出口管输出。反冲洗状态，吹扫氮气经 D 罐由上而下反吹过滤元件，将过滤元件外表面上的堆积物冲掉并排入污油罐 C 中。

2.3　煤焦油加氢技术

煤焦油加氢技术是指对煤焦油采用加氢改质工艺，即在一定温度、压力及催化剂作用下，可完成脱硫、不饱和烃饱和、脱氢、芳烃饱和反应，达到改善其安定性、降低硫含量和芳烃含量的目的，最终获得石脑油和优质燃料油，使其产品质量达到汽油、柴油调和油指标。煤焦油加氢处理过程中发生的反应主要有加氢脱硫、加氢脱氮、加氢脱氧、加氢脱金属及不饱和烃如烯烃和芳烃的加氢饱和反应。根据干馏温度和方法的不同，煤焦油可以分为低温煤焦油、中温煤焦油和高温煤焦油。高温煤焦油一般用于提取化工产品，而中低温煤焦油的利用率较低，所以煤焦油加氢技术的研究重点考虑中低温煤焦油。

2.3.1 煤焦油加氢技术的发展

（1）20 世纪 20～50 年代研究初期

20 世纪 20 年代德国开始出现"煤及煤和煤焦油的高压加氢液化技术"，即所谓的古典加氢技术，该技术涉及煤和煤焦油混合体系的加氢，可看作煤焦油加氢和石油加氢技术最早的起源。20 世纪 30 年代末德国开始建立褐煤焦油加氢工厂，用于生产航空汽油和燃料油，到 1943 年共建起 4 座，年产量最大时可达 135×10^4 t。因第二次世界大战影响，1944 年末德国煤焦油加氢工厂生产能力被破坏殆尽，直至二战后全部停产。

1931 年的加拿大专利 CA 312811 描述了通过加氢和裂化两个步骤的随意组合使煤、煤焦油、矿物质油及其他类似物加氢并可从裂化气中获取反应所需氢气的方法。此专利叙述较为简略，并未提出加氢后的产品是什么，以及有何用途，也未出现产品用作燃料油的概念。

日本从德国引进煤焦油加氢技术，从 1936 年开始在我国四平建设中温煤焦油加氢生产燃料油工厂，设计能力为 10×10^4 吨/年，于 1940 年建成投产，但因设备事故频繁而被迫停止运转。第二次世界大战后，苏联从德国取得了煤焦油加氢技术资料，在西伯利亚地区进行了生产和实验研究。1956 年，德国与匈牙利合作，在德国莱比锡附近建立了低温煤焦油加氢厂（因石油的开发利用，60 年代后停产），在此时期，英国 Bellingham、德国 BASF 公司、美国 Hunble 石油公司和波兰煤化工研究所在加氢工艺与催化剂制备研究方面取得了很大进步。

20 世纪 50 年代，我国中国科学院石油研究所（中科院大连化学物理研究所）、北京石油学院（中国石油大学）和大连工学院（大连理工大学）等单位，系统研究了低温煤焦油中压加氢，并在抚顺石油三厂建成低温煤焦油高压和中压液相裂解加氢车间，试生产总计 1.5×10^4 t 油品。随后由于大庆油田开发成功，我国石油实现了自给，煤焦油生产燃料油的研究基本停止了。

（2）20 世纪 60～80 年代（储备）研究发展期

由于国内外石油炼制工业和石油化工的迅速发展，煤焦油生产燃料油暂时中断，但在一些国家，为了延缓石油枯竭的速度，实现能源的技术安全储备，在进行煤低温热解技术开发研究的同时，对煤焦油加氢制汽油、柴油进行了一系列研究。1952 年～1976 年美国能源部对半焦-油-能开发项目，即 COED（char-oil-energy development process）项目进行了中试研究。该研究以烟煤为原料进行煤热解生产半焦、煤气和煤焦油，并将其中的煤焦油加氢制备成燃料油，设计加工能力为过滤后的煤焦油 4.5 吨/天（约 1500 吨/年）。项目研究成功后，将研究结果作为技术储备。20 世纪 70～80 年代，苏联、波兰、德国、印度、日本、匈牙利等国，也都有计划地对烟煤和褐煤热解制半焦和煤焦油加氢生产燃料油进行了研究。20 世纪 80

年代，澳大利亚对低温煤焦油加氢制燃料油进行了小试研究。

1969 年的美国专利 US 3253202 描述了通过加氢使煤焦油成为石油精炼厂原料的方法。专利提到此加氢过程可以与非均相催化剂的加氢反应器结合起来进行两步操作，但一般说来这样的操作在工程上很难做到连续，同时专利中也未提及均相催化剂的分离问题。另外，需要强调的是，所述的过程生产出的是石油精炼厂的原料而不是燃料油。

1980 年澳大利亚的 Peter C. Wailes 等在 Fuel 杂志发表了题为"Yallourn 褐煤焦油连续加氢"的研究论文。该文专以澳大利亚 Char Pty. Ltd 公司的 Yallourn 褐煤热解产生的煤焦油为研究对象。使用 BASF M8-20 催化剂使煤焦油加氢得到石油精炼厂的原料油。该文研究内容详细，但仅限于对一种煤焦油的研究，所用催化剂为工业催化剂并且存在结焦的问题。

1986 年的日本专利"昭 61-103988"（申请了中国专利 CN 851074411989 和美国专利 US 4855037）以 Mo、Co 氧化物或 Mo、Ni 氧化物为催化剂，对蒸去轻组分后沸点高于 280℃的煤焦油组分加氢制得加氢产品。该专利针对煤焦油的高沸点组分，着重于催化剂的制备，叙述中并未涉及加氢的流程和所使用的装置，也未指出产品是否可作为燃料油。

1975 年～1979 年，我国云南驻昆解放军化肥厂（云南解化集团公司）以褐煤气化副产的煤焦油馏分（轻汽油馏分和轻质油馏分）为原料开展了加氢精制试验。

由上可知，国外直接关于煤焦油加氢的文献报道较少，且多为专利，尤其 20 世纪 90 年代后的报道更是难以见到。同时，也未见产业化的报道或实例，这可能与国外一直限制煤焦油产量、将煤焦油粗加工向不发达国家转移、煤焦油深加工多元化等产业状况有关。

（3）20 世纪 90 年代至今的新发展时期

90 年代后，只有煤炭资源丰富同时石油资源匮乏的少数国家，如中国、南非等进行了煤焦油加氢制取燃料油的深入研究。由于欧美等发达国家对环保、煤焦油产品的严格指标要求，大多将煤焦油的加工生产转移到发展中国家，更多的是进行煤焦油模型化合物的研究。20 世纪 90 年代后煤焦油加氢制燃料油的研究和生产主要集中我国。20 世纪 90 年代至 20 世纪末，我国关于煤焦油的研究较少，但得益于石油重油加氢技术的发展，云南解化集团公司于 1994 年建立了褐煤气化副产煤焦油馏分加氢厂，技术直接移植于石油重油加氢，规模为 1×10^4 吨/年，但需指明的是该装置加工原料为褐煤气化轻煤油的轻质馏分。

进入 21 世纪后，我国焦化工业发展迅速，产生了大量高温和中低温煤焦油，由于缺少与之相适应的先进加工技术，使得煤焦油利用方式相对粗放，主要当作燃料来直接燃烧，不仅产生大量的污染物，而且造成了煤焦油的巨大浪费。这种现状促进了对煤焦油加氢技术的研究，因此煤焦油清洁利用成为洁净煤技术的重要组成技术之一，其中加氢制燃料油成为煤焦油清洁利用的主要方向。

2010 年以来，石油加氢技术再被直接移植到煤焦油加氢领域，建立起加氢工业装置，加工煤中低温干馏制兰炭工业所产生的中低温煤焦油，其中具有代表性的是陕西煤业集团神木天元化工公司 25 万吨/年的制兰炭副产中低温煤焦油加氢制燃料油装置，该装置采用石油化工延迟焦化的预处理方式，产生 6%～8% 气体，油品收率约 73.2%。由于该煤焦油与石油组成存在较大差异，馏分比褐煤气化煤焦油更重，硫、氮、氧含量也更高，装置经历了长期、反复的调试后，虽然可短期运转、经济效益显著，但离煤焦油大规模高效、合理、充分的分质分级利用仍有相当的距离。

石油加氢技术移植只是一个过渡阶段，无法长远维持，因此，必须根据煤焦油（包括高温煤焦油）原料性质，研发清洁化、系统化、集成化的综合利用技术方案，使煤焦油得到大规模充分、高效的分质分级利用。

2012 年中国科学院山西煤炭化学研究所成功完成百吨级的中低温煤焦油加氢制清洁燃料油全流程中试。随着高温煤焦油馏分加氢的研发兴起，建立起了高温煤焦油加氢制清洁燃料油的中试装置。

西安石油大学邱泽刚团队根据煤焦油（包括高温煤焦油）原料性质，研发了中低温煤焦油和高温煤焦油加氢制清洁燃料油的几种关键新型工业催化剂，已实现工业应用；进一步研发了以煤焦油馏分为原料获得高密度军用喷气燃料和润滑油基础油的技术和系列催化剂；而且针对 C_9^+ 重质芳烃构成特点，实现了重质芳烃高选择性转化为轻质芳烃 BTX（苯、甲苯和二甲苯）。

国内煤焦油加氢制清洁燃料（汽油、柴油）发展趋势已较为明朗，将向工业化及大规模工业化方向发展，目前中低温煤焦油加氢发展速度超前于高温煤焦油。必须指明的是，就高温煤焦油清洁利用技术而言，传统分离、深加工为化学品的路线仍应该而且必将不断向前发展，但利用加氢技术将其未利用馏分转化为清洁燃料也已成为一个必然的发展方向。

经过十几年发展，煤焦油加氢制清洁燃料油的技术逐渐成熟，但由于产业发展速度太快，原料供应趋于紧张，产品价格逐渐走低，受石油价格影响，煤焦油制燃料油技术的经济效益难以保证。目前，煤焦油加氢制特种油品、煤焦油加氢制芳烃成为煤焦油加氢技术的研发热点。

综上，近 20 年来我国在中低温煤焦油加氢技术的开发方面取得了明显的进展，先后开发出了多种加氢技术和加氢催化剂。

2.3.2　煤焦油加氢技术发展总体评价

煤焦油制取燃料油技术是合理利用煤焦油的有效途径之一，通过加氢技术使煤焦油中的化合物趋于饱和同时脱除其中的硫、氮、金属等以制取合格的燃料油。只有尽量脱除煤焦油中硫氮化合物、酚类、芳香烃等组分，才能符合燃料油品的行业标准（见附录1）。煤焦油制取燃料油技术经过了几十年的发展历程，20世纪20～30年代，德国首次利用煤焦油加氢制取燃料油，但是受加氢过程中反应压力等工艺条件限制，并未实现工业化。后来石油资源被发掘并大量开采，使煤焦油加氢制取燃料油的研究停滞。20世纪60～70年代石油危机全面爆发，欧美各国开始对中低温煤焦油加氢技术做进一步研究。相比石油加工技术，这项技术由于成本较高且条件苛刻，一直停留在储备技术的实验室阶段。国外对煤焦油加氢的研究集中在20世纪80年代以前，并且在德国出现过早期的工业化装置（见表2-9），美国也在70年代的COED项目开发了煤焦油加氢技术并进行了约6年的中试运转，但80年代后的研究报道较少，主要由南非Sasol的Dieter Leckel发表，研究对象是FT配套Lugri气化炉产生的煤焦油。同时，也未见煤焦油加氢制清洁燃料油技术的产业化报道或实例。可见，国外能源构成与国内有较大差异，煤焦油加氢在国外的发展与国内呈现很大的不同，因为无大规模应用该技术的需要和必要，大多数发达国家更倾向于把它作为一项技术储备。20世纪90年代以后，对煤焦油加氢技术的研究也较少，只有少数国家，如中国、南非等，由于本国煤炭资源丰富而原油资源贫乏才涉足这个领域的研究。而发达国家对环保的要求较高，他们也有意识地将煤焦油加工工业转移到发展中国家。所以，日本、欧美等国家对煤焦油加氢技术的直接研究鲜见，主要对模型化合物加氢进行了研究。

表 2-9　早期的煤焦油加氢工业装置

序号	国别	地点	时间/年	原料	压力/MPa	年产量/(10^4 t/a)	产品	备注
1	德国	德国/捷克	1937～1943	褐煤焦油	30	25/22/28/60	发动机汽油、柴油、燃料油	4座工厂，因战争停止
2	德国/匈牙利	德国莱比锡	1956	低温煤焦油	—	33.5	汽油（辛烷值55～60）、柴油	因石油的开发利用，60年代后停产
3	中国	四平	1936～1940	中温煤焦油	—	10	—	引进德国技术，因设备事故频繁未稳定运转

我国煤焦油技术起源于20世纪50年代，发展缓慢。总体而言，国内对煤焦油加氢技术研究比国外起步晚。21世纪以来，由于我国能源结构转型且石油资源紧缺，煤化工迅速发展，因而产生了大量的高温和中低温煤焦油。由于产业发展需要，我国产业界尤其是相关煤炭及煤化工企业已普遍认识到煤焦油加氢技术的经济效益及环保优势，促进了煤焦油加氢技术的发展。可是，由于产业发展速度太快，焦油加氢技术的研发总体仍滞后于产业发展的速度，造成产业界偏重于移植石油加氢技术，付出了较大的代价。技术移植只是一个过渡阶段，无法长远维持，这引起

了学术界的高度关注，煤焦油加氢研究逐步升温，开拓了大量的新的研究。

学术界已公认中低温煤焦油加氢是中低温煤焦油清洁利用的关键技术，并正致力于推动其研究的持续发展。但对于高温煤焦油加氢，过去并不为学术界所认同和接受，因为高温煤焦油中存在大量有价值的化学品，将其加氢是一种资源浪费。近年来，随着中低温焦油加氢技术发展，对焦油加氢有了更为全面、深入的了解和认识，因此对高温焦油加氢有了不同的看法，认为就高温焦油清洁利用技术而言，传统分离、深加工为化学品的路线仍应该而且必将不断向前发展。利用加氢技术将高温煤焦油中未利用馏分转化为清洁燃料也已成为一个必然的发展方向。国内外煤焦油加氢技术发展阶段及其特点如表 2-10。

表 2-10　煤焦油加氢技术发展阶段及其特点

阶段	主要国家	特点
20 世纪 20～50 年代研究初期	德国、苏联、英国、波兰、美国、中国等	粗加氢，产品品质较差，生产中并不注重经济效益及环境保护
20 世纪 60～80 年代（储备）研究发展期	美国、苏联、波兰、德国、中国等	作为储备技术进行研究，不注重经济效益及环境保护
20 世纪 90 年代至今的新发展期	中国	移植石油加氢技术建立了中低温煤焦油加氢工业装置，存在较多问题。现阶段煤焦油加氢工艺、设备和催化剂发展迅速，注重环境保护及经济效益

2018 年，我国煤焦油年产量已达 2500 万吨。煤焦油高效、清洁利用是煤炭清洁、高效利用的关键技术之一，被列入《能源技术革命创新行动计划（2016—2030年）》。十多年来，煤焦油加氢产业呈现快速发展的态势，实际产能约 1000 万吨/年，技术取得长足进步，逐渐走向成熟。截至 2019 年底，我国在建和规划中的煤焦油加氢项目产能达 3200 万吨，涉及企业 100 余家。

2.3.3　煤焦油加氢技术现状

煤焦油是复杂的混合物体系，具有密度高、芳烃含量高、碳氢比高的特点，且含有含量较高的硫、氮、氧和重金属等杂质，是一种处理难度较大的原料。目前，已发展了多种处理煤焦油的工艺技术，按照所使用的加氢反应器的类型，可分为固定床工艺、悬浮床工艺及沸腾床工艺；按照所处理的原料馏分范围可分为全馏分工艺及非全馏分工艺；按照加氢产品可分为主要产燃料油的工艺和同时产燃料油及化学品的工艺。固定床工艺是目前工业中应用最广泛的工艺，悬浮床工艺及沸腾床工艺正在进行工业化示范。需指明的是，悬浮床工艺及沸腾床工艺也需要使用固定床来获取最终的产品。当前，无论采用何种工艺，煤焦油加氢转化的过程均包括硫、氮、氧和重金属等有害和污染性物质的脱除，烯烃、部分芳烃饱和以及大分子裂化等过程，且转化过程中都要使用固定床。

煤焦油加氢制燃料油是将煤焦油所含的金属杂质，灰分和S、N、O等杂原子脱除，并使其中的烯烃和芳烃类化合物饱和，生产质量优良的石脑油馏分和柴油馏分。一般煤焦油加氢后生产的石脑油S、N含量均低于50mg/kg，芳烃含量高于80%；生产的柴油馏分S含量低于50mg/kg，N含量低于500mg/kg，十六烷值高于35，凝点低于−35～−50℃，是优质的柴油调和组分。

2.3.3.1 煤焦油加氢主要技术

高温煤焦油的加工可分为提取化工原料煤焦油深加工与全馏分混合加氢联产模式和直接加氢两种方式[17]。

① 高温煤焦油深加工与全馏分混合加氢联产模式的优点是经济效益好[18,19]，如图2-17所示。

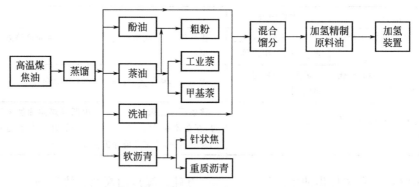

图2-17　高温煤焦油深加工与全馏分混合加氢联产模式

② 高温煤焦油直接加氢分为两类。一类是切尾馏分后进行加氢裂化，另一类是直接加氢裂化全馏分。高温煤焦油比低温煤焦油胶质和沥青质含量高，机械杂质含量多，且全馏分加氢反应消耗氢气量大，催化剂寿命短。目前国内企业都采用切尾馏分油加氢[20]，如图2-18所示。

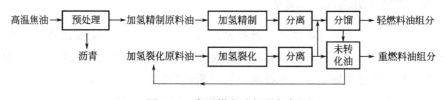

图2-18　高温煤焦油切尾加氢

中低温煤焦油中含氧化合物质量分数可高达10%～35%，主要是苯酚、甲酚、二甲酚等酚类化合物。煤焦油中酚类提取工艺主要有化学法、超临界萃取法、压力晶析法、选择溶剂抽提法、离子交换树脂法。其中化学法中的碱性溶液洗脱法是工业化应用最成熟的方法。酚类化合物主要分布在180～250℃。低温煤焦油在脱除高附加值产品后，通过加氢裂化可以得到石脑油、柴油等燃料油。煤焦油制取燃料油的方法如图 2-19 所示。

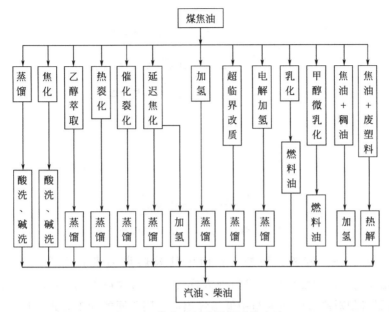

图 2-19　煤焦油制取燃料油的方法

中低温煤焦油加工处理方式一般有三种：精细化工、延迟焦化和加氢改质。加氢改质是处理煤焦油的主要方式，加氢改质路线主要分为三步：原料预处理、加氢反应和产品分离。目前煤焦油制取燃料油技术方案如下[21]。

(1) 煤焦油脱酚后加氢方案[22]

该工艺优点是脱除附加值较高的酚类，同时减少煤焦油加氢过程中生成的 H_2O，提高催化剂寿命，如图 2-20 所示。

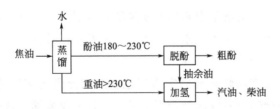

图 2-20　煤焦油脱酚后加氢方案

(2) 煤焦油脱沥青后加氢技术方案

该工艺优点是投资少、技术简单，如图 2-21 所示。

(3) 煤焦油加氢裂化-加氢改质方案

该工艺优点是可降低加氢反应器的操作压力，减少设备费用，如图 2-22 所示。

高温煤焦油的组成、性质与中低温煤焦油有很大差异。高温煤焦油密度高（一般大于 $1.1 \mathrm{g/cm^3}$）、沥青含量高（50%～60%），富含有价值化学品萘、菲、蒽、

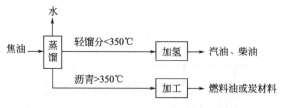

图 2-21　煤焦油脱沥青后加氢方案

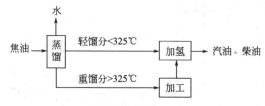

图 2-22　煤焦油加氢裂化-加氢改质方案

荧蒽、芴、苊、芘、咔唑、甲酚等；而中低温煤焦油沥青含量低（一般小于30%），化学成分集中度很低，除酚外大部分组分的含量不到1%。组成、性质的差异决定了必须对高温煤焦油与中低温煤焦油采用不同的加工方式。目前，我国高温煤焦油主要加工方式是分离、精制以获取多种化学品，为医药、农药、纤维、塑料、染料、香料和材料等工业提供非常重要的基本原料，这构成了传统煤焦油深加工产业的主要内容，但是，加工后仍有大量馏分未能清洁利用。而中低温煤焦油则大部分被直接燃烧使用，仍缺乏清洁化、大规模利用技术，在极大地浪费资源的同时产生了大量污染物。将其加氢制成清洁燃料油并兼顾沥青、高附加值化学品的系统化、集成化的清洁综合利用方案成为首要的、必然的选择。催化加氢也同样适用于高温煤焦油未被清洁利用的馏分。因此，作为煤焦油清洁利用最有效的技术，同时作为一种可替代石油的清洁燃料的重要来源，以催化加氢制燃料油为核心的综合加工技术方案既是当前急需也是未来必需，其研发势在必行。

图 2-23 是煤焦油加氢技术示意图。

目前，中低温煤焦油轻组分固定床工艺、全馏分固定床工艺都在进行工业实践，而且正在建设全馏分悬浮床结合固定床的工艺工业装置。其中，轻组分固定床工艺装置可运转一定的周期，但仍需对催化剂及产品质量进行大幅度改进并延长运转周期，同时还需解决遗留的重组分的高值化利用问题；而后两种工艺仍需经过长期的工业运行试验验证其稳定性，同时也需对催化剂及产品质量进行大幅度改进。

尽管目前已投产装置的工艺并不完善和稳定，但在一定时期内具有很可观的经济效益，这是煤焦油加氢技术成为当前研究热点的根本原因，也是该技术继续发展的主要驱动力。另外，高温煤焦油馏分加氢仍处于探索阶段。因此，必须发展更为完善和稳定的加氢技术以应对现在及将来的技术需求。

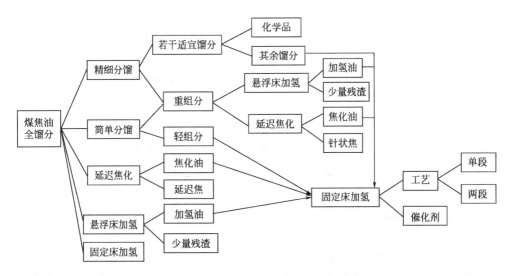

图 2-23　煤焦油加氢技术示意图

　　根据煤焦油组成特点,将煤焦油分为轻、重组分并使用悬浮床结合固定床工艺进行处理,同时分离高附加值化学品的工艺方案将是未来大规模煤焦油加氢发展的必然趋势。煤焦油加工利用技术路线如图 2-24 所示。

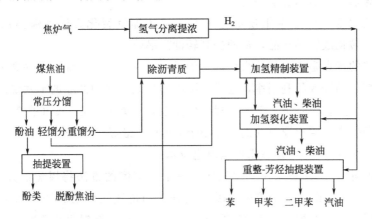

图 2-24　煤焦油加工利用技术路线

　　煤焦油加氢各种技术的特点可以归纳如下。

　　(1) 煤焦油加氢精制/加氢处理技术

　　煤焦油加氢精制/加氢处理技术的特点是采用固定床加氢精制或加氢处理的方法,脱除煤焦油中的硫、氮、氧杂原子和金属等杂质,以及饱和烯烃和芳烃,生产石脑油和柴油等产品。

　　该工艺的优点是工艺流程比较简单、投资和操作费用相对较低,缺点是石脑油和柴油的收率较低,煤焦油资源的利用率低。

（2）延迟焦化-加氢裂化联合工艺技术

延迟焦化-加氢裂化联合工艺技术是将全馏分煤焦油进行延迟焦化，生成气体、轻馏分油、重馏分油和焦炭，然后对轻馏分油进行加氢精制，将重馏分油作为加氢裂化的原料，最后得到石脑油和柴油产品。该工艺投资较大，但液体产率较高。延迟焦化装置的油收率约80%，焦炭产率约为16%。

该工艺的优点是把一部分重质煤焦油转化成了轻质油产品，但是该工艺的流程比较复杂，将一部分煤焦油转化成了焦炭，没有充分利用好煤焦油资源。

近年来，国内开展了延迟焦化-加氢裂化联合工艺技术的工业化，例如在陕西神木建立了500kt/a煤的煤焦油轻质化装置。该项目由1350kt/a煤低温焦化、焦炉煤气冷却净化与储存、氢气抽提与压缩、延迟焦化、煤焦油加氢以及油品分馏等单元构成。

该项目采用立炉干馏工艺生产兰炭、煤焦油和焦炉煤气，再对焦炉煤气进行处理制取高纯氢气，然后采用二段加氢、尾油裂化专利技术工艺对煤焦油进行催化加氢裂解，最终生产分馏出-20号和-30号柴油、石脑油、液化气等高附加值产品。项目设计年加工煤焦油500kt，达标后每年可生产高品质燃料油400kt、液化气8kt、石油焦80kt、液氨6kt、硫黄2kt。

（3）煤焦油固定床加氢裂化技术

煤焦油固定床加氢裂化技术是采用固定床加氢裂化方法把煤焦油中的重油（>350℃）转化成轻油产品，从而提高轻油产品收率。

该工艺的优点是把大部分煤焦油中的重油转化成了轻油馏分，提高了轻油产品的收率和煤焦油资源的利用率，也最大限度地提高了柴油产品的十六烷值（基本上能达到40以上）。但是该工艺的流程比较复杂，对原料油有一定的限制，为了能维持较长周期生产，要求原料油的干点小于600℃，最好小于580℃。

（4）煤焦油悬浮床/浆态床加氢裂化技术

煤焦油悬浮床/浆态床加氢裂化技术是采用蒸馏的方法将煤焦油分离为酚油、柴油和大于370℃重油3个馏分。酚油馏分采用传统煤焦油脱酚方法进行脱酚处理，获得脱酚油和粗酚；大于370℃重油作为悬浮床加氢裂化的原料，反应的产物为轻质油和含催化剂的尾油。

该工艺的优点是加氢之前脱除酚类化合物，既能得到一部分酚产品，又能降低后续加氢过程的氢耗；将几乎全部的煤焦油重油加氢裂化成了轻油产品，最大限度地提高了轻油收率；采用了适量比例的催化剂循环方法，减少了催化剂的使用量；在悬浮床加氢裂化过程中，粉状颗粒催化剂悬浮在煤焦油中，可以承载反应过程中生成的少量大分子焦炭，避免焦炭沉积在反应系统而影响设备的正常运行，延长装置的开工周期；所得柴油产品质量好，十六烷指数在40以上。该技术无论在煤焦油资源利用方面，还是在轻油产品收率和性质方面，都有非常突出的优势。

此外，国内宝聚公司开发出了新一代的浆态床加氢工艺和新型催化剂工艺（BJ-H01工艺）。首先，煤焦油经预处理装置脱除水后，减压蒸馏得到一定温度的不同馏分，其中轻质馏分中含有大量的酚，经碱洗、酸化、精馏后得到苯酚、甲酚、二甲酚产品及脱酚油。然后，将轻质馏分的脱酚油和煤焦油蒸馏得到的中质馏分混合作为固定床加氢装置进料，主要产品为干气、石脑油、柴油、尾油及残渣等。采用该工艺处理中低温煤焦油，以煤焦油为基准，酚类、石脑油和柴油总量大于80%，S、N含量小于50mg/kg，通过浆态床和固定床一次加氢后，柴油十六烷值即达到40以上。

2.3.3.2　我国加氢技术规模

目前，催化剂加氢已成为国内处理中低温煤焦油和高温煤焦油分离化学品后剩余馏分（主要是洗油和蒽油）的一项主要技术，已形成839万吨/年以上的总规模，主要产品是清洁燃料油（汽油、柴油馏分）。由于国外能源构成与国内有较大差异，煤焦油加氢在国外的发展与国内呈现很大的不同，无大规模应用该技术的需要和必要，大多数发达国家更倾向于把它作为一项技术储备。因此，目前难以见到国外煤焦油加氢大规模中试或工业运行的报道，在当前及可预见的未来，煤焦油加氢技术发展尤其是工业实践将主要集中在国内。我国已经建成的煤焦油加氢项目统计如表2-11所示。

表 2-11　我国已建成煤焦油加氢项目统计

公司名称	装置规模/(万吨/年)	原料	建成时间	地址
中煤龙化哈尔滨煤化工有限公司	5	中低温煤焦油	2003 年	黑龙江哈尔滨市依兰县
七台河宝泰隆煤化工有限公司	16	高温煤焦油	2009 年	黑龙江七台河市新兴区
吉林省弘泰新能源有限公司	15	高温煤焦油	2016 年	吉林省白城市大安市
陕煤化神木天元化工有限公司	25/25	中温煤焦油	2008 年/2010 年	陕西省榆林市神木市
神木富油能源科技有限公司	12/4.8	中温煤焦油	2012 年/2019 年	陕西省榆林市神木市
陕西双翼石油化工有限责任公司	16	中温煤焦油	2014 年	陕西省延安市富县
神木县鑫义能源化工有限公司	20	中温煤焦油	2015 年	陕西省榆林市神木市
陕西东鑫垣化工有限责任公司	50	中温煤焦油	2015 年	陕西省榆林市府谷县
陕西延长石油安源化工有限公司	50	中温煤焦油	2015 年	陕西省榆林市神木市
榆林市华航能源有限公司	40	中温煤焦油	2015 年	陕西省榆林市榆神工业园区
云南先锋化工有限公司	12	中低温煤焦油	2014 年	云南省昆明市寻甸县
内蒙古赤峰博元科技有限公司	16	中低温煤焦油	2015 年	内蒙古赤峰市克什克腾旗
内蒙古庆华集团有限公司	16/50	高温煤焦油	2011 年/2018 年	内蒙古阿拉善盟

公司名称	装置规模/(万吨/年)	原料	建成时间	地址
河南宝舜化工科技有限公司	10	高温煤焦油（蒽油）	2014 年	河南省安阳市安阳县
河南安阳利源焦化有限公司	16	高温煤焦油	2015 年	河南省安阳市安阳县
鹤壁华石联合能源科技有限公司	15.8	高温煤焦油	2016 年	河南省鹤壁市山城区
河南顺城集团宇天化工有限公司	15	高温煤焦油（蒽油）	2017 年	河南省安阳市安阳县
邯郸鑫盛能源科技有限公司	15	高温煤焦油	2016 年	河北省邯郸市磁县
河北新启元能源技术开发股份有限公司	30	高温煤焦油（蒽油）	2014 年	河北省沧州市黄骅市
河北英拓科技有限公司	10/10	高温煤焦油（蒽油）	2016 年/2018 年	河北省石家庄市井陉矿区
甘肃宏汇能源化工有限公司	50	中温煤焦油	2018 年	甘肃省嘉峪关市
山东宝塔新能源有限公司	15	中低温煤焦油	2015 年	山东省淄博市淄川区
山东宝舜化工科技有限公司	15	高温煤焦油（蒽油）	2018 年	山东省菏泽市巨野县
山东汇东新能源有限公司	15/15	高温煤焦油（蒽油）	2014 年/2016 年	山东省东营市垦利区
山东恒信科技发展有限公司	10	高温煤焦油（蒽油）	2016 年	山东省济宁市邹城市
山东枣庄振兴能源有限公司	20	高温煤焦油（蒽油）	2019 年	山东省枣庄市薛城区
山东荣信煤化有限责任公司	30	高温煤焦油（蒽油）	2016 年	山东省济宁市邹城市
山西南耀集团昌晋苑焦化有限公司	20	高温煤焦油	2015 年	山西省长治市
鄯善万顺发新能源科技有限公司	15	中温煤焦油	2016 年	新疆吐鲁番市鄯善县
新疆宣力环保能源有限公司	50	中温煤焦油	2017 年	新疆哈密市伊吾县
新疆信汇峡清洁能源有限公司	60	中温煤焦油	2020 年	新疆哈密市伊吾县
新疆天雨煤化工有限公司	30	中温煤焦油	2020 年	新疆吐鲁番市托克逊县

由于煤焦油中含硫、氮化合物含量比较高，直接对煤焦油进行燃烧，会产生大量的 SO_x、NO_x[23,24] 污染物，污染环境，而且煤焦油的密度高，多环芳烃含量高，难充分燃烧，也会造成资源的极大浪费。因此对煤焦油进行催化加氢改质，进而研发清洁化、系统化、集成化的综合利用技术方案，使焦油得到大规模充分、高效的分质分级利用，不仅可以减少环境污染，还能缓解我国对石油资源的需求压力，是煤炭清洁、高效利用的关键组成技术之一。

2.4　煤焦油加氢工艺

按照所使用的加氢反应器的类型，煤焦油加氢工艺可分为固定床工艺、悬浮床工艺及悬浮床结合固定床的工艺。按照所处理原料不同，煤焦油加氢工艺可分为全馏分工艺及非全馏分工艺。按照加氢产品不同，煤焦油加氢工艺可分为只产燃料油的工艺和同时产燃料油及化学品的工艺。本书根据反应器类型来进行煤焦油加氢工艺的分类。

2.4.1　固定床工艺

中低温煤焦油加氢采用高压加氢技术，其核心技术是如何保证组成成分复杂的煤焦油在不同级配催化剂的作用下高效转变为清洁的燃料油，且能有效克服催化剂失活以及沉积物堵塞催化床层，使得反应设备长期稳定运行。近年来，煤焦油加氢技术得到了快速有效的发展，国内主要开发了以下 3 种中低温煤焦油加氢工艺技术。

（1）馏分油加氢工艺

采用馏分油加氢工艺并最早实现工业化的是中煤龙化哈尔滨煤化工有限公司和云南解化集团有限公司，煤焦油通过鲁奇加压气化炉获得，其工艺流程见图 2-25。

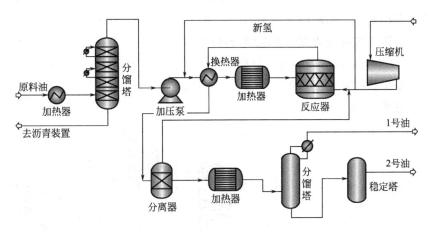

图 2-25　馏分油加氢工艺流程

馏分油加氢工艺采用蒸馏的方法对煤焦油进行前处理，通过分馏将沸点小于 370℃馏程段的馏分油送往后续工段进行加氢精制，而将沸点大于 370℃馏程段的馏出物（主要是沥青质与固体物）作为煤焦油沥青出售[25,26]。加氢精制则采用固定床反应器，该工艺虽简单易行，但受煤焦油质量的影响，加氢成品油收率很低，仅为煤焦油质量的 55%～60%。以中煤龙化哈尔滨煤化工有限公司为例，采用的原料焦油是鲁奇气化炉出口煤气经喷水除去重质焦油和粉尘后再经间接冷却分离得到的轻质焦油，加氢精制的操作压力为 12.4MPa，温度为 288～390℃，体积空速 0.24h^{-1}，其加氢工艺物料平衡表见表 2-12。由表 2-12 可知，馏分油加氢工艺的氢耗率很低，这是由于采用的原料油为鲁奇加压气化炉产生的轻质焦油；石脑油和燃料油的产率仅为 73.5%，且分馏塔塔底重组分的延度、软化点较差，需去沥青装置进一步加工。所以，馏分油加氢工艺适用于以煤焦油常压馏分油为原料来生产清洁燃料油，产品油收率低，氢耗率低，资源利用不充分，适用于小规模生产。

表 2-12　馏分油加氢工艺物料平衡表

进料口			出料口		
名称	处理量/(万吨/年)	质量比/%	名称	处理量/(万吨/年)	占原油质量比/%
原料油	5.0	100	石脑油	0.8345	16.69
氢气	0.082	1.64	燃料油	2.8403	56.81
			$C_1 \sim C_4$ 烃	0.0819	1.64
			H_2S	0.0176	0.35
			$NH_3 + H_2O$	0.0317	0.63
			沥青	1.2760	25.52
合计	5.082	101.64		5.082	101.64

（2）延迟焦化加氢工艺

延迟焦化作为前处理技术，即在热作用下，使得煤焦油中的重质馏分发生热裂化反应，在得到气体和轻馏分油的同时，将胶质、沥青等物质在缩聚结焦反应下转化为焦炭。该工艺可分为煤焦油全馏分延迟焦化和焦油先分馏、重油去延迟焦化两类[27,28]。其中工业化的工艺有陕煤化神木天元化工有限公司的原料油全部延迟焦化工艺和洛阳狄拉克化工工程技术公司的重油延迟焦化工艺。原料油全部延迟焦化工艺流程见图 2-26。

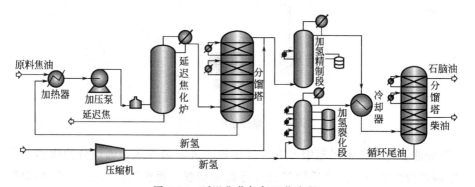

图 2-26　延迟焦化加氢工艺流程

首先将煤焦油加热至 550℃ 左右进入延迟焦化炉内维持较长的反应时间，使得沥青类物质与大分子重油热裂解成小分子并发生缩聚反应生成焦炭，而原料焦油中的机械杂质与微量金属有效地转入焦炭中，其物料平衡数据见表 2-13。由表 2-13 可知，经过延迟焦化前处理工艺，石油焦的收率为 14.83%，馏分油的收率为 76.75%。然后将含有大量不饱和烃和少量焦粉的轻质化馏分油送入加氢精制和加氢裂化工段，通过塔外热蜡油洗涤工艺除去焦粉，减轻分馏塔高温段结焦和焦粉沉积。加氢段的操作压力为 13MPa，体积空速为 $0.21h^{-1}$，反应温度为 290～380℃，通过加氢段后的产品进入分馏塔分馏，获得石脑油和柴油，而塔底的加氢尾油循环进入加氢裂化段重新裂化。延迟焦化加氢工艺物料平衡表见表 2-14。

表 2-13 延迟焦化工艺物料平衡表

进料		出料		
名称	处理量/(kg/h)	名称	处理量/(kg/h)	收率/%
原料油	56156	汽油馏分	3169	5.64
蒸汽	218	柴油馏分	38362	68.31
		蜡油馏分	1570	2.80
		石油焦	8330	14.83
		干气	765	1.36
		污水	2751	25.52
		净产水	2533	4.51
		亏	1490	2.65
合计	56374		54947	

表 2-14 延迟焦化加氢工艺物料平衡表

进料		出料		
名称	处理量/(kg/h)	名称	处理量/(kg/h)	收率/%
加氢原料油	42034	石脑油	34875	82.97
加氢尾油	0	柴油	5603	13.33
氢气	1392	低分气	136	0.32
注水	15747	塔顶气	238	0.57
CS_2	3267	污水	21493	
		净产水	5746	13.66
		亏	95	0.13
合计	62440		62345	

由表 2-14 可知，产品油合计收率为 96.3%，占原料焦油收率的 73.91%，加氢过程中的氢耗率为 3.23%，这是由于经延迟焦化处理高沸点重油和沥青质，馏分油中 H/C 原子比大幅提高，相比于馏分油加氢，产品油产率更高，氢耗率相对较低，且对原料焦油的要求不高，适合规模化生产，但仍有部分煤焦油转化成为焦炭，资源利用不够充分。

（3）全馏分加氢工艺

为使煤焦油中的有效组分全部转化为清洁燃料油品，神木富油科技公司率先采用全馏分加氢工艺并实现了工业化生产。全馏分加氢工艺流程见图 2-27。

该工艺首先需要对原料焦油进行严格的前处理，即通过脱水、电脱盐和过滤等有效单元组合，采用加热的同时引入自身产生的加氢尾油作为稀释剂，经过严格前处理后的煤焦油不经过蒸馏直接进入加氢工段。加氢的操作压力为 14MPa，反应温度为 230～395℃，体积空速为 $0.28h^{-1}$，有效地解决了煤焦油中胶质和沥青质难以转化的课题，其物料平衡表见表 2-15。分析表 2-15 中的物料平衡数据可以发现，原料焦油经前处理后，净化煤焦油和重质焦油的收率高达 99.03%，而工艺产

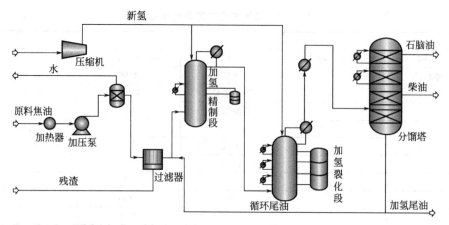

图 2-27　全馏分加氢工艺流程

品油的收率达到了 94.96％，但是前处理的实际物料较平衡物料盈余 0.78％，加氢过程实际物料较平衡物料亏损 0.13％，经修正后，产品油的收率为原料焦油的 93.8％，且燃料油主要以柴油为主。

表 2-15　全馏分加氢工艺物料平衡表

进料		出料		
名称	处理量/(kg/h)	名称	处理量/(kg/h)	收率/％
原料焦油	11872	净化煤焦油	11514	96.98
脱盐注水	2933	预处理重油	244	2.05
		含酸污水	3140	
		盈余	92.6	0.78
合计			14898	1.36
净化煤焦油	14805	石脑油	1740	13.93
加氢尾油	0	柴油	9500	76.06
氢气	625	加氢尾油	925	7.41
注水	3513	C_3 气体烃	120	0.96
蒸汽	850	$C_1 \sim C_2$	116	0.93
		含硫污水	5061	
		净产水	698	5.59
		亏	16	0.13
合计	17478		12165	

全馏分油加氢工艺有效地解决了高沸点重油与沥青质转变为轻质油的难题，且产品油收率高，适合规模化生产，但是仍然存在氢耗高、反应空速小、催化剂易结焦等问题，更适合加工沥青质较低的轻质煤焦油。

2.4.2　悬浮床工艺

悬浮床加氢工艺的研究主要针对重质石油加工开展，实际上这种工艺最早就来源于煤焦油的加氢改质和煤的直接液化。德国在二战期间就使用悬浮液化技术由褐煤生产人造石油，其中利用褐煤低温煤焦油原料的要比利用褐煤直接液化的多出两三倍。当时使用的是铁-煤固体粉末催化剂。除此之外，水溶性和油溶性催化剂作为渣油悬浮床加氢裂化工艺的主要催化剂，油溶性催化剂和水溶性催化剂相比具有更高的加氢活性。悬浮床加氢工艺技术主要分为均相和非均相两种。

（1）均相悬浮床煤焦油加氢

中国石化大连（抚顺）石油化工研究院的贾丽等[29] 提出了一种均相悬浮床煤焦油加氢裂化工艺，并申请了专利。该技术采用均相催化剂，即将催化活性组分制备成水溶性盐均匀地分散在原料油中。反应生成物经过分离、分馏系统得到重油、柴油和石脑油，其中石脑油和柴油进入固定床加氢反应器继续深度加氢精制或加氢改质，以降低其杂原子、芳烃含量，提高柴油的十六烷值；重油部分循环到悬浮床反应器入口进一步裂化成轻油馏分，少量重油（2%～10%）从装置中排出。

该专利列举了以下实施例：采用悬浮床加氢和固定床加氢精制联合工艺处理煤焦油全馏分。将原料罐中的煤焦油或煤焦油与均相催化剂按一定比例制备的混合进料与氢气混合，送入悬浮床反应器，从悬浮床反应器底部出来的物流流经沉降罐进入蒸馏装置，切割出水、小于 370℃ 的轻油馏分和大于 370℃ 的尾油。其中小于 370℃ 的轻油馏分进入固定床加氢精制装置，脱除硫、氮等杂原子，降低胶质含量以提高柴油质量。从精制装置出来的物料进入蒸馏装置，切割出小于 150℃ 的汽油和 150～370℃ 的柴油，将 5% 的大于 370℃ 的尾油外甩以排出装置，其他循环回悬浮床反应器。使用的悬浮床催化剂为水溶性的磷钼酸镍。加氢精制催化剂的组成为 22% 氧化钼、8% 氧化镍和载体氧化铝。催化剂孔体积为 0.40mL/g，比表面积为 190m²/g。试验原料性质及组成列于表 2-16。试验条件和结果见表 2-17，产品性质见表 2-18。

表 2-16　均相悬浮床加氢用煤焦油性质及组成

项目		煤焦油全馏分	项目		煤焦油全馏分
密度(20℃)/(g/cm³)		1.0617	金属元素 /(μg/g)	Fe	34.70
残炭(质量分数)/%		13.6		Ni	1.16
元素分析 (质量分数)/%	N	0.87		V	0.09
	O	9.02		Na	5.01
	C	83.10		Ca	31.33
	H	6.75	沥青质(质量分数)/%		1.16
	S	0.18	水(质量分数)/%		0.09
杂质(质量分数)/%		34.70	＞370℃尾油(质量分数)/%		57.0

表 2-17 实施例 1～3 反应条件及结果

编号		实施例 1	实施例 2	实施例 3
悬浮床加氢反应	温度/℃	360	390	370
	压力/MPa	12	15	14
	氢油体积比	1500	1200	1000
	空速/h^{-1}	0.7	1.0	1.2
	催化剂	有	有	无
	催化剂加入量(按金属计)/(μg/g)	50	200	
固定床加氢精制反应	温度/℃	360	350	365
	压力/MPa	12	15	14
	氢油体积比	1200	800	1000
	空速/h^{-1}	1.0	0.8	1.0
	轻质馏分油收率(对原料)(体积分数)%	78.2	85.1	72.2
	产品汽柴比(质量比)	1:7	1:6.2	1:7.3

表 2-18 实施例 1～3 产品性质

项目		实施例 1		实施例 2		实施例 3	
		汽油	柴油	汽油	柴油	汽油	柴油
密度(20℃)/(g/cm^3)		0.7728	0.8774	0.7642	0.8702	0.7832	0.8843
S/(μg/g)		7.0	18	6.3	15	58	127
N/(μg/g)		11.2	28.6	10.8	25.6	247	482
闪点(闭口)/℃			74		72	76	76
酸度/(mg KOH/100mL)			1.47		1.22		2.76
十六烷值			35.4		37.6		30.1
铜片腐蚀(50℃,3h)/级			1		1		
黏度(20℃)/(mm^2/s)			3.315		3.1734		3.579
凝点/℃			−17		−20		−17
馏程/℃	初馏点	54.3	167.1	52.2	157	58.7	163
	10%	85.5	210	83.3	200	87.4	205
	50%	100.0	264	98.2	241	99.7	270
	90%	135.7	320	137.3	305	140.1	328
	95%	154.4	340	152.2	337	157.3	344
辛烷值		70.1		72.4		68.7	

黄澎等[30] 以中温热解煤焦油为原料,对其性质进行了分析。其中,大于 350℃重质馏分中胶质含量为 30.88%,沥青质含量为 37.27%,四氢呋喃不溶物含量为 3.36%。此反应中合成了一种 Mo 系超分散均相催化剂,对催化剂进行了表

征，其含有 Mo═O 和 Mo—S 特征结构，活性金属的硫化率为 84.34%，在体系中具有优良的分散性，且原位分解为超分散 MoS_2 颗粒；在 0.2t/d 连续装置上进行了热解重油悬浮床加氢裂化实验研究，考察了反应条件对产物分布情况和结焦率的影响，得出适宜的反应条件为 19MPa、440℃，催化剂的添加量为 300mg/kg；此条件下石脑油收率为 24.47%，柴油馏分收率为 49.71%，结焦率为 1.32%。

吴青[31]、刘美等[32] 简述了悬浮床重油加氢裂化工艺、工业化过程面临的技术和催化剂的研究进展，介绍了目前国际上成熟的前沿悬浮床加氢裂化技术：EST 工艺技术、HDHPLUS 工艺技术、Uniflex 工艺技术，其中 UOP 公司的 Uniflex 悬浮床加氢技术如图 2-28 所示。这些工艺多采用均相分散型催化剂，有效地减少了重馏分的缩合生焦，具有催化活性高、产品汽柴比高等特点，已实现工业装置建设和生产，成为炼厂解决重质油深度加工问题的关键技术。

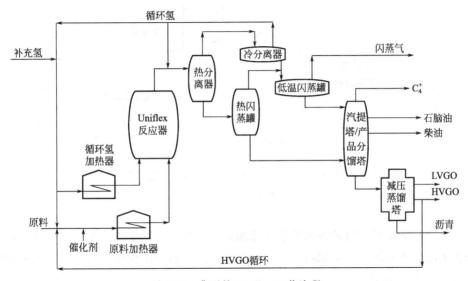

图 2-28　典型的 Uniflex 工艺流程

颜丙峰等[33] 对煤焦油悬浮床加氢后轻质油生成清洁油品进行了研究。考察了温度、压力、液时空速以及氢油体积比等因素对产物的影响，发现反应温度越高，液时空速越低，氢耗就越大，液时收率和气产率受反应条件影响较小。通过加氢提质，可以有效脱除轻质油中的 S 和 N 等杂质，促使原料中的芳烃向环烷烃及链烷烃转变，生成油的稳定性得到了极大改善。

（2）非均相悬浮床煤焦油加氢

煤炭科学技术研究院有限公司提出了一种非均相催化剂作用的煤焦油悬浮床加氢工艺及配套催化技术，工艺流程见图 2-29[34]。该技术首先将煤焦油切割为酚油、柴油和大于 370℃重油。对酚油馏分采用传统煤焦油脱酚方法进行脱酚处理，获得脱酚油和粗酚，粗酚可进一步精馏，精馏分离获得酚类化合物产品。大于 370℃重油作为悬浮床加氢裂化的原料。催化剂是复合多金属活性组分的粉状细颗粒悬浮床加氢催化剂。悬浮床加氢反应产物分出轻质油后，大部分含有催化剂的尾油直接循环至悬浮床反应器，少部分尾油经脱除催化剂处理后再循环至悬浮床反应器进一步轻质化。最后，将得到的全部轻质馏分油进行加氢精制。生产车用发动机燃料油和化工原料。

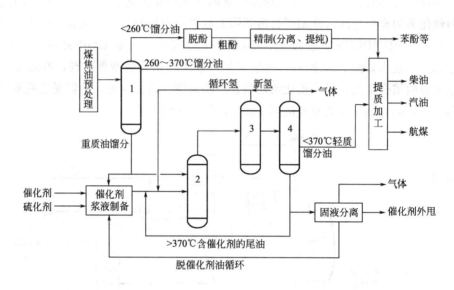

图 2-29　非均相悬浮床煤焦油加氢工艺流程

1—蒸馏塔；2—悬浮床反应器；3—分离塔；4—常压塔

非均相催化剂作用的煤焦油悬浮床加氢工艺及配套催化技术实施例选用一种典型煤焦油作为该例煤焦油原料，经常规脱水、除机械杂质预处理后的煤焦油原料的性质如表 2-19 所示。

表 2-19　非均相悬浮床煤焦油原料的性质

项　　目		预处理后煤焦油全馏分
密度(20℃)/(kg/m³)		1052.1
运动黏度/(mm²/s)	40℃	57.62
	80℃	15.74
水分(质量分数)/%		0.5
灰分(质量分数)/%		0.1
残炭(质量分数)/%		5.30
甲苯不溶物(质量分数)/%		0.51

续表

项　　目		预处理后煤焦油全馏分
元素组成(质量分数)/%	C	84.37
	H	8.35
	S	0.26
	N	0.76
	O(差减法)	6.26
实沸点蒸馏结果(质量分数)/%	IBP～260℃	17.9
	260～350℃	31.3
	>350℃	50.8

将预处理后的煤焦油蒸馏分离为初馏点（IBP）～260℃馏分、260～350℃馏分和大于 350℃重馏分三种类型。实施例所用的催化剂是一种铝铁复合型悬浮床加氢催化剂，含水量低于 0.5%（质量分数），钼与铁的质量比为 1∶500，粒子直径为 1～100μm 的粉状颗粒。该催化剂是将铁含量为 58%（质量分数）的赤铁矿粉碎成小于 100μm 的粉状颗粒，然后将 10% 的钼酸铵水溶液均匀地喷淋在颗粒上，钼与铁质量比约为 1∶500，在 100℃下烘烤 1h，得到含水量小于 0.5%（质量分数）的粉状颗粒催化剂。

实施例的悬浮床加氢工艺过程为：将脱除了催化剂的循环油或煤焦油大于 350℃重馏分油的一小部分，粒度小于 100μm 的粉状颗粒钼铁复合型悬浮床加氢催化剂及硫化剂二甲基二硫醚混合在 80℃下搅拌均匀制得催化剂油浆，控制催化剂油浆的固体浓度在 25%（质量分数）左右。该实施例的工艺条件见表 2-20，该技术所得产物产率分布见表 2-21。由悬浮床反应器反应流出情况可见，采用该悬浮床加氢工艺处理煤焦油的方法可使轻质油产率达到 94.7%（质量分数）。试验得到的轻质油可采用现有的加工技术进行提质加工生产燃料油和化工原料。

表 2-20　悬浮床加氢工艺条件

项目	参数
温度/℃	430
反应氢分压/MPa	17
空速/h^{-1}	1.0
氢油体积比	800
催化剂/原料油(质量比)	0.8/100
常底重油直接循环量/去减压塔脱固量	4/1
硫化剂二甲基二硫醚/原料油	2/100

表 2-21　该实施例部分产物产率分布

产物		产率
IBP～260℃产率(质量分数)/%		17.9
260～350℃产率(质量分数)/%		31.3
重油加氢转化＜370℃轻质油产率/%	汽油产率(质量分数)	14.3
	柴油产率(质量分数)	31.2
	轻质油产率总计(质量分数)	94.7

高明龙等[35] 对 $2.0×10^4$ t/a 非均相悬浮床煤焦油产品分离工艺做了模拟研究。该研究考察了一级降温和二级降温两种气液分离流程。应用 AspenPlus 模拟软件，采用严格热力学分析方法，对非均相悬浮床煤焦油加氢反应产物的两种分离流程分别进行了模拟和对比研究。

该模拟研究首先对比了一级、二级降温分离流程的分离效果，与二级降温分离流程相比，一级降温分离流程常压塔物料多了 454.43kg/h，其中＜360℃的轻油组分多了 340.08kg/h，中、重油组分少了 60.06kg/h，溶解气多了 171.00kg/h，两者水含量相差不大。相比二级降温分离流程，一级降温分离流程油品组分损失少了 280.02kg/h。对两个流程的低温高压分离器气相组分进行分析，两者氢气含量相当，二级降温分离流程循环氢中水含量较高，油品含量较高，造成了油品的损失，增加了循环氢净化的难度。通过以上对比，可以看出一级降温分离流程分离效果更好。该模拟研究还对比了一级、二级降温分离流程的能耗情况。一级降温分离流程将更多的物料降到了低温，进入常压蒸馏单元预热过程要消耗更多的能量。常压塔预热炉能耗：一级降温分离流程耗能 4.302GJ/h，二级降温分离流程耗能 1.657GJ/h，两者相差 2.645GJ/h，这个差别在工程上是巨大的。以 $2.0×10^5$ t/a 煤焦油加氢工程为例，通过计算得出常压塔预热炉燃料消耗量，相比两级降温分离流程，一级降温分离流程常压塔预热炉多消耗液化石油气 1531.50kg/d，在工程上是不可行的。因此，从能量利用角度来看，二级降温分离流程要比一级降温分离流程更优。该研究分析结果认为，一级降温分离流程分离效果更好，但能耗较高，两种分离流程投资相当。从工程角度出发，该研究人员认为应该选择两级降温分离流程。

朱元宝等[36] 以中低温煤焦油为原料，选用自制非均相催化剂，在高压釜中模拟了煤焦油悬浮床加氢预处理过程，探索反应条件对液体产物分布及甲苯不溶物（TI）转化率的影响规律。结果表明，反应温度和氢初压的升高以及催化剂添加量的增加可以显著提高轻油（汽油、柴油馏分）收率，在反应温度为 460℃、氢初压为 16.0MPa、催化剂添加量为 3.0%（质量分数）、反应时间为 1.0h 的条件下，液体产物轻油收率达 54.21%，TI 转化率达到 86.5%，产物分布得到显著改善。

牛鸿权等[37] 对悬浮床加氢工艺进行了简单的介绍，并着重就加氢工艺关键技术参数之一氢油比对加氢装置不同运行阶段的影响进行了较为详细的分析：较低氢油比有利于装置顺利开工；在较高氢油比条件下，有利于装置停车阶段催化剂的卸出；适中的氢油比有利于装置的长期稳定满负荷运行。

由此可见，非均相悬浮床加氢工艺技术的特点如下：

① 在加氢之前脱除酚类化合物，既能得到一部分酚产品，又能降低后续加氢过程的氢耗；

② 把几乎全部的煤焦油重油加氢裂化成了轻油产品，最大限度地提高了轻油收率；

③ 采用了适量比例的催化剂循环方法，减少了催化剂的使用量；

④ 在悬浮床加氢裂化过程中，粉状颗粒催化剂悬浮在煤焦油中，可以承载反应过程中缩聚生成的少量大分子焦炭，避免这些焦炭沉积在反应系统而影响设备的正常运行，延长装置的开工周期；

⑤ 所得柴油产品质量好，十六烷指数在 40 以上[38,39]。

目前悬浮床加氢工艺已经引起了大多数石油公司的重视，主要针对劣质重油加工开发了多种不同特点的悬浮床加氢工艺以及相应的催化剂。其中有德国 Veba 公司的 VCC 工艺（已被 BP 收购）和加拿大石油公司的 Canmet 工艺，这两种工艺都已经完成了工业示范。意大利 Eni 公司开发的 EST 工艺，可处理高残炭和高金属含量的重油、真空残渣及油砂沥青，催化剂可循环使用，反应后的真空残渣进行溶剂脱沥青。委内瑞拉石油公司 Intevep 和 IFP（法国石油研究院）合作开发了 Hdh-plus 悬浮床渣油加氢工艺，渣油转化率为 85%～95%，液收大于 100%，通过后续的加氢裂化和加氢精制，可生产符合欧洲 V 标准的清洁汽油、柴油。另外，UOP 公司开发了 Aurabon、Exxon Mobil 公司开发了 Microcat 工艺、Chevron 公司开发了 VRSH 等悬浮床渣油加氢工艺。中国石油大学（华东）和清华大学等与中国石油、中国石化合作在悬浮床工艺方面也开展了工作，取得了较好的进展。

2.4.3　沸腾床工艺

沸腾床反应器（EBR）是新型的多相催化反应器。近年来，该反应器主要用于加工传统技术难于处理的高硫、高氮、高金属（镍和钒）和高沥青质含量的劣质重渣油原料。国外具有代表性的重渣油沸腾床加氢技术包括 H-Oil 工艺、T-Star 工艺和 LC-Fining 工艺[40]。国内具有代表性的是由中国石化大连（抚顺）石油化工研究院开发的 Strong 沸腾床反应器。

沸腾床渣油加氢的工艺过程为：富氢气体和液体渣油原料分别或混合后进入位于沸腾床反应器底部的高压室，再沿着反应器轴线向上流动经气液分布盘进入沸腾床反应器的有效反应区。反应器床层中的固体催化剂颗粒由向上的气液流速提升维持催化剂颗粒处于随机的沸腾状。进入沸腾床反应器底部的氢气沿着分布盘的横断面均匀分布，维持反应器适当的入口氢分压和足够的气体流速以提供传质所需的必要界面膜区，保证足够的氢气传质速率。沸腾床反应器中的气含率与气、液速率差有直接关系。如果气速太高，超过了传质所需满足的氢分压和搅动气泡区的要求，则会增加气含率、降低液含率、缩短加氢反应的停留时间。

沸腾床技术用于渣油加氢具有如下优点：

① 原料选择灵活，可以加工高残炭值、高金属含量的劣质渣油。

② 催化剂在反应器中自由运动，杂质不会沉积到催化剂上，系统压力降低；反应器中催化剂处于返混状态，可以保持整个反应器接近等温操作。

③ 采用催化剂在线加排系统，可以保证在整个操作周期内反应物料浓度和产品质量恒定[41]。

王虎等[42] 对神华煤直接液化项目中的 T-Star 沸腾床加氢工艺进行了研究，分析了操作反应温度、床层料位控制、循环泵控制和反应系统并气操作要点与难点，提出了应对措施。其工艺流程如图 2-30 所示。T-Star 沸腾床加氢工艺与固定床加氢工艺相比，具有以下优势：

① 对原料适应性强，可加工含固或沥青的劣质原料，避免了类似固定床加氢床层堵塞、床层压差快速上升带来的停工、偏流等问题，延长了装置运行周期；

② 可在系统正常运行期间在线置换催化剂，保持反应器内催化剂整体活性水平稳定，有利于装置的平稳控制，从而保证产品产量和质量；

③ 采用底部设有循环泵的上流式反应器，反应器内物料呈返混状态，使反应器内轴向、径向温度分布均匀；

④ 在反应系统运行中，采用单质液硫补硫，可节省装置运行费用[43]。

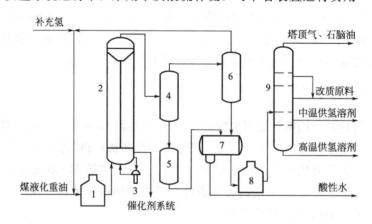

图 2-30　T-Star 工艺流程简图

1,8—加热炉；2—反应器；3—循环泵；4—热高压分离器；5—热低压分离器；
6—冷高压分离器；7—冷低压分离器；9—分馏塔

　　薛倩等[44] 对中温煤焦油全馏分进行了沸腾床加氢处理，制备了 180 号船用燃料油调和组分，并对大于 350℃的馏分进行了性质分析。此研究中煤焦油加氢工艺采用中国石化大连（抚顺）石油化工研究院[45] 开发的 4L Strong 沸腾床双反应器串联流程，催化剂采用中国石化大连（抚顺）石油化工研究院自行开发的微球形加氢催化剂 FEM-10。工艺流程如图 2-31 所示。

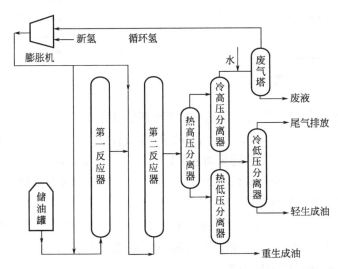

图 2-31　沸腾床加氢工艺流程图

　　辛靖等[46] 介绍了现有 H-Oil、LC-Fining、T-Star、Strong 四种沸腾床加氢工艺的技术特点、沸腾床加氢催化剂以及沸腾床加氢技术的最新研究进展。H-Oil 反应器如图 2-32 所示。LC-Fining 工艺与 H-Oil 工艺相近，反应器结构基本相同，主要区别在于前者使用内循环泵，后者使用外循环泵，两者都可以通过增加串联反应器的数量以提高装置的加工能力和杂质的脱除率。T-Star 工艺是基于 H-Oil 工艺开发的缓和加氢裂化沸腾床加氢技术，目前多用于处理杂质含量较高的各种减压蜡油和煤制油项目。其沸腾床反应器如图 2-33 所示，工艺流程图如 2-30 所示。Strong 技术研究始于 20 世纪 60 年代中国石化大连（抚顺）石油化工研究院开展的相关研发工作，它是中国首套具有完全独立自主知识产权的沸腾床渣油加氢处理技术。其技术的核心是带有特殊设计的气、液、固三相分离器的沸腾床反应器，反应器结构见图 2-34。

　　童雪等[47] 对预蒸馏-固定床组合加氢技术、延迟焦化-固定床加氢技术、沸腾床-固定床组合加氢技术进行了分析，得到以下结果：无论从工艺流程还是成本，沸腾床-固定床组合加氢都要比其他的效

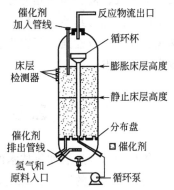

图 2-32　H-Oil 沸腾床反应器示意图

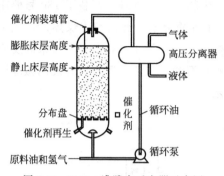

图 2-33 T-Star 沸腾床反应器示意图

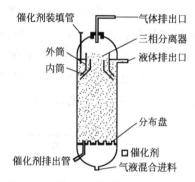

图 2-34 Strong 沸腾床反应器示意图

果好。孟兆会等[48]为找到适宜煤焦油加工处理的组合工艺，提出了沸腾床加氢预处理-固定床加氢裂化组合工艺处理煤焦油的想法，经过在 Strong 沸腾床加氢试验装置上进行验证得到以下结果：沸腾床加氢预处理可以很大程度降低煤焦油原料中的硫、氮、残炭以及金属等含量，降低不饱和分含量；生成油能够满足直接进固定床加氢处理要求；经固定床加氢处理后生成油性质得到改善。

由此可见，沸腾床加氢工艺未来的研究重点将是以提高重劣质油的深度转化效率为目标，集中在改进工艺、集成沸腾床加氢处理工艺与其他工艺、开发高效新型催化剂和优化创新反应器结构等方向。

固定床工艺在反应器的不同床层装填不同类型的催化剂用以脱除煤焦油中的硫、氮元素以及杂质，从而对其重组分进行改质。但是黏度大、酸值高、杂质多的重质煤焦油会导致固定床由于催化剂失活较快而无法实现长周期运转。沸腾床工艺采用上流式反应器，可处理质量较差的原料，从而弥补了固定床工艺不能加工劣质原料的不足。但是，受其反应器流体力学的影响，反应器内的返混现象严重，催化剂的利用率较低，单个反应器无法达到很高的杂质脱除率，需串联多个反应器。相对来说，悬浮床工艺采用的是内置导流筒的反应器，固体催化剂悬浮于反应器中，反应器内气、液、固三相能够达到充分混合，大大强化了传质，并可有效抑制焦炭的生成。因此与其他工艺相比，悬浮床工艺具有工艺流程简单、操作灵活、催化效率高、原料适应性强、可实现多级逆流操作（能够显著提高反应推动力和氢气利用效率）等特点。

2.5 煤焦油加氢催化剂

催化剂是煤焦油加氢技术的核心之一。在现有煤焦油加氢工业技术中，固定床多采用石油加氢的既有催化剂，一般分两类：一是 Al_2O_3 负载的过渡金属如 Ni、Mo 或 W 催化剂，称为加氢精制催化剂[49]，主要用于硫、氮和氧的脱除以及部分芳烃的饱和；二是分子筛负载的过渡金属 Ni、Mo 或 W 催化剂，一般称为加氢裂化催化剂[49]，主要用于大分子裂化。因为石油和煤焦油性质、组成差异巨大，石油加氢催化剂用于煤焦油加氢存在诸多不适应性，研发煤焦油专用催化剂变得十分迫切。虽然国内各科研单位努力进行了大量研究，但由于产业发展速度太快，煤焦油加氢催化剂的研发总体仍滞后于产业发展的速度，使得目前的煤焦油加氢技术仍较为粗放，体现在未充分考虑煤焦油不同馏分中分子组成特性，往往导致轻质馏分过度加氢，重质馏分加氢不足或未能适当转化。另外，也缺乏对产品馏分组成分布调控及有害杂质深度脱除的系统、深入研究，这就导致煤焦油这种宝贵资源未获得充分、高效的利用，同时也产生了煤焦油加氢产品种类少、品质较差的问题。

2.5.1　煤焦油加氢催化剂的发展

高温煤焦油的组成、性质与中低温煤焦油有很大差异。高温煤焦油密度高（一般大于 $1.1g/cm^3$）、沥青含量高（50%～60%），含高价值化学品萘、菲、蒽、荧蒽、芴、苊、苊、咔唑、甲酚等[30]，而中低温煤焦油沥青含量低（一般小于30%），化学成分集中度很低，除酚外大部分组分的含量不到 1%。组成、性质的差异决定了必须对高温煤焦油与中低温煤焦油采用不同的加工方式。传统上，我国高温煤焦油主要通过分离、精制获取多种化学品，为医药、农药、纤维、塑料、染料、香料和材料等工业提供非常重要的基本原料，但是，加工后仍有大量馏分（蒽油、洗油等）未能清洁利用。

近几年，出现了利用催化加氢将高温煤焦油馏分（主要是蒽油、洗油）转化为燃料油品的技术和工业装置，已在全国形成了一定规模。目前也是使用加氢技术将中低温煤焦油转化为清洁燃料油品，已形成每年数百万吨的加工规模。但是，目前煤焦油加氢装置中使用的催化剂尚无法使焦油特征分子进行高效、选择性转化，仍需进行更加系统、深入的研究。

煤焦油中富含芳环化合物，中低温煤焦油中芳环含量很高，高温煤焦油馏分如洗油、蒽油基本由芳环化合物组成[50]，由煤焦油定向转化获取高值的芳环类化合物是一个自然的、必然的选择。高值芳环化合物包括芳烃、芳杂环和烯环类化合物。芳烃可分为单环和多环，单环主要是指苯、甲苯和二甲苯（BTX），多环主要包括萘、菲、蒽和苊等；杂环化合物包括吡啶、喹啉、吲哚、咔唑和氧芴；烯环类包括茚、苊和芴等。实际上，高温煤焦油馏分和中低温煤焦油的芳环化合物大部分由这些化合物及它们的衍生物组成，而这些衍生物主要是在这些分子的芳环上多出了一个或几个烷基，这些烷基主要是甲基和乙基。

在石油加氢催化剂领域中，加氢裂化催化剂是一类关键的催化剂，有着雄厚的研究积累并且相关研究一直在持续，涉及热力学、动力学、催化剂载体、活性组分、助剂、理论计算等各个方面[49]，使用的原料包括真实油品馏分和模型化合物。

虽然石油加氢裂化的原料与煤焦油差异巨大，但其研究方法、研究积累尤其是关于模型化合物和机理的研究可为煤焦油加氢裂化提供极为重要的参考。通常，石油馏分加氢裂化催化剂主要是使大分子裂化，降低芳烃含量，提高十六烷值，降低油品密度，使油品符合国家标准[43]，产物并非芳环化合物。

邱泽刚等[51~57] 做了煤焦油加氢裂化催化剂、加氢脱氮催化剂、加氢脱硫催化剂和加氢脱氧催化剂的相关研究，利用磷、氟改性大幅提升了 Ni-Mo、Co-Mo 和 Ni-W 催化剂加氢脱硫、氮性能，深入研究了 NiW/USY 分子筛催化剂，在产品油质量收率大于 95% 的前提下，可使原料油的密度由 $0.899g/cm^3$ 降至 $0.848g/cm^3$，多环芳烃完全裂解，C/H 摩尔比由 7.32 降至 6.89，50% 馏出温度由 304℃ 降至 279℃，同时可使十六烷指数由 40.0 升至 43.5，而且系统研究了实验的反应压力、反应温度、液体空速和氢油体积比对加氢反应效果的影响，获得硫、氮含量符合国家标准的汽柴油产品。燕京等[58] 以中低温煤焦油为原料，采用了加氢脱金属催化剂、缓和加氢裂化催化剂、加氢保护剂、加氢精制催化剂对高温煤焦油进行加氢处理，得到了相应的汽油和柴油馏分。其中汽油馏分中，硫含量小于 30.0g/g；柴油馏分中，氮含量为 183.0g/g，硫含量小于 30.0g/g。对煤焦油进行加氢改质取得了显著效果。而在国外，他们常以煤焦油中的一种或几种化合物为原料，如萘、蒽油和菲等，研究其加氢过程中发生的化学反应[59~66]。Lemberton 等[65~67] 以煤焦油中的菲为加氢模型化合物，以 $Ni\text{-}Mo/Al_2O_3$ 为加氢催化剂，研究了咔唑和萘酚对催化剂加氢活性位和酸性位的影响。总体而言，采用煤焦油的模型化合物来探讨加氢催化剂与原料之间相互作用的研究较多，而直接采用煤焦油为原料的研究却并不常见。

2.5.2 工业加氢催化剂

现代许多物理、化学实验方法可用来研究催化剂的表面结构、组成、活性中心种类、活性组分的价态、所处的化学环境、吸附态构型和反应活性等。对加氢催化剂较为重要的物化性质有密度、形状和颗粒度、机械强度、表面性质、固体酸碱性等，而工业加氢催化剂和小试加氢催化剂的一些物理、化学性质是不一样的。

2.5.2.1 影响催化剂性能的因素

（1）密度

催化剂密度（ρ）是单位体积（V）内含有的催化剂质量（m），以 $\rho = \dfrac{m}{V}$ 表示。一般说来，催化剂是多孔性物质，在其呈自然堆积时，它的表观体积 $V_堆$ 实际上由三部分组成：第一部分是催化剂与催化剂之间的空隙，以 $V_空$ 表示；第二部分是催化剂颗粒内部孔隙所占有的体积，以 $V_孔$ 表示；第三部分是催化剂自身骨架所具有的真实体积，以 $V_真$ 表示。在实际测定中，可根据 $V_堆$ 所包含的不同内容，将催化剂的密度分为三种：堆积密度 ρ_B、颗粒密度 ρ_p、真密度 ρ_t（骨架密度），用公式表示为

$$\rho_B = \frac{m}{V_{堆}} = \frac{m}{V_{空} + V_{孔} + V_{填}}$$

$$\rho_p = m / (V_{孔} + V_{填})$$

$$\rho_t = m / V_{真}$$

（2）形状和颗粒度

工业催化剂不仅要求有足够的活性和选择性，还必须具有良好的机械强度以及适当的形状和颗粒度。在加氢反应过程中最重要的影响因素之一就是催化剂的几何形状和颗粒度，其几何形状和颗粒度越理想，反应体系中的物流分配、传质及传热、流体力学及床层压力降等越合理。固体催化剂的形状有球形、条形、环形、片状、螺旋形及齿形等，条形又可分为柱条形、三叶草形、蝶形等。颗粒度有一次、二次等，一次粒子为原子、分子或离子组成的晶粒，其颗粒度一般不超过 100nm。由若干晶粒组成的颗粒称为二次粒子，其颗粒度在 0.001～0.2mm。从固定床加氢催化反应的发展趋势来看，催化剂的颗粒度越来越趋向于小粒径异型方向。催化剂当量直径越大，耐压强度也越大。孔体积和孔隙率越大，则耐压强度及堆积密度越小。

床层孔隙率与催化剂形状有关。通常，拉西环形状的床层孔隙率为 46％～55％；球形催化剂床层孔隙率为 38％～39％；四叶草条形催化剂床层孔隙率约为 42％；圆柱条形催化剂床层孔隙率约为 37％。

在重油固定床加氢处理过程中，床层压力降逐渐升高，会导致加工能力减小以及运转周期缩短。为避免床层压力降过快增加，可制得颗粒之间孔隙率大且具有异形的催化剂。不同形状和不同直径催化剂的利用率示于表 2-22。由表可知，随着催化剂颗粒度变小和外观异形化，催化剂利用率显著提高。

表 2-22　不同形状和不同直径催化剂的利用率

催化剂形状	当量直径/mm	利用率/%	催化剂形状	当量直径/mm	利用率/%
普通圆柱形	5	23	普通圆柱形	1.5	64
三叶草形	5	35	三叶草形	1.5	90
空心圆柱形	5	45			

催化剂形状及颗粒度对催化剂活性的影响已越来越引起人们的关注。Bruijn 等[68] 对不同几何形状和颗粒度的 Mo-Co 型催化剂，在 4.0MPa、365℃、LHSV $1～3h^{-1}$ 工艺条件下进行加氢脱硫试验，结果见表 2-23。由表可知：圆柱条形催化剂的 L_p 由 0.189mm 逐渐增大到 0.345mm，加氢脱硫活性由 9.7 相应降到 5.7；当量直径均为 $1/16''$，而催化剂形状不同时，加氢活性不同。

表 2-23 催化剂几何形状和颗粒度对加氢脱硫活性的影响[①]

催化剂形状	直径×长度/mm	L_p/mm[②]	单位质量加氢脱硫活性
1/32″圆柱	0.83×3.9	0.189	9.7
1/20″圆柱	1.2×5.0	0.268	7.9
1/16″圆柱	1.55×5.0	0.345	5.7
1/16″椭圆	1.9×1.0×5.0	0.262	8.4
1/16″环形	6.2D×0.64d×4.8	0.233	8.7
1/12″三叶草	1.0×5.0	0.295	8.2
无定形颗粒	0.25~0.45	0.04	14.0

① 原料为科威特减压瓦斯油，沸程为 331~533℃，$\rho=0.9206g/cm^3$，含硫量为 2.8%。

② $L_p=V_p/S_p$，即催化剂颗粒体积与颗粒几何表面积之比。

（3）机械强度

催化剂的机械强度在实际应用中是一项非常重要的指标，包括两个概念：一个是磨损强度，另一个是耐压强度[69]。

磨损强度表征催化剂耐磨损的性能，通常以磨损率来表示。固体催化剂在储运、装填、使用过程中会发生磨损和剥蚀。在固定床加氢精制过程中，各种反应物流是相对移动的，而催化剂仅存在轻微的相对移动（料层下沉、物流冲击等），磨损问题一般不严重。通常催化剂磨损率不大于 2% 即可满足固定床加氢工艺的需要。

催化剂磨损仪有球磨、震动磨、喷射磨等多种。球磨磨损试验：首先称取一定量（G）某种颗粒度的催化剂，放入转鼓并按规定的旋转速度及时间使其经受滚动摩擦，然后用筛分法测定小于原颗粒度的碎催化剂质量（g），则催化剂的磨损率 $\eta=g/G$。

耐压强度指的是对催化剂均匀施加压力时，当催化剂瞬间出现裂纹或破碎时，所承受的最大负荷。影响催化剂（载体）自身机械强度的因素很多，如化学组成、制备方法、催化剂孔隙率、颗粒度、形状、成型方法等，具体见图 2-35。同时，强度大小也因测试方法的不同而有所区别。例如，质量相同的球形催化剂承受外力作用的能力要好于条形和环形。同是条形催化剂，其耐压强度遵循以下规律：四叶草条形＞三叶草条形＞圆条形。

催化剂的机械强度在加氢精制过程中，可依照原料油性质、工艺条件以及目的产品要求而适当地加以选择和调整。如对轻质油品加氢精制时，原料油硫、氮及金属杂质少，反应温度低，加之加氢精制又是气相反应过程，反应释放热量相对少，要求催化剂强度适中即可。相反，用于重油加工过程的催化剂强度往往要求高一些。催化剂的机械强度值要恰如其分。强度过低，往往会引起催化剂颗粒破碎、物流分布不均、局部过热、床层下移、床层压力降增加、加工量降低、运转周期缩短等，影响加氢过程的正常运行。强度过高，往往会降低催化剂活性、增加制造

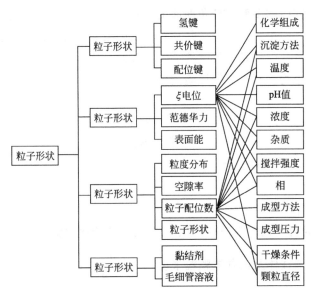

图 2-35　影响催化剂（载体）机械强度的因素

成本。

催化剂耐压强度测试方法有多种。目前催化剂实验室研究以及催化剂生产行业普遍采用 DL-型智能颗粒强度测定仪对其耐压强度进行测定。

（4）表面性质

固体催化剂的表面性质是影响催化剂发挥各种性能的重要因素之一，一般用比表面积、比孔体积、孔隙结构及孔隙率等参数加以表征。

① 比表面积。比表面积（S）是单位质量催化剂所具有的表面积总和，可分为外表面积 $S_外$ 和内表面积 $S_内$。催化剂载体由许多微小的二次粒子构成，众多二次粒子的外表面积总和便形成催化剂庞大的内表面积。因此，催化剂的内表面积占比表面积的主导地位。催化剂的外表面积指的是催化剂表观的几何表面，其大小通常与颗粒度及形状密切相关。

② 比孔体积。比孔体积（V_g）为 1g 催化剂所有颗粒内部孔的体积总和，可以通过 ρ_p 和 ρ_t 进行计算：$V_g = (1/\rho_p) - (1/\rho_t)$。在实际应用中比孔体积测定可以采用经典 BET 法，也可以采用简易的四氯化碳吸附法。采用四氯化碳吸附法测定催化剂比孔体积 V_g 的公式如下：

$$V_g = \frac{W_2 - W_1}{W_1 \cdot d} (\mathrm{mL/g})$$

式中，W_1 为催化剂样品的质量，g；W_2 为催化剂的孔充满四氯化碳之后的总质量，g；d 为试验温度下的四氯化碳相对密度。

③ 孔隙结构。催化剂属于多孔性物质，这些孔隙通常具有孔径大小不一，孔

道长短各异，孔壁凸凹多变、棱角四起的形状。为了便于表征催化剂的孔结构，提出了孔的简化模型、平均孔半径、平均孔长度的概念。孔的简化模型就是把颗粒催化剂内部的孔隙看成内壁光滑的圆柱形孔，假设 r 代表圆柱形孔的平均孔半径，L 代表圆柱形孔的平均长度，根据试验测定的比孔体积和比表面积数值，按下式计算平均孔半径：

$$r_{平} = \frac{2V_g}{S_g}$$

平均孔长度 L 按下式进行计算：

$$L_{平} = \frac{\sqrt{2}V_p}{S_x}$$

式中，V_p 为每个催化剂颗粒体积；S_x 为每个催化剂颗粒的外表面积。

对于球形、圆柱体及正方体颗粒来说，$\dfrac{V_p}{S_x} = \dfrac{d_p}{6}$，$d_p$ 为颗粒直径，平均孔隙长度为

$$L_{平} = (\sqrt{2}/6)d_p$$

（5）固体酸碱性

固体酸是具有给出质子或接受电子对能力的固体物质，而固体碱是具有接受质子或给出电子对能力的固体物质。其中，能给出质子的物质称为 Bronsted 酸，简称 B 酸；能接受质子的物质称为 Bronsted 碱，简称 B 碱。能接受电子的物质称为 Lewis 酸，简称 L 酸；能给出电子的物质称为 Lewis 碱，简称 L 碱。此外，固体酸概念包括酸种类、酸强度和酸浓度三层含义。酸可按 Hammett 指示剂法分为强酸、中强酸和弱酸；酸强度为给出质子或接受电子对的能力大小；酸浓度为固体酸单位表面或单位质量吸附碱性分子的量。

2.5.2.2 催化剂的性能

（1）催化剂的活性

催化剂活性是指催化剂影响反应进程变化的程度，可用多种不同的基准来表示[70]。例如，每小时每克催化剂的产物 [g/(g·h)]，或每小时每立方厘米催化剂的产物 [g/(cm³·h)]，也可以用每小时每摩尔催化剂的产物 [mol/(mol·h)]等。对于固体催化剂，工业上常采用给定温度下完成原料的转化率来表达，活性越高，原料转化率的百分数越大。也可以用完成给定的转化率所需的温度表达，温度越低活性越高。还可以用完成给定的转化率所需的空速表达，空速越高活性越高。也有用给定条件下目的产物的时空收率来衡量。

在催化反应动力学的研究中，活性多用反应速率表达。催化剂本身的催化活性是其活性组分的化学本性和比表面积的函数，除构成它的化学组元及其结构以外，也与宏观结构有关。而后者决定了扩散速率，成为影响催化反应的主要因素之一。

工业催化剂的催化活性可用三个参数的乘积表示：

$$A_t = a_s S \eta$$

式中，A_t 为单位体积催化剂的催化活性；S 为单位体积催化剂的总表面积；a_s 为单位表面积催化剂的比活性；η 为催化剂的内表面利用率。

对于使用固体催化剂的反应：

$$A + B \xrightarrow{\text{催化剂}} C + D$$

反应速率可表示为

$$r_m = -\frac{dn_A}{m\,dt} = -\frac{dn_B}{m\,dt} = \frac{dn_C}{m\,dt} = \frac{dn_D}{m\,dt}$$

$$r_V = -\frac{dn_A}{V\,dt} = -\frac{dn_B}{V\,dt} = \frac{dn_C}{V\,dt} = \frac{dn_D}{V\,dt}$$

$$r_S = -\frac{dn_A}{S\,dt} = -\frac{dn_B}{S\,dt} = \frac{dn_C}{S\,dt} = \frac{dn_D}{S\,dt}$$

式中，r_m、r_V 和 r_S 分别为单位时间内单位质量、体积和表面积的催化剂上反应物或产物的变化量；m、V 和 S 分别为催化剂的质量、体积和比表面积；n 为反应物或产物的物质的量，mol；t 为时间。

用反应速率比较催化剂的活性时，要求反应温度、压力和反应物的浓度相同。

（2）催化剂的选择性

催化剂的选择性是指所消耗的原料转化成目标产物的分率，即当相同的反应物在热力学上存在多个不同方向时，将得到不同的产物，而催化剂只加速其中的一种，这就是催化剂的选择性。催化剂活性和选择性的定量表达常采用下述关系式：

$$X(\text{转化率}) = \frac{\text{已转化的指定反应物的量}}{\text{指定反应物进料的量}} \times 100\%$$

$$s(\text{选择性}) = \frac{\text{转化成目标产物的指定反应物的量}}{\text{已转化的指定反应物的量}} \times 100\%$$

$$y(\text{产率}) = \frac{\text{转化成目标产物的指定反应物的量}}{\text{指定反应物进料的量}} \times 100\%$$

$$y = Xs$$

此外，催化剂的活性也常用时空产率表示，所谓时空产率是指一定条件下（温度、压力、进料组成、进料空速均一定），单位时间内单位体积或单位质量的催化剂所得产物的量。时空产率表示活性的方法虽很直观，但不确切。因为催化剂的生产率相同，其比活性不一定相同；时空产率与反应条件密切相关，如果进料组成和进料速度不同，所得的时空产率亦不同。因此，用它来比较活性应当在相同的反应条件下进行。

（3）催化剂的稳定性、寿命

催化剂的稳定性是指其活性和选择性随时间变化的情况，包括热稳定性、化学稳定性和机械稳定性三方面。热稳定性是指催化剂在反应条件下，不因受热而破坏其物理、化学状态；化学稳定性是指催化剂保持稳定的化学组成和化合状态；机械稳定性是指催化剂具有足够高的机械强度。

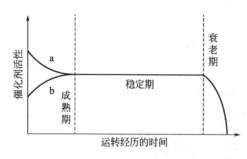

图 2-36 催化剂活性随时间变化的曲线图
a—初始活性很高，很快下降达到稳定、老化；
b—初始活性很低，经诱导达到稳定、老化

催化剂的寿命是指在工业生产条件下，催化剂的活性能够达到装置生产能力和原料消耗定额的允许使用时间，也可以指催化剂经再生后的累计使用时间。催化剂的活性变化一般可分为三段，如图 2-36 所示。

影响催化剂寿命的因素较多，归纳起来主要有催化剂表面积碳、催化剂活性中心中毒、催化剂半融或烧结、催化剂活性组分的流失与升华、重金属及垢物沉积、催化剂的破碎。

2.5.2.3 催化剂的失活和再生

加氢催化剂的失活机理主要分为三类：中毒、结焦及烧结。加氢催化剂中毒主要指碱性氮类化合物吸附在催化剂酸性中心上，使催化剂失去活性且堵塞孔口、孔道；结焦是指催化剂表面生成碳青质，覆盖在活性中心上，阻止反应物分子进入孔内与活性中心发生反应；烧结可引起催化剂结构变化，使催化剂失去活性中心，活性金属聚集或晶体变大、分子筛骨架坍塌等。

按照失活催化剂的可再生性，催化剂失活又可分为永久性和可逆性。杂质的化学吸附造成的酸碱中和及结焦属于可逆性中毒；重金属沉积、金属结构状态发生变化和聚集、载体孔结构坍塌等属于永久性中毒。金属元素沉积在催化剂上，是促成催化剂永久失活的原因。常见的使催化剂中毒的金属有镍、钒、砷、钠、铁、铜、锌、铅等。钠、锌、钙等金属使催化剂中毒的原因是其对催化剂酸性中心具有中和作用，从而损害了裂解活性。铁、镍、钒等重金属有机物在临氢条件下发生氢解，生成的金属以硫化物形式沉积于催化剂孔口和表面，并导致床层压降上升，引起加氢催化剂永久性中毒。在铁、镍、钒三者中，铁的沉积速度最快，镍的沉积速度最慢。

加氢催化剂的再生操作是一个有序的缓慢烧焦过程。运转后的待再生催化剂内、外表面含有积碳、金属硫化物、烃类及非烃类杂质等，将这些可燃性物质在一定温度下进行氧化燃烧，以达到最大限度地恢复催化剂活性的目的。

加氢催化剂的再生方法包括水蒸气-空气再生法和氮气-空气再生法。水蒸气-空气再生法工艺简单、条件缓和，但烧焦时间长、能耗高、除焦率低、催化剂活性恢复程度低。氮气-空气再生法是水蒸气-空气再生法的一种改进，用加热的循环氮气代替蒸汽，消除了水蒸气-空气再生中的许多不利因素，特别是克服了催化剂接触大量水蒸气而导致的老化，减少了再生过程对催化剂的影响，提高了再生后催化剂的活性。

根据加氢催化剂的再生场所可分为器内再生和器外再生。器内再生是催化剂在加氢装置的反应器中不卸出，直接采用含氧气体介质对催化剂进行烧焦再生。其方法是在惰性气体按正常工艺流程循环的情况下，将空气逐步通入反应器入口，通过控制空气通入量和反应器的升温速度对催化剂进行再生。由于再生后的催化剂活性相对较差，占用有效生产时间较多，再生条件难控制，再生时产生的有害气体污染环境、腐蚀设备，再生操作人员技术不熟练等缺点，目前已经不推荐使用这种方法。

器外再生是指将失活催化剂卸出反应器，送到专门的催化剂再生工厂进行再生。器外再生的优点在于：a.延长有效生产时间，充分发挥装置效能。采用器外再生技术，在装置停工后，可采用专用卸剂设备快速卸剂，再装填好事前准备好的催化剂，节省了时间。b.可以准确控制再生条件。器外再生在专用设备上进行，通过优化工艺条件，催化剂烧焦过程可以精确控制，再生均匀，产品质量稳定，效率高。c.催化剂再生前、后都经过筛分，去除了粉末、破碎瓷球等机械杂质。器外再生催化剂重复使用时催化活性恢复较好，床层压降较低。d.再生效果好，质量有保证。器外再生为待生剂和再生剂的各种分析提供了方便。通过分析待生催化剂样品的硫、碳、游离烃含量等有利于制定最佳的再生步骤和工艺条件。e.安全、污染少。器内再生时，产生的腐蚀性物质容易造成加氢设备损坏，生成的污染物有害于环境。器外再生在专用设备里进行，有完善的排放设施，可大大减少再生过程的有害影响。

参考文献

[1]　赵焕栋，李传信，王树泰.焦油脱水新方法 [J].山东冶金，1997 (S1)：143-144＋147.

[2]　刘振虎，高宏寅，高玉安，等.中低温煤焦油预处理工艺设备的研究与应用 [J].化工设计通讯，2019，45 (03)：19.

[3]　胡成秋，于洪武.煤焦油中的水分脱除方法 [P].CN 1746262A，2006-03-15.

[4]　于世友，李明富，徐红.莱钢 1～♯干熄焦装置运行技术经济分析 [J].山东冶金，2007 (06)：10-12.

[5]　金学文，朱勤勇，张广连，等.破乳剂在氨水焦油分离中的应用研究 [J].燃料与化工，2008 (06)：35-36.

[6]　В.С.Швед，何玉秀.采用倾离心机清除焦油中的油渣 [J].燃料与化工，2006 (01)：61-62.

[7]　古家宽之，张国富.煤焦油脱渣设备的稳定操作方法 [J].燃料与化工，2003 (04)：

221-223.

[8] 吴予平，代建华，邢爱东，等.高速三相卧螺离心机系统的应用与改进 [J].中国设备工程，2008 (10)：34-35.

[9] 傅勤斌，冯兵，许万国，等.超级离心机在焦油预处理中的应用 [J].燃料与化工，2003 (06)：305-307.

[10] 姚磊，崔盈贤.中低温煤焦油电化学脱水脱盐技术研究与应用 [J].能源研究与利用，2019 (02)：42-45+55.

[11] 吕春祥，凌立成，周智峰，等.煤焦油和煤沥青的净化比较 [J].炭素，2000 (01)：1-3.

[12] 王秀丹，曹敏，闵振华，等.热溶过滤法脱除煤焦油沥青中喹啉不溶物的研究 [J].炭素技术，2007 (01)：10-13.

[13] 古映莹，刘磊，唐课文，等.煤焦油过滤分离的研究 [J].过滤与分离，2007 (02)：25-27.

[14] 唐课文，刘磊，袁意，等.高温煤焦油过滤分离的研究 [J].化学工程，2008 (10)：45-47+51.

[15] 王维一，丁启圣.过滤介质及其选用 [M].北京：中国纺织出版社，2008.

[16] 张宝龙，张福者.蜡油自动反冲洗过滤系统在延迟焦化装置的应用 [J].石油化工设备技术，2006 (06)：32-36+32.

[17] 周军，高明彦，孙建军.高温煤焦油加氢技术与发展 [J].山东化工，2012，41：38-40.

[18] 卫正义，樊生才.煤焦油加工技术进展及产业化评述 [J].煤化工，2007 (01)：7-10.

[19] 徐印堂，聂长明，杨倩，等.煤焦油深加工现状、新技术和发展方向 [J].煤化工，2008，37 (12)：1496-1499.

[20] 杨国祥，李毓良.高温煤焦油加氢制取轻质燃料油工艺的运行实践 [J].广州化工，2010，6：57-58.

[21] 刘芳，王林，杨卫兰，等.中低温煤焦油深加工技术及市场前景分析 [J].现代化工，2012，32 (7)：7-11.

[22] 孙会青，曲思建，王利斌.低温煤焦油生产加工利用的现状 [J].洁净煤技术，2008，14 (5)：34-38.

[23] 高明龙，陈贵锋，张晓静，等.煤焦油加氢工艺分离流程模拟研究 [J].煤炭转化，2013，36 (03)：73-75+83.

[24] 张晔，赵亮富.中/低温煤焦油催化加氢制备清洁燃料油研究 [J].洁净煤技术，2009，32 (3)：48-53.

[25] 单江锋，刘继华，李扬，等.一种煤焦油加氢生产柴油的方法 [P].北京：CN1351130，2002-05-29.

[26] 赵晓青，王洪彬，霍宏敏，等.一种燃料油的生产方法 [P].北京：CN1752188，2006-03-29.

[27] 戴连荣，贺占海，刘忠易，等.煤焦油制燃料油的工艺 [P].内蒙古：CN1664068，2005-09-07.

[28] 王守峰，吕子胜.一种煤焦油延迟焦化加氢组合工艺方法 [P].陕西：CN101429456，2009-05-13.

[29] 贾丽，蒋立敬，王军，等.一种煤焦油全馏分加氢处理工艺 [P].北京：CN1766058，2006-05-03.

[30] 黄澎，李文博，毛学锋，等.中温热解焦油重馏分悬浮床加氢裂化的研究 [J].燃料化学学报，2020，48 (02)：154-162.

[31] 吴青.悬浮床加氢裂化——劣质重油直接深度高效转化技术 [J].炼油技术与工程，2014，44 (02)：1-9.

[32]　刘美，刘金东，张树广，等.悬浮床重油加氢裂化技术进展 [J].应用化工，2017，46（12）：2435-2440.

[33]　颜丙峰，胡发亭，赵鹏，等.煤焦油悬浮床加氢后轻质油生产清洁油品的试验研究 [J].煤炭转化，2019，42（03）：18-26.

[34]　张晓静，李培霖，毛学锋，等.一种非均相煤焦油悬浮床加氢方法 [P].北京：CN103265971A，2013-08-28.

[35]　高明龙，陈贵锋，张晓静，等.煤焦油加氢工艺分离流程模拟研究 [J].煤炭转化，2013，36（03）：73-75＋83.

[36]　朱元宝，辛靖，侯章贵，等.中低温煤焦油悬浮床加氢预处理研究 [J].石油炼制与化工，2019，50（10）：52-56.

[37]　牛鸿权，李斌，刘振虎，等.氢油比对煤焦油悬浮床加氢装置的影响 [J].广州化工，2019，47（11）：147-148＋151.

[38]　张晓静.中低温煤焦油加氢技术 [J].煤炭学报，2011，36（05）：840-844.

[39]　李春阳.中低温煤焦油加氢工艺概述 [J].中国化工贸易，2013（12）：262-262.

[40]　贾丽，王喜彬，杨涛，等.国外重渣油沸腾床加氢反应器 [J].炼油技术与工程，2012，42（05）：39-42.

[41]　贾丽，杨涛，胡长禄.国内外渣油沸腾床加氢技术的比较 [J].炼油技术与工程，2009，39（04）：16-19.

[42]　王虎，李小强.浅谈沸腾床油品加氢工艺的操作要点及对策 [J].石化技术，2019，26（08）：24-25＋48.

[43]　韩来喜.T-Star 工艺的发展及其在煤液化工艺中的应用 [J].石油炼制与化工，2011，42（11）：57-61.

[44]　薛倩，张雨，刘名瑞，等.煤焦油沸腾床加氢制备 180 号船用燃料油调合组分 [J].石油炼制与化工，2015，46（10）：88-92.

[45]　李立权，方向晨，高跃，等.工业示范装置沸腾床渣油加氢技术 STRONG 的工程开发 [J].炼油技术与工程，2014，44（06）：13-17.

[46]　辛靖，高杨，张海洪.劣质重油沸腾床加氢技术现状及研究进展 [J].无机盐工业，2018，50（06）：6-12.

[47]　童雪，李柏，赵大，等.煤焦油沸腾床加氢工艺的研究 [J].当代化工，2014，43（10）：2026-2028.

[48]　孟兆会，方向晨，杨涛，等.沸腾床与固定床组合工艺加氢处理煤焦油试验研究 [J].煤炭科学技术，2015，43（03）：134-137＋81.

[49]　Maity S. K., Ancheyta J., Rana M. S., et al. Alumina-Titania Mixed Oxide Used as Support for Hydrotreating Catalysts of Maya Heavy Crude Effect of Support Preparation Methods [J]. Energy & Fuels, 2006, 20 (2)：427-431.

[50]　胡发亭，张晓静，李培霖.煤焦油加工技术进展及工业化应用现状 [J].洁净煤技术，2011，17：31-35.

[51]　Shi L., Zhang Z-H, Qiu[*] Z-G et al. Effect of phosphorus modification on the catalytic properties of Mo-Ni/Al$_2$O$_3$ in the hydrodenitrogenation of coal tar [J]. Journal of Fuel Chemistry and Technology, 2015, 43 (1)，74-80.

[52]　张增辉，邱泽刚[*]，赵亮富，等.不同钨量及磷改性复合分子筛载体催化剂的煤焦油加氢裂化性能 [J].石油炼制与化工，2015，46（4），55-61.

[53]　张增辉，石垒，邱泽刚[*]，等.NiW/USY 分子筛催化剂的煤焦油加氢裂化性能 [J].石油炼制与化工，2015，46（5），77-82.

[54] 胡乃方，崔海涛，邱泽刚，等.不同 P 负载量对 Co-Mo/γ-Al$_2$O$_3$ 煤焦油加氢脱硫性能影响的研究 [J].燃料化学学报，2016，44（6），745-753.

[55] 胡乃方，崔海涛，邱泽刚，等.不同 P 改性方式对 Mo-Co/γ-Al$_2$O$_3$ 煤焦油加氢脱硫性能的影响 [J].石油炼制与化工，2016，47（9），67-74.

[56] 孟欣欣，邱泽刚，郭兴梅，等.不同金属含量 NiW 催化剂的煤焦油加氢脱硫脱氮性能研究 [J].燃料化学学报，2016，44（5），570-578.

[57] 邱泽刚，刘伟伟，尹婵娟，等.4-甲基酚在硫化态 CoMo/ZrO$_2$ 催化剂上 C-O 键选择性断裂 [J].现代化工，2020，7.

[58] 燕京，吕才山，刘爱华，等.高温煤焦油加氢制取汽油和柴油 [J].石油化工，2006，35（1）：34-36.

[59] Huang T. C. ，Kang B. C. . Naphthalene Hydrogenation over Pt/Al Catalyst in a Triekle Bed Reactor [J]. Ind. Eng. Chem. Res. ，1995，34（3）：234-237.

[60] Huang T. C. ，Kang B. C. . The Hydrogenation of NaPhthalene with Platinum/alumina Ealuminum Phosphate Catalysts [J]. Ind. Eng. Chem. Res. ，1995，34（3）：295-298.

[61] Lemberton J. L. ，et al. Hydrogenation of tetralin over a sulfided ruthenium on Yzeolite catalyst：comparison with a sulfided NiMo on alumina catalyst [J]. Studies in surface science and catalysis，1997，106（1）：350-353.

[62] Ye Zhao，Baojian Shen，et al. Hydrodesulfurization and hydrodearomatization activities of catalyst containing ETS-10 and AlPO$_{4\sim5}$ on Daqing FCC diesel [J]. fuel，2008，87（11）：2323-2330.

[63] Llano J. J. ，Rosal R. ，Sastre H. ，et al. Catalytic Hydrogenation of Axomatic Hydroearbons in a Trickle Bed Reactor [J]. J. Chem. Technol. . 1998，72（7）：70-81.

[64] Shabtai J. ，Velusmany I. ，Oblad A. G. . Sterie Effects in Phenanthrene and Pyrene Hydrogenation Catalyzed Sulfided Ni-W/Al$_2$O$_3$ [J]. Am. Chem. Soc. Div. Fuel. Chem. prepr. ，2002，23（5）：102-110.

[65] Lemberton J. L. ，Touzeyidio M. ，Guisnet M. . Catalytic Hydroproeessing of simulated Coal Tars（I）：Aetivity of a sulphided Ni-Mo/Al$_2$O$_3$ Catalyst for the Hydroeonversion of Model Compounds [J]. APPlied Catalysis，2003，54（1）：89-98.

[66] Touzeyidio M. ，Lemberton J. L. ，Guisnet M. . Catalytic Hydroprocessing of simulated Coal Tars（11）：Effeet of Acid Catalysts on the Hydroconversion of Model Compounds on a Sulphided Ni-Mo/Al$_2$O$_3$ [J]. Catalyst，2001，54（1）：100-106.

[67] Lemberton J. L. ，Touzeyidio M. ，Guisnet M. . Catalytic Hydroconversjon of imulated Coal. Tar Aetivity of Sulphided Ni-Mo on Alumina-zeolite Catalysts for the HydroconVersion of Model [J]. Compounds，1991，79（1）：108-115.

[68] De Bruijn A. ，Naka I. ，Sonnemans J. W. M. . Effect of the Non-cylindrical Shape of Extrudates on the Hydrodesulfurization of Oil Fractions [J]. Industrial & Engineering Chemistry Process Design and Development，1981，20（1）：40-45.

[69] 韩崇仁.加氢裂化工艺与工程 [M].北京：中国石化出版社，2001.

[70] 季生福.催化剂基础及应用 [M].北京：化学工业出版社，2011.

第 3 章
煤焦油加氢裂化

现代炼油技术中的"加氢裂化"是指通过加氢反应将原料油分子变小从而得到产品的那些加氢工艺，包括：各种馏分油的加氢裂化和加氢改质，渣油加氢裂化，减压蜡油加氢改质生产润滑油基础油料和其他加氢工艺（催化脱蜡、异构脱蜡生产低凝点柴油、润滑油基础油）。通常所说的常规（高压）加氢裂化是指反应压力在 12.0MPa 以上的加氢裂化工艺，缓和或中压加氢裂化是指反应压力在 12.0MPa 以下的加氢裂化工艺。近年来，加氢裂化被引入煤焦油加氢技术中，并获得快速、广泛的应用[1]。

加氢裂化可以加工的原料范围宽，包括直馏汽油、柴油、减压蜡油、常压渣油、减压渣油以及其他二次加工过程得到的原料，如催化柴油、催化澄清油、焦化柴油、焦化蜡油和脱沥青油等，近几年也拓展至煤焦油和煤液化油。加氢裂化的产品品种多且质量好，通常可直接生产液化气、汽油、煤油、喷气燃料、柴油等清洁燃料和轻石脑油、重石脑油、尾油等优质石油化工原料。轻石脑油既可直接用于调和、生产高辛烷值汽油，又可用于生产化工溶剂油，还可用作制氢和蒸气裂解制乙烯的原料。重石脑油中芳烃含量高，硫、氮含量低，是催化重整生产高辛烷值汽油或轻芳烃的优质进料。尾油芳烃指数（BMCI）低，是生产乙烯或高黏度指数润滑油基础油的优质原料。加氢裂化技术还具有生产方案灵活和液体产品收率高等特点。随着近年来生产过程清洁化、清洁燃料生产、含硫原油加工、轻质油收率增加、炼化一体化生产效益提高等形势的发展，加氢裂化技术受到越来越多的关注。加氢裂化催化剂更新换代、新工艺的开发和装置建设的步伐不断加快，装置投资和生产成本降低、用能水平提高，应用领域拓宽。加氢裂化已成为 21 世纪石油化工企业的"龙头"工艺之一和油-化结合的核心，也是焦油加氢技术的核心工艺。

我国加氢裂化技术的研究开发工作始于 20 世纪 50 年代初，抚顺石油三厂研制出硫化铝-白土 3511 和 3521 催化剂，以酸碱精制页岩轻柴油为原料，通过加氢裂化生产了车用汽油和灯用煤油，成功试制了航空汽油，并解决了国内加氢裂化工业装置初次开工的关键技术问题。然后以库页岛原油和中亚原油的煤油馏分为原料，成功地生产了一批航空汽油和喷气燃料。与此同时，抚顺石油三厂与中国科学院大连化学物理研究所合作，开发了氧化钼-半焦催化剂 3592，先后进行了低温煤焦油的高压和中压加氢裂化工业试生产。这些研究开发和工业生产工作的开展，为中国现代加氢裂化技术的发展奠定了基础。

1962 年大庆油田投产以后，抚顺石油三厂用硫化钨-白土 3622 催化剂，以大庆含蜡重柴油为原料，生产了车用汽油和灯用煤油。这些以天然硅酸铝为载体的催化剂耐氮性能差，运转周期短。接着抚顺石油三厂又与中国科学院大连化学物理研究所合作，开发与生产了氧化钨-氧化镍-氧化硅-氧化铝 3652 催化剂，为中国第一代无定形催化剂，1966 年正式应用于大庆石油化工总厂 400kt/a 加氢裂化装置上。该装置是我国自行开发、设计和建造的第一套现代单段加氢裂化工业装置，其工艺简单、能耗低，主要用于生产喷气燃料和柴油，同时尾油尚可充分利用，标志着中国是世界上最早掌握单段加氢裂化技术，用无定形催化剂生产石脑油、喷气燃料和柴油的国家。

20 世纪 70 年代初，抚顺石油三厂开发了生产润滑油基础油的催化脱蜡技术。用新开发的加氢精制催化剂 3714、3715 和催化脱蜡催化剂 3722，以大庆减二、三线蜡油为原料，在工业装置上生产出了轻质润滑油基础油。接着又开发了催化脱蜡新催化剂 3731，1973 年在工业装置上成功地生产了轻中质润滑油基础油，调制了汽油机油、柴油机油等 10 多种润滑油产品，并实现了长周期运转。在此基础上，经过多年的反复试验，成功合成了 β 沸石及 3762、3812 晶型加氢裂化和 3792 催化脱蜡新催化剂，同样以大庆减二、三线蜡油原料，在工业装置上得到的润滑油基础油凝点在 $-5℃$ 以下，凝点降低幅度达 50℃ 以上；而以加氢裂化尾油为原料，用 3792 催化剂进行催化脱蜡，得到的润滑油基础油凝点在 $-20℃$ 左右，液收可达 90%。这些情况表明，中国是世界上最早掌握生产润滑油基础油的催化脱蜡技术并实现工业化的国家。

继大庆油田投产以后，胜利、辽河等大型油田又相继建成投产。但由于国产原油轻油馏分含量较低，仅有 30%，因此要得到较多的运输燃料等轻质油品，就必须大力发展蜡油及重油加工技术。进入 20 世纪 80 年代以后，根据我国国民经济快速发展、石油产品特别是中馏分油（喷气燃料和柴油）需求大幅度增长的需要，中国炼油工业在大力发展催化裂化技术的同时，也加快了加氢裂化技术开发的步伐。中国石化大连（抚顺）石油化工研究院和中国石化石油化工科学研究院分别系统发展了先进的现代加氢裂化技术[1]。

2010 年以来，得益于现代先进的炼油加氢裂化技术，煤焦油加氢裂化在煤焦油加氢中获得快速的发展，成为加工煤焦油的核心技术。

3.1 煤焦油中的芳烃化合物及加氢裂化反应

3.1.1 煤焦油中的芳烃化合物

按照文献[2~4]，煤焦油中的芳烃主要分为四类：a. 单环芳烃（苯及其衍生物、联苯、苯基环烷烃）；b. 双环芳烃（萘及其衍生物、苯并环烷烃）；c. 三环芳烃（菲、蒽、芴及其烷基化合物）；d. 三环以上芳烃（芘、荧蒽）。

李香兰等以平朔煤为原料，采用内热式连续直立炉 IHR 进行热解，对产生的中温煤焦油用 GC-MS（气相色谱-质谱）进行系统的分析研究，发现芳烃中苯及衍生物、萘及衍生物含量较高。IHR 煤焦油中各类物质的种类及含量见表 3-1。

表 3-1　IHR 煤焦油中各类物质的种类及含量

种类	组分	种数	含量/%
芳烃	苯及其衍生物	21	2.33
	菲及其衍生物	4	0.70
	萘及其衍生物	11	9.37
	茚及其衍生物	6	1.71
	芴及其衍生物	2	0.12
含氧化合物	醇类化合物	21	5.35
	酚类化合物	27	13.90
	呋喃及其衍生物	3	0.30
	醛、酮	3	0.97
脂肪烃	烷烃类化合物	39	25.45
	烯烃类化合物	15	1.67
含氮化合物	吡咯及其衍生物	1	0.01
	吡嗪及其衍生物	3	0.43
	吲哚及其衍生物	1	0.14
	吡啶及其衍生物	8	0.14
	喹啉及其衍生物	1	0.14
含硫化合物	噻吩及其衍生物	2	0.06
未知物		3	0.24
总计		171	63.02

史权等[5] 分析了不同褐煤焦油的组成。表 3-2 列举了 10 个由褐煤生产的焦油的主要性质数据，其中 G-1 是鲁奇气化工艺生产的焦油，分析时将从装置上得到的石脑油、中焦油及重焦油组分按收率混合，混合前已经进行了脱水处理；其他焦油来自不同煤或不同工艺条件的干馏。总芳烃含量为 19%～33%，主要是双环和三环芳烃。

表 3-2　褐煤生产的焦油的 10 个主要性质数据

	项目	G-1	C-1	C-2	C-3	C-4	C-5	C-6	C-7	C-8	C-9
一般物性	密度(20℃)/(g/cm³)	0.9698	1.0085	1.0058	1.004	0.9906	1.0037	0.9719	0.9644	0.9906	1.0021
	黏度(50℃)/(mm²/s)	3.35	13.54	9.74		6.94	7.45	16.215	3.3172		5.2612
	<200℃馏分(质量分数)/%	27.9			8.69	21.11	22.68	2.82	16.38		
	200～340℃馏分(质量分数)/%	34.1			27.67	41.15	34.79	36.84	37.87		

项目	G-1	C-1	C-2	C-3	C-4	C-5	C-6	C-7	C-8	C-9
酸性组分 （质量分数，>200℃）	7	17.7 22.7	34.62	23.8	18.48	18.00	23.2	6.40	18.25	18.25
苯酚		7.69	13.74	16.00	13.64	10.33	9.62	14.33	3.23	12.51
二元苯酚		0.99	1.27	7.25	2.51	1.61	1.85	1.65	0.47	0.76
茚酚		3.19	3.85	4.64	3.90	2.64	3.27	2.46	0.68	2.02
萘酚		5.83	3.84	7.12	3.82	3.90	3.26	4.80	2.03	2.95
中性组分 （质量分数，>200℃）	2	34.5 53.5	63	50.8	46.2	80.4	58.1	70.4	53.3	53.3
中性组分烃族组成										
链烷烃	8.3	5.9	7.1	5	4.9	3.8	21.0	10.5	12.5	5.0
一环烷烃	1.6	1.2	1.3	2.3	1.4	1.0	4.6	2.1	2.0	1.3
二环烷烃	0.7	0.5	0.6	0.6	0.4	0.4	2.0	0.5	0.6	0.4
三环烷烃	0.8	0.9	0.8	2.8	1.5	1.2	3.1	0.5	0.8	1.1
四环烷烃	0.0	0.2	0.2	0.7	0.2	0.0	1.0	0.0	0.0	0.2
五环烷烃	0.0	0.0	0.0	0.2	0.1	0.0	0.0	0	0.0	0.1
六环烷烃	0.0	0.0	0.0	0	0.0	0.0	0.0	0	0.0	0.0
总环烷烃	3.1	2.8	3.0	6.5	3.6	2.6	10.7	3.1	3.5	3.0
总饱和烃	11.5	8.7	10.1	11.5	8.5	6.4	31.7	13.6	16.0	8.0
烷基苯	3.1	1.9	2.3	4	3.9	2.7	3.8	1.8	4.9	2.9
环烷基苯	4.0	2.7	3.3	4.8	3.6	3.5	4.3	2.2	3.8	2.7
二环烷基苯	2.5	2.5	2.7	3.4	2.8	2.6	3.7	2.0	2.6	2.7
总单环芳烃	9.6	7.0	8.3	12.2	10.3	8.8	11.8	6.0	11.3	8.3
萘类	4.1	3.9	5.3	4.1	5.8	6.1	4.8	4.4	3.2	4.2
苊类+二苯并呋喃	4.1	2.7	4.6	2.8	3.1	3.1	4.8	4.2	3.8	4.6
芴类	2.8	1.7	2.8	1.9	2.2	1.9	3.3	2.7	2.9	3.6
总双环芳烃	10.9	8.3	12.7	8.8	11.1	11.0	13.0	11.2	9.9	12.4
菲类	7.5	1.9	3.8	1.9	2.3	2.4	4.3	6.2	3.5	4.8
环烷菲类	1.3	0.6	1.1	0.4	0.2	0.4	1.6	2.0	1.0	1.4
总三环芳烃	8.8	2.5	4.8	2.3	2.5	2.8	5.9	8.2	4.5	6.2
芘类	2.0	0.9	1.9	0.4	0.6	0.5	2.0	3.1	2.0	2.3
䓛类	0.3	0.2	0.4	0.2	0.1	0.1	0.6	0.9	0.6	0.6
总四环芳烃	2.3	1.1	2.3	0.6	0.7	0.6	2.6	4.0	2.6	2.9
苝类	0.1	0.1	0.2	0.1	0.0	0.0	0.2	0.3	0.4	0.2
二苯并蒽	0.0	0.0	0.0	0	0.0	0.0	0.0	0.1	0.0	0.0

续表

项目	G-1	C-1	C-2	C-3	C-4	C-5	C-6	C-7	C-8	C-9
总五环芳烃	0.1	0.1	0.2	0.1	0.0	0.0	0.2	0.4	0.4	0.2
苯并噻吩	0.8	0.2	0.5	0.4	0.1	0.3	0.6	0.8	0.4	0.7
二苯并噻吩	0.3	0.1	0.1	0.1	0.0	0.0	0.4	0.1	0.3	0.1
萘苯并噻吩	0.0	0.0	0.1	0	0.0	0.0	0.1	0.1	0.3	0.1
总噻吩	1.2	0.4	0.6	0.5	0.1	0.3	1.0	1.0	1.0	0.9
未鉴定芳烃	0.3	0.4	0.5	0.3	0.2	0.1	0.7	0.8	0.6	0.6
总芳烃	33.3	19.7	29.3	24.8	24.7	23.7	35.2	31.7	30.1	31.5
胶质	25.2	6.7	13.6	26.6	17.6	16.0	13.6	12.9	24.2	13.7

3.1.2　加氢裂化反应热力学

芳烃加氢反应：$A+nH_2 \Longleftrightarrow AH$ 是分子数减少的可逆放热反应。作为分子数减少的反应，提高反应压力有利力于芳烃加氢反应，平衡右移，可提高芳烃转化率。同时作为放热反应[6]，反应温度越低越有利。可逆放热反应的逆向活化能（脱氢反应活化能）大于正向活化能（加氢反应活化能）。随着反应温度升高，芳烃加氢反应速率先升高后降低，加氢速率最大值对应的温度就是最佳反应温度。低于最佳反应温度时动力学控制反应，高于最佳反应温度时热力学控制反应。当反应温度高于最佳反应温度时，芳烃转化率降低（即平衡转化率降低）。

文献[7,8]给出的部分芳烃化合物和氢气反应的平衡常数与温度（T）的关系式如表 3-3。

表 3-3　芳烃化合物加氢反应平衡常数表达式

芳烃	反应	表达式
萘	$C_{10}H_8 \longleftrightarrow C_{10}H_{12}$	$\lg K = 6460/T - 12.40$
菲	$C_{14}H_{10} \longleftrightarrow C_{14}H_{12}$	$\lg K = 2600/T - 6.11$
芴	$C_{13}H_{10} \longleftrightarrow C_{13}H_{22}$	$\lg K = 9242/T - 19.00$

表 3-4　芳烃化合物加氢反应平衡常数

芳烃反应		lgK		
		300℃	350℃	400℃
萘	$C_{10}H_8 \longleftrightarrow C_{10}H_{12}$	−1.13	−2.03	−2.8
菲	$C_{14}H_{10} \longleftrightarrow C_{14}H_{12}$	−1.57	−1.94	−2.25
芴	$C_{13}H_{10} \longleftrightarrow C_{13}H_{22}$	−2.87	−4.17	−5.27

根据表 3-3 列出的平衡常数表达式，在 300～400℃范围内计算芳烃加氢反应平衡常数得到表 3-4，从表 3-4 看出芳烃加氢平衡常数随着温度升高而降低，且加氢平衡常数都小于 1，因此要在常用的加氢反应温度下增大芳烃转化率，需要提高反应操作压力。萘和菲在 350℃下加氢生成相应的四氢化合物，当反应压力由 3MPa 提高到 10MPa 时，萘平衡浓度由 11.4% 降至 1.2%，菲的平衡浓度由 21.5% 降至 4.5%[9]。由此看出对于多环芳烃化合物加氢反应获得相应加氢产物，操作压力的提高十分重要。此外芳烃（单环、双环及多环芳烃）加氢平衡常数还随着侧链数目及侧链碳原子数增加而减小，且侧链数目比侧链中碳原子数的影响要大。为提高平衡常数，需要开发低温下加氢裂化活性更高的催化剂。

3.1.3 加氢裂化反应网络

重质馏分油典型的加氢裂化反应网络如图 3-1[10,11]。从图 3-1 看出多环芳烃加氢裂化反应先进行加氢反应再进行裂化反应。

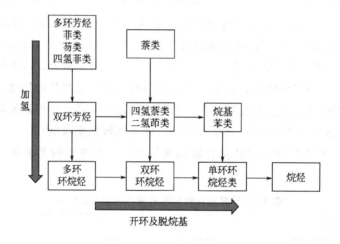

图 3-1　加氢裂化反应

对于多环芳烃模型化合物的加氢反应，前人已经有较为成熟的研究。文献[12]给出了萘和 2-苯基萘在催化剂 Co-Mo-S/Al_2O_3 上的加氢反应网络，如图 3-2 所示。从图 3-2 中可以看出萘先加氢生成四氢萘，之后进一步加氢生成反式十氢萘和顺式十氢萘，以反式为主。2-苯基萘加氢生成 2-苯基四氢萘和 6-苯基四氢萘，二者进一步加氢生成苯基十氢萘。

三环芳烃的代表化合物是蒽和菲。文献[13,14] 给出了蒽和菲的反应网络，如图 3-3，文献[9] 提到蒽的中间环活性最高，应是最先加氢的环。蒽的加氢反应是逐环进行的，在其加氢产物中检测到烷基萘的存在，说明加氢反应进行同时伴随裂化反应。

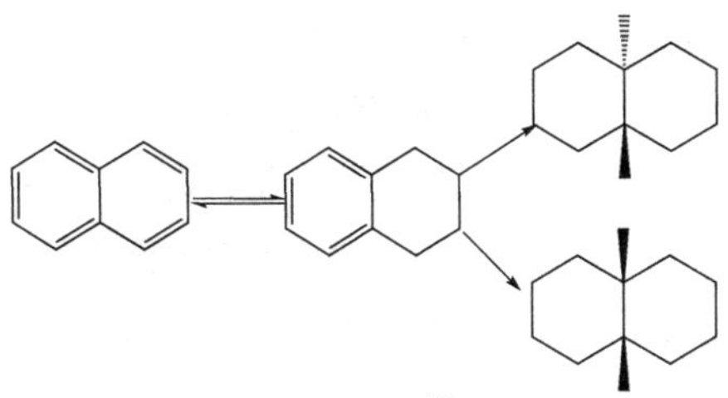

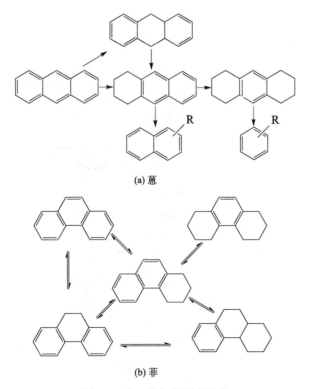

(a) 萘

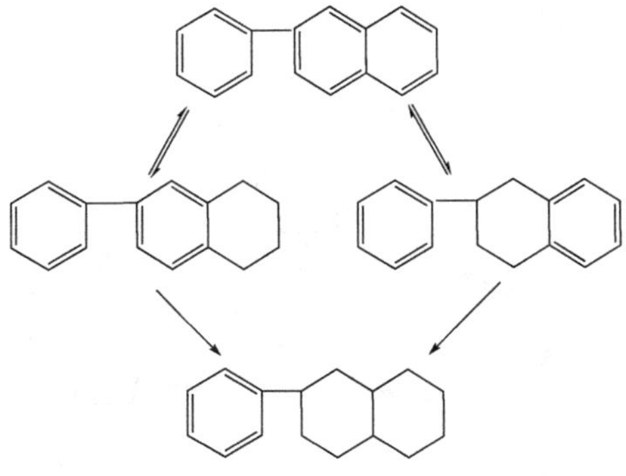

(b) 2-苯基萘

图 3-2　萘和 2-苯基萘加氢反应网络

(a) 蒽

(b) 菲

图 3-3　蒽、菲加氢反应网络

  对于三环以上芳烃，文献[15] 给出了荧蒽的加氢反应网络，如图 3-4。芳烃第一环加氢速率和环数密切相关，第一环加氢活性如下[9,16]：单环芳烃（苯、甲苯）＜双环芳烃（萘、甲基萘）＜三环芳烃（蒽、菲、芴）＜三环以上芳烃（荧蒽）。假设荧蒽加氢裂化反应为一级反应，产物和实验产物能够较好地匹配，其加氢裂化反应网络[15] 如图 3-5 所示。从图 3-5 可以看出荧蒽先进行加氢反应，之后裂化和进一步加氢同时进行。

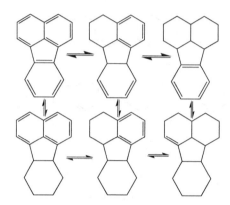

图 3-4　荧蒽加氢反应网络

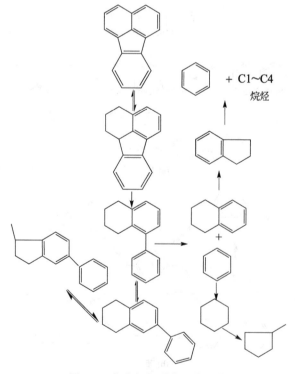

图 3-5　荧蒽加氢裂化反应网络

3.1.4 加氢裂化反应机理

目前被广泛认同的加氢裂化反应机理是碳正离子机理[17,18]。碳正离子可以通过多种途径生成。烷烃与芳烃碳正离子生成方式不同。烷烃通过失去 H‾ 生成碳正离子。

$$ \underset{|}{\overset{\overset{\displaystyle H}{|}}{-\text{C}-}} \ +E_+ \longrightarrow\ \underset{|}{\overset{+}{-\text{C}-}}\ +\ \text{H}^- $$

E_+ 是生成碳正离子所需要的 C—H 键的解离能、电离能和氢与烷基亲和力。因为碳正离子稳定性顺序：叔碳＞仲碳＞伯碳＞甲基，所以烷烃与碳正离子接触时会发生氢转移[19]，叔碳上氢负离子能够快速转移到伯碳正离子上[20]。烷基碳正离子裂化一般遵循 β-断裂机理[21~23]，如图 3-6 所示，β-断裂一般生成叔碳正离子和仲碳正离子。芳烃则是通过在酸性催化剂的 B 酸性位获得 H⁺ 生成碳正离子。如图 3-7 所示为荧蒽加氢裂化碳正离子反应机理[15]。从图 3-7 可以看出荧蒽加氢裂化同样是先进行加氢反应，之后裂化反应与进一步加氢同时进行。

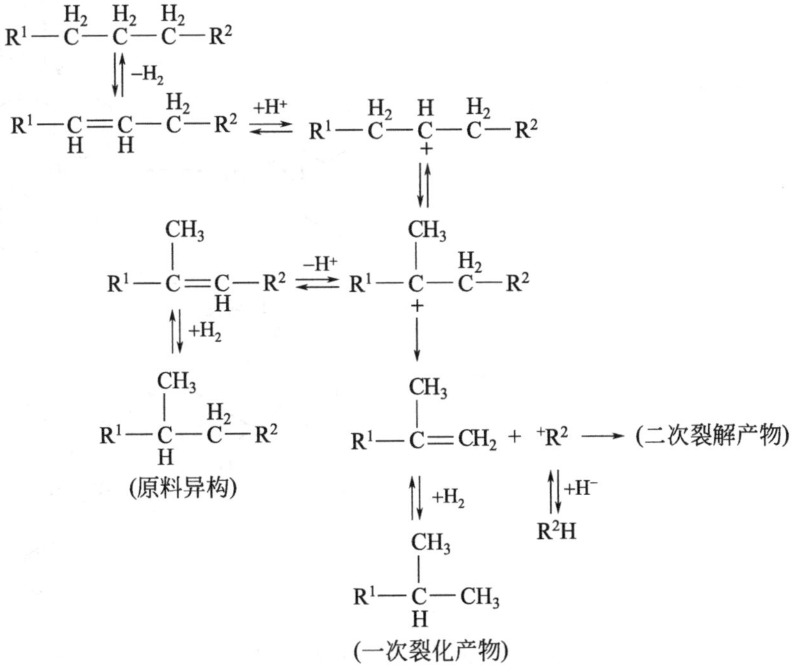

图 3-6 正构烷烃加氢裂化反应机理

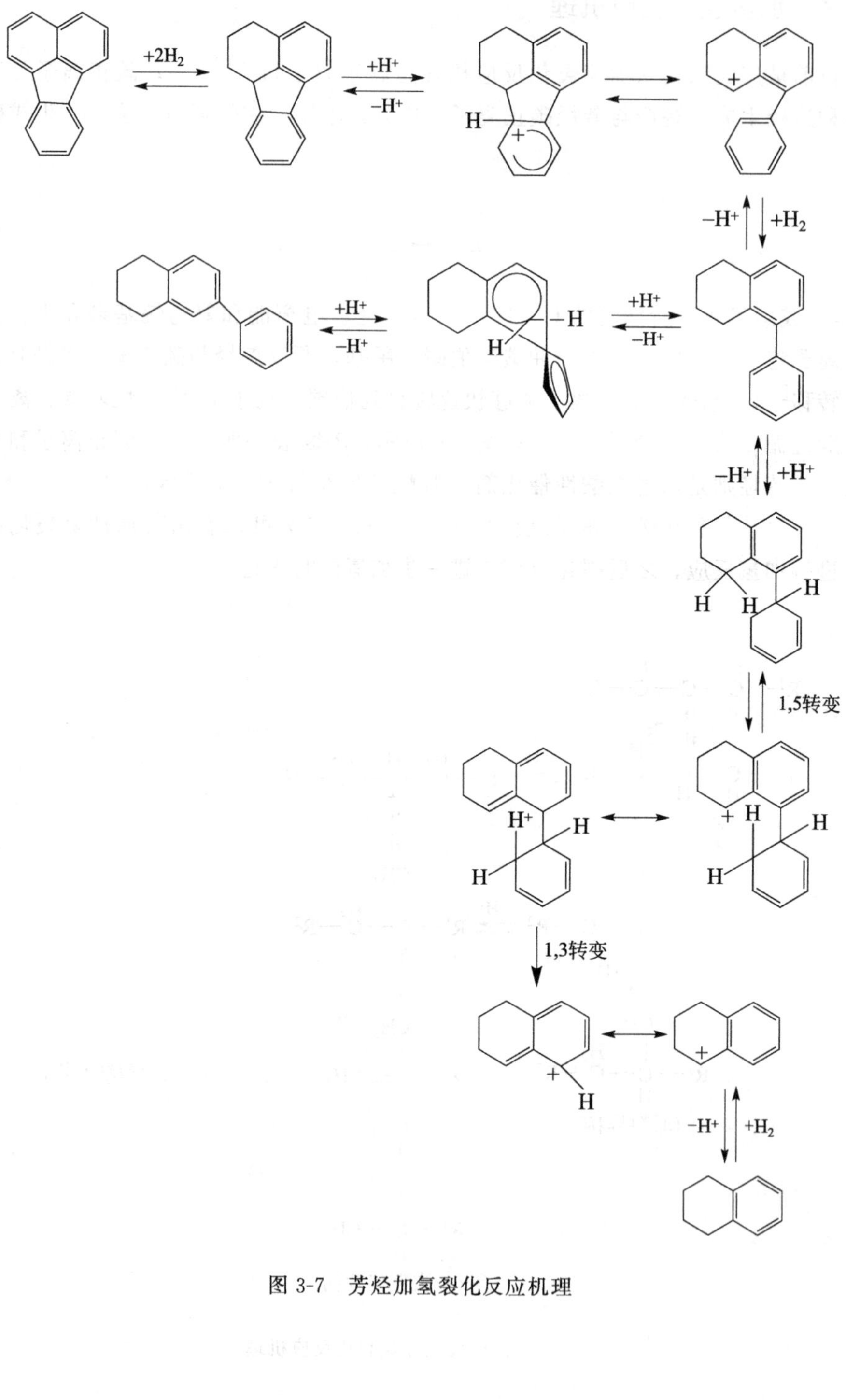

图 3-7　芳烃加氢裂化反应机理

3.2　加氢裂化催化剂

3.2.1　催化剂和催化作用

加氢裂化催化剂的催化性能与其物理、化学性质密切相关。首先，表面积、孔体积和孔径对催化反应有重要作用。催化反应发生在催化剂的表面，活性组分分散在表面上，表面积与活性组分密切相关。理想的载体或催化剂孔径尽可能集中在一定范围，有利于反应物扩散到催化剂内表面进行反应。其次，酸性对加氢裂化催化剂的裂化有重要作用，酸性包括酸类型（Bronsted 酸和 Lewis 酸）、酸浓度和酸强度。一般在固体酸催化剂上 B 酸和 L 酸共存，按照广泛认同的碳正离子机理，不饱和烃（如芳烃）在催化剂酸性位获得质子而生成碳正离子，那么 B 酸对含苯环的化合物裂化有重要作用。加氢活性随金属活性相分散度增加而增加。

加氢裂化催化剂属于双功能催化剂，一般由活性组分、助剂和载体三部分构成。载体主要提供酸性，在载体上反应物发生裂解、歧化、异构化等反应。载体有两大类：一类是非晶形的，如氧化铝、无定形硅铝等；另一类是晶形的沸石分子筛。它们可以单独使用，也可混合使用。活性组分由金属承担，起加氢作用，活性金属组分可分为贵金属和非贵金属两类。贵金属以 Pt、Pb 为主，非贵金属以 Ni、W、Mo、Co 为主[20]。助剂可以改善加氢活性和表面结构，提高酸性。助剂一般有 F、P、Mn、Zr 等。

石油化工中，20 世纪 60 年代初以无定形载体催化剂为主，60 年代末使用含沸石分子筛载体作催化剂，70 年代含沸石分子的催化剂和无定形载体的催化剂各占一半，而进入 80 年代后含沸石分子筛的催化剂已占主导地位[20]。张世万等[24] 以煤焦油为原料，采用 MoO_3-NiO/γ-Al_2O_3 催化剂，发现煤焦油芳烃在高压釜中转化率可以达到 64.25%。王永刚等[25] 以小于 350℃馏分低温煤焦油为原料，采用 NiW/γ-Al_2O_3 催化剂，发现产物中芳烃体积分数仍达 51.5%。张海永等[26] 以小于 300℃馏分低温煤焦油为原料，考察了 USY 含量不同的 NiW/USY-γ-Al_2O_3 加氢催化剂，当 USY 含量为 5%时，脱氧、硫、氮效率最好。目前关于煤焦油加氢改制的研究主要集中在加氢脱硫、氮[24]，而加氢裂化研究不多。煤焦油加氢精制路线的产品柴油馏分中多环芳烃含量高，十六烷值低，难以达到我国车用柴油标准《GB 19147—2013 车用柴油（Ⅴ）》中对多环芳烃质量分数不大于 11%的要求。因此，加氢裂化成为煤焦油制清洁燃料的关键技术之一。

3.2.2　催化剂载体

催化剂载体的作用可以归结为以下几个。

① 提供较大比表面积和合适的孔结构。催化剂的比表面积和孔结构是影响催化活性和选择性的重要因素。例如，氧化钼是结晶发达、易分散颗粒，负载在氧化铝上能够暴露更大的比表面积，可以提高催化剂活性。金属镍对某些加氢反应虽有活性，但是只有当其负载于某种有一定孔结构的载体上才实用，特别是对 Pt、Pb 之类的贵金属更有价值，使用少量就能获得比较高的比表面积和活性，大幅度降低生产成本。

② 提高催化剂的热稳定性和机械强度。可以将催化剂活性组分的颗粒分散，防止颗粒因高温而聚集。同时增加散热面积和热导率，有利于热量散发，防止催化剂烧结。例如，纯 Pt 用于加氢反应时，反应温度在 200℃，就会发生半熔融和烧结现象而失去催化活性，若将 Pt 负载在氧化铝或无定形硅铝载体上，Pt 的分散度大大提高，即使在 300～500℃ 的高温下长期使用也不会发生烧结现象[20,27]。

③ 提高催化剂抗毒性能。当反应物中含有能与活性组分发生反应而形成稳定化合物的物质时，催化活性就会下降。载体能提高抗毒性能是因为载体不仅可使活性表面增大，减弱对毒物的敏感性，而且能够吸附和分解毒物。例如，重油加氢裂化催化剂的抗氮能力是衡量催化剂的重要指标，加氢裂化反应时重油中的含氮化合物会使催化剂中毒，进行加氢裂化前先用 Mo 系催化剂除去氮化物。而联合石油公司的 Unicracking-JHC 工艺采用 0.5% Pd 负载在含 H 离子的 Y 型分子筛上制备的催化剂，就不会由于氮化物存在而引起中毒[28]。

催化剂裂化性能主要来自催化剂载体的 B 酸含量和强度及多孔性[29~32]。催化剂酸性要适中，酸性过强容易产生石油气而不是汽油[33]。无定形硅铝具有合适的酸性[34,35]。USY 分子筛具有高活性和水热稳定性[36]，是石油化工行业常用的加氢裂化催化剂酸性组分。ZSM-5 分子筛具有择形异构性能[37]，USY 与 ZSM-5 复合使用可以对多环芳烃加氢饱和后的异构开环过程进行选择性调控，对煤焦油馏分加氢裂化研究具有重要启示作用。

3.2.3 催化剂活性组分

金属活性组分是加氢裂化催化剂加氢活性的主要来源，通常为周期表中第ⅥB族和第Ⅷ族的金属元素，其中贵金属有 Pt、Pd、Rh、Ru 等，非贵金属有 W、Mo、Cr、Fe、Co、Ni 等。贵金属容易因有机硫化物和硫化氢中毒而失活[38~40]，只适用于不含硫的原料上。煤焦油中有机硫化物含量较多，不适宜用贵金属作为加氢活性组分。

双金属组分催化剂活性比单金属组分活性好，加氢裂化催化剂常用第ⅥB族和第Ⅷ族中金属搭配，常用的有 Mo-Ni、W-Ni、Mo-Co 两组分搭配和 W-Mo-Ni、Mo-Ni-Co 三组分搭配。金属活性组分硫化态比氧化态加氢活性高，而催化剂焙烧成型之后一般为氧化态，所以催化剂在使用前需要硫化。催化剂加氢活性表现在反应物以适当的速度吸附在催化剂表面，吸附分子和催化剂表面金属形成弱吸附键。第 V、ⅥB 族金属吸附强，第 Ⅰ 族吸附太弱，而第 Ⅷ 族吸附强度适宜，因而加氢活性高[20]。催化剂的吸附特征与金属的外电子层及几何结构有关。反应物与催化剂表面原子间的键强度和吸附热由金属电子特性决定。加氢活性金属组分都具有立方晶格或六角晶格，W、Mo、Cr 形成体心立方晶格，Pt、Pd、Co、Ni 形成面心立方晶格，MoS_2、WS_2 则形成六角对称晶格，Ni 和 Co 位于 WS_2（或 MoS_2）1010 平面的空穴五配位中心的空穴上[41]。

一般而言 Ni-W 催化剂具有较高的脱芳性能[20]。适宜 Ni/W 比例和金属活性组分含量能够改善催化剂的酸性并提高催化剂的硫化过程[42]。中国石化大连（抚顺）石油化工研究院[21] 报道在 Al_2O_3 和 USY-Al_2O_3 载体上，WO_3 质量分数为 24% 时，Ni/(Ni+W) 原子比分别为 0.35～0.4 和 0.40～0.45 时环己烯加氢活性存在峰值。

3.2.4　催化剂改性助剂

加氢裂化催化剂常用的改性助剂有 F、P、Mn、Zr、Ti、Sn、La 等。助剂可改善活性金属组分与载体相互作用，改善催化剂酸性，提高金属还原能力等。

对氟改性的研究工作较多[43,44]，氟电负性很大，当氟取代氧化铝载体上的—OH 时，氟附近电子云会向氟流动，使附近 O—H 键变弱，更容易产生 H^+，增强 B 酸酸强度。除此之外，氟还可以降低含氧化铝载体的等电点，使氧化铝表面的 AlO^- 增多，浸渍镍盐溶液时，更加容易吸附 Ni^{2+}，提高镍的分散效果。

助剂磷的加入方式有两种：一种是将含磷黏结剂与氧化铝前驱体或分子筛混合制备载体，生成 Al—O—P 或 Si—O—P 键，且含磷黏结剂比传统黏土等黏结剂强度提高 3～5 倍；另一种是以磷酸或磷酸铵盐溶液浸渍方式加入，磷的加入能够抑制镍铝尖晶石的生成。以重油为原料，磷钨酸催化剂加氢比商业催化剂（NiMo/Al_2O_3）加氢获得的液体收率略高[45]。以 P 改性的 USY 分子筛和 Al_2O_3 为载体的 NiW/(PUSY+Al_2O_3) 催化剂和 NiW/(USY+Al_2O_3) 催化剂具有更高的开环活性[46]。陈洪林等[47] 开发了 P（磷酸氢二铵）改性的 ZSM-5/Y 复合分子筛载体，P 改性后的催化剂有较高的柴油选择性，主要是中强 B 酸含量增加。

钛改性 γ-Al_2O_3 能够削弱 Mo 和 Al_2O_3 的相互作用，提高 Mo 在 TiO_2-Al_2O_3 载体上的还原和硫化程度[48～50]，有利于形成八面体氧化钼，提高催化剂 Mo 的活性[51～54]。Kosaku Honna 等[55] 以常压渣油为原料，采用 Ti 改性的 USY 分子筛进行加氢裂化反应，结果表明原料中重组分的转化率提高，中油收率增加。

锆改性能够减弱活性组分与载体的相互作用，促进金属还原，能够形成高活性 W 物种，有利于 Ni 六配位八面体物种生成[56]。而且锆改性的 SBA-15 催化剂能提高催化剂深度脱硫性能[57～59]。

3.2.5 Ni-W 基煤焦油加氢裂化催化剂

通过改变 USY 分子筛（$SiO_2/Al_2O_3 = 42$）和拟薄水铝石的相对含量，制备一系列载体，其中 USY 分子筛（以粉体计算）质量分数分别为 10%、20%、30%、50%、70%。再分别以偏钨酸铵 $[(NH_4)_6W_7O_{24} \cdot 6H_2O]$ 和硝酸镍 $[Ni(NO_3)_2 \cdot 6H_2O]$ 为钨源和镍源，采用等体积共浸渍法制备催化剂。氧化钨和氧化镍的质量分数分别为 22.0% 和 5.5%，氧化镍和氧化钨含量占催化剂总量的 27.5%。根据载体中 USY 分子筛含量，将催化剂分别命名为 USY-X（$X = 10$、20、30、50、70），例如 USY-30 是指载体含 USY 分子筛 30%，含拟薄水铝石 70%。

制备催化剂的 XRD 图谱见图 3-8。从图 3-8 中可以看出：几种催化剂样品在 6.31°、10.34°、12.08°、15.95°、19.01°、20.71°、24.05°、27.55°、31.99° 处均出现了 USY 分子筛的特征峰，在放大图中 45.84°、67.03° 处均出现了 Al_2O_3 的特征峰，且随着 USY 分子筛含量的增加，USY 分子筛的特征峰增强而 Al_2O_3 的特征峰减弱；图中没有发现 WO_3 和 NiO 的特征峰，说明 WO_3 和 NiO 均匀分散在载体上。

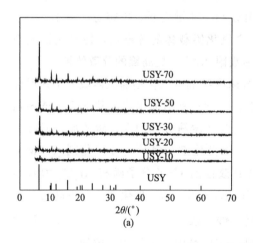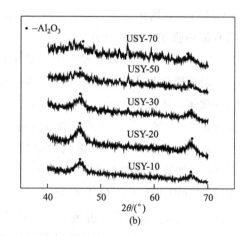

图 3-8 催化剂的 XRD 图谱

表 3-5 为催化剂的物理、化学性质。由表 3-5 可见，随着催化剂载体中 USY 分子筛含量的增加，催化剂的比表面积逐渐增大，微孔体积逐渐增加。这是由于 USY 分子筛的比表面积比 γ-Al_2O_3 大，因此，增加 USY 分子筛的含量有助于提高催化剂的比表面积，有利于反应物与催化剂充分接触。从表 3-5 还可以看出，随着催化剂载体中 USY 分子筛含量的增加，平均孔径逐渐减小，不利于加氢裂化产物离开孔道，促使原料二次裂化为更小的气体烃，降低油品收率。

表 3-5　催化剂的物理、化学性质

催化剂	BET 比表面积 /(cm²/g)	总孔体积 /(cm³/g)	微孔体积 /(cm³/g)	介孔体积 /(cm³/g)	平均孔径 /nm
USY-10	184	0.255	0.021	0.23	5.5
USY-20	232	0.276	0.043	0.23	4.7
USY-30	280	0.275	0.067	0.21	3.9
USY-50	353	0.277	0.104	0.17	3.1
USY-70	385	0.276	0.124	0.15	2.9
USY	815	0.664	0.284	0.38	3.3

　　USY-10、USY-30、USY-70 及 USY-30 在 380℃预硫化后的 HRTEM 照片见图 3-9。由图 3-9 可见，USY-10、USY-30、USY-70 上黑色金属颗粒逐渐减小，金属分散度逐渐增大。主要是因为 USY 分子筛比表面积较大，有利于活性组分分布均匀。从硫化态 USY-30 的 HRTEM 照片可以看出，在 380℃硫化后能够清晰看到 WS₂ 的特征片层。

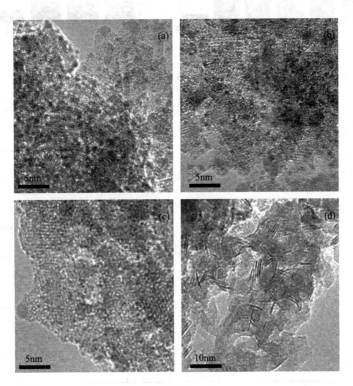

图 3-9　催化剂 HRTEM 照片

(a) USY-10；(b) USY-30；(c) USY-70；(d) USY-30 硫化

用催化剂 USY-30 在 380℃硫化的大量 HRTEM 照片做 WS₂ 的片晶统计分析，得到硫化钨层数和硫化钨长度与相对数量的关系图，见图 3-10。从图 3-10 可以看出，USY-30 在 380℃硫化后，WS₂ 的薄层主要集中在 1 层，占 WS₂ 总数量的 50％以上，说明 WS₂ 分散得比较好。从图 3-10 还可以看出，USY-30 在 380℃硫化后，长度 2～3nm 的片层最多，占 WS₂ 总量的 30％，1～4nm 的片层占 WS₂ 总数量的 75％。据文献[45] 报道，催化剂的加氢裂化活性位于 WS₂ 的边界，硫化后 WS₂ 片层长度越短，分散度越好，加氢活性越高。

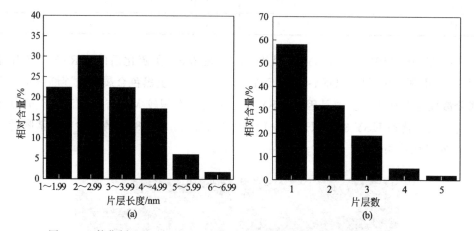

图 3-10　催化剂 USY-30 380℃硫化后片层长度和片层数与相对含量的关系

USY-10、USY-30、USY-70 在 380℃硫化后的 W4f 和 Ni2p 的 XPS 图谱见图 3-11。从图 3-11 可以看出，W4f 中有 3 个峰分别对应 W^{6+}（WO_3）、W^{5+}（WO_xS_y）、W^{4+}（WS_2），$W4f_{5/2}$ 对应 W^{6+} 的结合能 35.4eV、W^{5+} 的结合能 33.9eV、W^{4+} 的结合能 32.2eV[42]；Ni2p 中有 2 个峰，结合能在 856eV 处的峰为 NiO 峰，结合能在 853.7eV

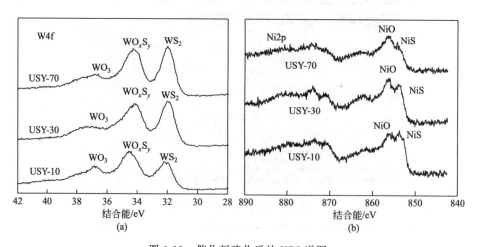

图 3-11　催化剂硫化后的 XPS 谱图

处的峰为 NiS 峰。对 USY-10、USY-30、USY-70 催化剂的 WS$_2$、WO$_x$S$_y$、WO$_3$、NiS、NiO 含量进行面积积分得到的结果见表 3-6。从表 3-6 可以看出，随着分子筛含量的增加，表面 WS$_2$ 摩尔分数逐渐增加，说明分子筛含量的增加有利于 WS$_2$ 的生成。从表 3-6 还可以看出，随着分子筛含量的增加，表面 NiO 摩尔分数逐渐增大，表面 NiS 摩尔分数逐渐减小，可能是分子筛含量增加后，微孔体积增大，进入分子筛微孔中的 Ni 含量也随之增加，微孔中的 Ni 与分子筛孔的内表面存在较强的作用，由于空间限制，不易与 H$_2$S 接触，因而更难硫化。

表 3-6　催化剂 USY-10、USY-30、USY-70 硫化后的 W 和 Ni 结合能和表面分布

项目	W4f$_{7/2}$			项目	Ni2p$_{3/2}$		
	USY-10	USY-30	USY-70		USY-10	USY-30	USY-70
WS$_2$ 结合能/eV	32.2	32	32	NiS 结合能/eV	853.74	853.70	853.93
WS$_2$ 摩尔分数/%	41.08	55.94	60.98	NiS 摩尔分数/%	48.61	37.90	34.67
WO$_x$ 结合能/eV	33.9	33.9	33.9	NiO 结合能/eV	856.10	856.30	856.39
WO$_x$ 摩尔分数/%	21.93	25.65	16.89	NiO 摩尔分数/%	51.39	62.10	65.33
WO$_3$ 结合能/eV	35.4	35.4	35.4				
WO$_3$ 摩尔分数/%	37.00	18.42	22.13				

　　制备催化剂的氨程序升温脱附（NH$_3$-TPD）表征结果见图 3-12。从图 3-12 可以看出，不同分子筛含量的催化剂均在 185℃ 有弱酸和中强酸的吸收峰，在 650℃ 有强酸的吸收峰。由图 3-12 进行面积积分，将 USY-10 弱酸、中强酸及强酸的含量各计为 1，计算催化剂 USY-20、USY-30、USY-50、USY-70 的相对酸含量，所得结果绘制得表 3-7。由表 3-7 可知，催化剂表面弱酸和中强酸含量几乎不变，催化剂表面强酸量顺序为 USY-70＞USY-50＞USY-30＞USY-20＞USY-10，说明强酸酸性位主要来源于 USY 分子筛的 B 酸中心（Al—Si—OH），强酸含量与强度达到最强时，才出现最高裂解活性，然而酸度越强，积碳速率越快[46]，所以加氢裂化催化剂要选择合适的 USY 分子筛含量。

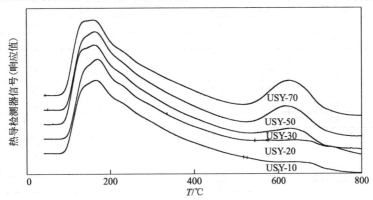

图 3-12　催化剂的 NH$_3$-TPD 图

表 3-7　催化剂的 NH₃-TPD 分析结果

催化剂	弱酸＋中强酸	强酸
USY-10	1.00	1.0
USY-20	1.00	1.7
USY-30	1.04	4.3
USY-50	1.01	8
USY-70	0.97	10.8

以中低温煤焦油加氢精制后的柴油馏分为原料，在固定床加氢装置上考察系列催化剂的加氢裂化性能，结果见表 3-8。由表 3-8 可见，原料油中双环及以上芳烃质量分数为 17.4%，高于国家标准《GB 19147—2013 车用柴油（Ⅴ）》中对多环芳烃质量分数不大于 11% 的要求，而在加氢裂化产品中双环及以上芳烃质量分数低于 0.16%，说明催化剂具有较高的多环芳烃加氢裂化活性；加氢裂化产品油中总单环芳烃含量高于原料油，可能是由于双环及以上芳烃裂化造成的；随着 USY 分子筛含量增加，加氢产品中三环及以上脂环烃含量、密度、C/H 原子比、产品油收率和脂肪烃含量降低，这是因为随着分子筛含量的增加，催化剂强酸酸量逐渐增加（见 NH₃-TPD 结果），而强酸酸量的增加有利于提高催化剂的裂化性能；催化剂微孔体积和比表面积增大，平均孔径减小（可见 N₂ 吸附-脱附结果），从而促使烷烃裂化为更小的气体烃，降低了油品收率。

表 3-8　催化剂的加氢裂化产物分布

	催化剂	原料	USY-10	USY-20	USY-30	USY-50	USY-70
产物分布/%	脂肪烃	24.1	42.14	40.22	36.81	32.39	32.96
	单环脂环烃	8.8	6.47	7.3	10.89	19.76	16.29
	双环脂环烃	10.7	4.55	6.24	5.49	8.41	5.57
	三环及以上脂环烃	6.9	8.12	8.26	4.4	2.83	2.97
	总饱和烃	50.5	61.27	62.02	57.59	63.4	57.78
	单环芳烃	32.1	38.56	37.98	42.41	36.6	42.22
	双环及以上芳烃	17.4	0.16	0	0	0	0
	总芳烃	49.5	38.73	37.98	42.41	36.6	42.22
	总计	100	100	100	100	100	100
馏程/℃	初馏点	225	115	112	116	100	100
	10	249	218	220	194	162	178
	30	278	261	260	242	226	237
	50	304	299	286	270	258	267
	70	335	330	316	305	292	308
	90	370	370	372	368	350	370
	密度/(g/cm³)	0.8990	0.8810	0.8554	0.8485	0.8329	0.8302
	产品油收率/%	100.00	97.11	96.35	95.84	88.87	88.18
	C/H 原子比	7.32	7.10	6.94	6.89	6.64	6.76
	十六烷指数	40.0	40.1	42.6	43.5	44.6	47.3

为了兼顾油品收率和品质，同时考虑到催化剂的成本，应将催化剂中 USY 含量控制在适宜量。在所考察的催化剂中 USY-30 性能较佳，其强酸酸量适中，比表面积较大，表面活性组分分布比较均匀（可见 XRD 和 HRTEM 结果），表面 WS_2 含量较多（可见 XPS 结果），活性适中，可在产品油收率大于 95％前提下，使原料油品密度由 0.8990g/cm³ 降至 0.8485g/cm³，多环芳烃几乎裂解完全（未检测到），C/H 原子比由 7.32 降至 6.89，50％馏出温度由 304℃ 降至 270℃，同时可使十六烷值指数由 40.0 升至 43.5。

3.2.6　Ni-Mo 基煤焦油加氢裂化催化剂

杨加可等[60] 研究了 $NiMo/Al_2O_3$-USY 催化剂上中低温煤焦油的加氢裂化性能。采用等体积浸渍法制得一系列 $NiMo/Al_2O_3$-USY 催化剂。根据 MoO_3 含量将催化剂记作 NiMo-x，x 代表 MoO_3 的质量分数。在固定床上考察了不同金属负载量对其中低温煤焦油加氢裂化催化性能的影响，见图 3-13。

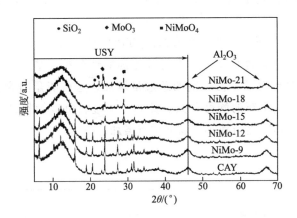

图 3-13　不同金属含量催化剂的 XRD 谱图

由图 3-13 可知，所有催化剂均未出现明显的 NiO 特征峰。当 MoO_3 的负载量大于 15％时，在 29°附近出现了一个较明显的属于 α-$NiMoO_4$ 的特征峰，$NiMoO_4$ 的存在可在硫化过程中促进 Ni—Mo—S 加氢活性相的形成。当 MoO_3 的负载量大于或等于 18％时，在 23.5°处出现了 MoO_3 的特征峰，说明此时 MoO_3 已经在载体表面聚集。当金属负载量为 21％时，在 21.4°、22.4°、26.5° 处出现了归属于 SiO_2 的特征峰，而 USY 分子筛的特征峰已经消失不见，说明金属负载量过大时，USY 分子筛的晶体结构被破坏。不同金属含量催化剂的织构参数见表 3-9。

表 3-9　不同金属含量催化剂的织构参数

催化剂	比表面积 /(m²/g)	孔体积/(cm³/g)			孔径/nm
		$V_总$	$V_微孔$	$V_大孔$	
CAY	359	0.30	0.007	0.297	4.41
NiMo-9	346	0.32	0.021	0.307	3.80
NiMo-12	280	0.20	0.005	0.195	4.30
NiMo-15	257	0.19	0.005	0.188	4.25
NiMo-18	230	0.21	0.009	0.205	3.98
NiMo-21	191	0.18	0.006	0.1756	3.98

由表 3-9 可知，催化剂主要以介孔为主。当 CAY(Al₂O₃-USY) 载体负载金属后，NiMo-9 催化剂的孔径减少，微孔孔容增加，这可能是因为金属在载体的孔道内均匀分布，使载体的孔道表面变得粗糙，形成了更多的微孔。当 MoO₃ 的负载量超过 15% 后，随着金属负载量的增加，催化剂的平均孔径逐渐减小，这可能是因为金属负载量较大，引起了 MoO₃ 颗粒在载体表面的团聚，堵塞了催化剂的孔道。

图 3-14 为不同金属含量催化剂的 NH₃-TPD 谱图。以 CAY 载体为基准，对各催化剂的三个酸性区域进行积分，求得催化剂酸性分布，结果见表 3-10。由表 3-10 可知，负载活性组分后，催化剂的总酸量增加，这可能是因为负载的活性组分与载体相互作用形成了新的酸性位点。此外，当金属负载量超过 15% 后，催化剂的总酸量和强酸量均在逐渐减小，弱酸位点增加。

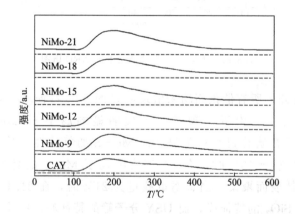

图 3-14　不同金属含量催化剂的 NH₃-TPD 谱图

表 3-10 不同金属含量催化剂酸性分布

催化剂	20~200℃		200~350℃		350~600℃		总体相对值
	面积(响应值)	相对值	面积(响应值)	相对值	面积(响应值)	相对值	
CAY70	26.71	1	44.32	1	28.97	1	1
NiMo-9	31.06	1.43	46.79	1.3	22.15	0.94	1.23
NiMo-12	28.85	1.49	45.82	1.42	25.32	1.2	1.38
NiMo-15	27.89	1.35	45.63	1.33	26.48	1.18	1.3
NiMo-18	30.75	1.38	48.49	1.28	20.76	0.84	1.17
NiMo-21	29.52	1.38	53.47	1.52	16.74	0.72	1.25

图 3-15 为催化剂的 HRTEM 照片，由图 3-15 可知，所有催化剂均出现了 MoS_2 线条，且随着金属负载量的增加，MoS_2 线条数量在不断增加，说明 MoS_2 的含量在不断增加，这与 XPS 分析一致。此外，催化剂 NiMo-18 和 NiMo-21 表面出现了 MoS_2 聚集现象。

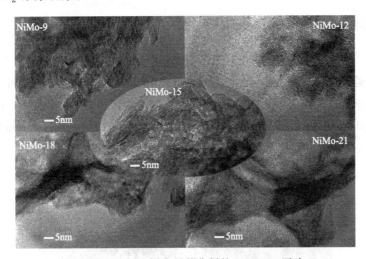

图 3-15 不同金属含量催化剂的 HRTEM 照片

图 3-16 为不同金属负载量的 NiMo/CAY 催化剂催化煤焦油加氢裂化的产物分布图。由图 3-16 可知，随着金属负载量的增加，催化剂的加氢活性逐渐增大，而 NiMo-18 催化剂表现出相对较低的加氢裂化活性；当金属负载量超过 15％后，催化剂上原料的转化率曲线趋于平缓；负载量超过 15％后，活性组分的硫化程度趋于稳定，且 MoS_2 片层逐渐减少，不能明显提高催化剂的加氢活性；USY 分子筛结构被破坏，使催化剂的总酸量和中强酸量降低，降低了催化剂的裂解活性；活性组分在载体表面聚集，使催化剂孔径减小，增加了反应的空间位阻。

因此，NiMo/Al_2O_3-USY 催化剂适宜的 MoO_3 负载量为 15％（质量分数）；当 MoO_3 含量超过 15％后，MoS_2 活性相在载体上团聚，硫化程度趋于稳定，强酸

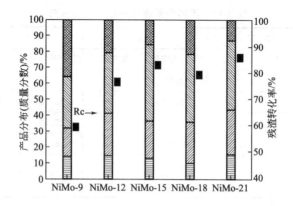

图 3-16　不同金属含量催化剂的煤焦油加氢产物分布

▦：烃类气体；▨：汽油馏分；▩：柴油馏分；▧：残余馏分

量和孔径减小，增加金属负载量对煤焦油加氢裂化转化率影响较小。

3.2.7　Co-Mo 基煤焦油加氢裂化催化剂

高歌等[61] 研究了 Co-Mo/USY 催化剂催化煤焦油加氢裂化性能。以 USY 型分子筛为载体，通过浸渍法制备了 Co-Mo/USY 催化剂（见图 3-17），在连续固定床反应器上考察了不同 Mo 负载量催化剂对煤焦油加氢裂化性能的影响。结果表明，催化剂的最佳 Mo 负载量为 12%（质量分数），在反应温度 385℃、压力 9MPa、质量空速 0.6h^{-1}、氢油体积比 1000：1 的条件下，煤焦油加氢裂化的轻质油收率为 86%。

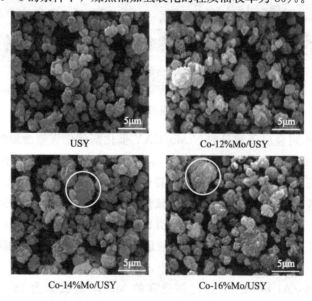

图 3-17　不同 Mo 负载量催化剂的 SEM 照片

在参照贵金属和铁系催化剂优点的基础上，通过多级研磨和程序升温焙烧，制备出重质油加氢复合型催化剂（见表 3-11）。以煤焦油重质油为原料，对复合型催化剂的加氢活性进行评价比较[62]。结果表明，复合型催化剂活性高，压力对加氢活性影响不大，反应温度和反应停留时间对加氢活性影响明显，较合适的反应条件为温度 450℃、压力 17MPa、停留时间 60min；复合型催化剂的加氢活性高于贵金属催化剂和铁系催化剂。煤焦油重质油经过加氢裂化后，密度和黏度明显降低，平均分子量下降 15.8%，H/C 原子比提高，N、S 等杂原子含量大幅降低，沥青质含量由 36.56% 降至 19.31%。

表 3-11　复合型催化剂元素组成

元素	含量/%	元素	含量/%
O	39.57	Ti	0.03
N	1.81	Cr	1.87
Mg	0.53	Fe	40.84
Al	1.80	Co	0.06
Ni	1.68	C	0.60
S	2.23	Cu	0.03
Cl	0.02	Zn	0.06
Ca	0.05	P	8.82

3.3　加氢裂化工艺流程

加氢裂化工艺流程随各企业生产实际需要、原料油性质、产品方案、产品质量、回收率要求、装置规模、建设地点、设备制造能力及供应条件、拟采用的催化剂性质、装置灵活性要求、建设单位公用工程条件、能量回收利用程度、自动控制水平、企业的生产习惯及设计单位的水平等不同可能不同。当然，新技术、新设备、新材料的不断出现，也影响工艺流程的设计，越来越严格的环保法规、高苛刻度的产品、节能减排及安全要求对工艺流程的设计也有影响。加氢裂化反应是在双功能催化剂上完成的，也可以认为工艺流程是催化剂与工程的密切结合。工艺流程在装置中起着十分重要的作用[63~65]。

工艺流程的表征形式为工艺流程图，一般表示为工艺示意流程、工艺原则流程和工艺管道及仪表流程。

加氢裂化工艺示意流程主要表征：反应器、压缩机、泵、塔、加热炉、分离器、部分罐、换热器、冷却器及相连管线等。根据需要也可增加设备内构件示意，如反应器床层、塔盘、换热器管壳程等。

加氢裂化工艺原则流程主要表征：反应器、压缩机、泵、塔、加热炉、分离器、罐、过滤器、换热器、冷却器及相连管线、物料名称、控制方案、设备负荷、物料流量、操作温度、操作压力、设备名称等。必须表示设备内构件，如反应器床层数、塔盘数、换热器管壳程等，所有表述应符合相应标准。

加氢裂化工艺管道及仪表流程主要表征：反应器、压缩机、泵、塔、加热炉、分离器、罐、过滤器、换热器、冷却器、透平、电机、聚结器、采样器、混合器、阻火器、阀门及相连管线、详细控制方案、管线保温（伴热、保冷）、大小头、管线材质、管径、管线编号等。必须表示备用设备（如备用泵、压缩机、电机等）、设备内构件（如反应器床层数、塔盘数、换热器管壳程等），所有表述应符合相应标准。

传统加氢裂化技术主要以反应部分流程为主进行加氢裂化工艺流程命名，主要可分为单段、一段串联和两段加氢裂化工艺流程。近年来，随着加氢裂化技术的快速发展，各种新型加氢裂化工艺流程不断应用于工业装置。

3.3.1 单段加氢裂化工艺流程

20 世纪 60 年代，美国各公司发明了单段加氢裂化工艺流程，目标是生产汽油或汽油和喷气燃料。该工艺主要由反应部分和产品分馏部分组成，加工直馏烃、重蜡油、催化裂化循环油、焦化蜡油的混合油。21 世纪，单段加氢裂化工艺流程主要为最大量生产清洁柴油、中间馏分油。单段加氢裂化反应器只装填一种主催化剂，反应器数量不限，与规模、处理能力及运输条件等因素有关。

单段一次通过的典型加氢裂化工艺流程如图 3-18 所示[66]。

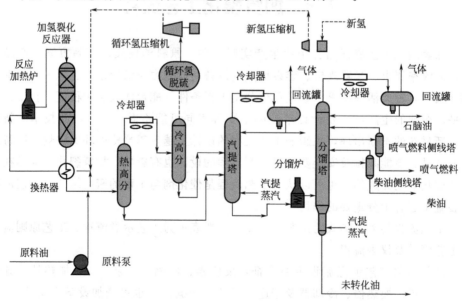

图 3-18　单段一次通过的典型加氢裂化工艺流程示意

从图 3-18 可看出：

① 只设一台裂化反应器；

② 混相反应加热炉；

③ 循环氢脱硫；

④ 热高分流程；

⑤ 汽提塔＋分馏塔流程；

⑥ 一次通过流程，未转化油不循环；

⑦ 汽提塔用水蒸气汽提；

⑧ 分馏塔前设进料加热炉；

⑨ 设喷气燃料侧线塔和柴油侧线塔。

单段全循环的典型加氢裂化工艺流程示意（一）如图 3-19 所示。

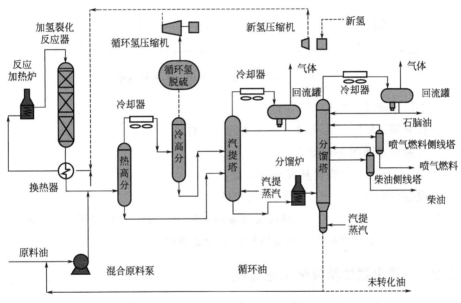

图 3-19　单段全循环的典型加氢裂化工艺流程示意（一）

从图 3-19 可看出：

① 循环油循环到原料泵入口，与原料油一起升压、换热；

② 不排尾油时，原料 100% 转化；

③ 长周期运转时，具有排少量尾油的灵活性；

④ 其余特点同图 3-18 流程。

单段全循环的典型加氢裂化工艺流程示意（二）如图 3-20 所示。

从图 3-20 可看出：

① 循环油循环到反应加热炉出口；

② 单独设置高压循环油泵；

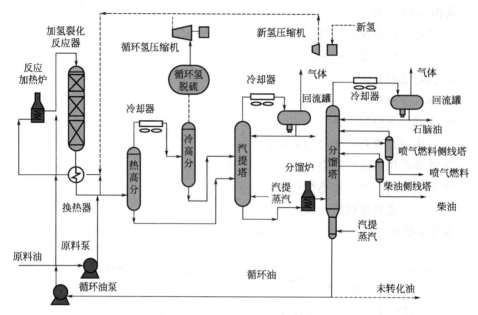

图 3-20　单段全循环的典型加氢裂化工艺流程示意（二）

③ 不排尾油时，原料 100％转化；

④ 长周期运转时，具有排少量尾油的灵活性；

⑤ 其余特点同图 3-18 流程。

单段加氢裂化工艺流程具有的特点有：

① 设备台数相对较少，工艺流程相对简单；

② 设备、管线、阀门、控制仪表数量相对较少，投资相对较低，特别是单个。
反应器的制造尺寸和重量不受限制时，投资更低。

3.3.2　一段串联加氢裂化工艺流程

一段串联加氢裂化工艺流程主要为最大量生产化工原料，最大量生产中间馏分油，灵活生产中间馏分油，联产化工原料、中间馏分油和润滑油基础油[63,64]。

以高酸性中心分子筛为载体的裂化催化剂在高氨气氛下仍具有高活性，从技术上为一段串联加氢裂化工艺流程长周期稳定生产奠定了基础。

一段串联加氢裂化工艺一般使用两种不同性能的主催化剂，分别装填至少两个反应器。第一反应器装填加氢精制催化剂，第二反应器装填加氢裂化催化剂，两个反应器反应温度、空速不同，但氢分压基本一致；原料油经第一反应器催化剂床层脱除大部分硫、氮并饱和烯烃和部分芳烃后，直接进入第二反应器催化剂床层转化为轻质产品，无须分离第一反应器流出物中的 H_2S 和 NH_3；裂化催化剂在高氨气氛下具有高活性，但在高有机氮条件下不具有高活性，精制反应器流出物中的氮含量需要控制在一定数值下（如 $10\mu g/g$、$20\mu g/g$ 等），以避免裂化反应器中的催化剂失活。

随着催化剂技术、工程技术、设备制造技术的快速发展，不同需求的用户得到了不同的一段串联加氢裂化工艺流程。

一段串联一次通过的典型加氢裂化工艺流程示意（一）如图 3-21 所示[67,68]。

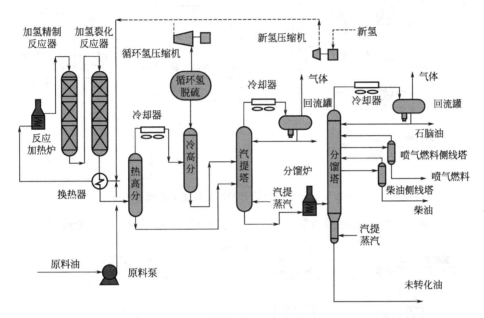

图 3-21　一段串联一次通过的典型加氢裂化工艺流程示意（一）

从图 3-21 可看出：

① 加氢精制反应器与加氢裂化反应器串联；

② 混相反应加热炉；

③ 循环氢脱硫；

④ 热高分流程；

⑤ 汽提塔＋分馏塔流程；

⑥ 一次通过流程，未转化油不循环；

⑦ 汽提塔用水蒸气汽提；

⑧ 分馏塔前设进料加热炉；

⑨ 设喷气燃料侧线塔和柴油侧线塔。

一段串联一次通过的典型加氢裂化工艺流程示意（二）如图 3-22 所示。

从图 3-22 可看出：

① 冷低分流程；

② 其余特点同图 3-21 流程。

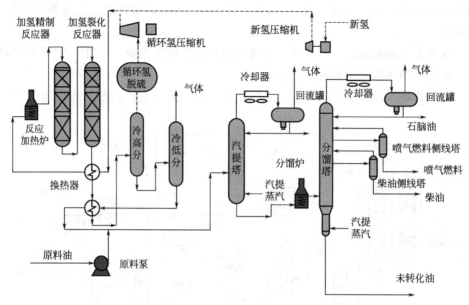

图 3-22　一段串联一次通过的典型加氢裂化工艺流程示意（二）

一段串联全循环的典型加氢裂化工艺流程示意（一）如图 3-23 所示[67,68]。

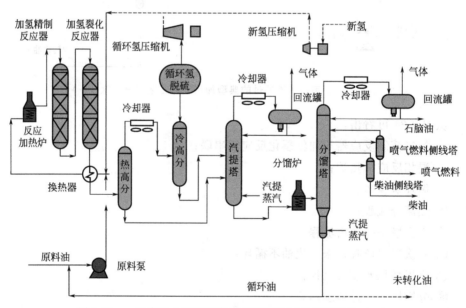

图 3-23　一段串联全循环的典型加氢裂化工艺流程示意（一）

从图 3-23 可看出一段串联全循环的典型加氢裂化工艺流程示意（一）具有以下特点：

① 循环油循环到原料泵入口，与原料油一起升压、换热；

② 不排尾油时，原料 100％转化；

③ 长周期运转时，具有排少量尾油的灵活性；

④ 其余特点同图 3-21 流程。

一段串联全循环的典型加氢裂化工艺流程示意（二）如图 3-24 所示[67,68]。

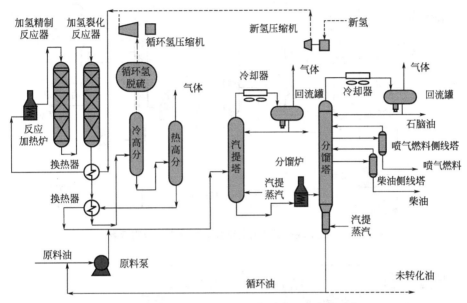

图 3-24　一段串联全循环的典型加氢裂化工艺流程示意（二）

从图 3-24 可看出：

① 循环油循环到原料泵入口，与原料油一起升压、换热；

② 冷高分流程；

③ 不排尾油时，原料 100％转化；

④ 长周期运转时，具有排少量尾油的灵活性；

⑤ 其余特点同图 3-21 流程。

一段串联全循环的典型加氢裂化工艺流程示意（三）如图 3-25 所示[67,68]。

从图 3-25 可看出：

① 设高温高压循环油泵；

② 循环油循环到裂化反应器入口；

③ 不排尾油时，原料 100％转化；

④ 长周期运转时，具有排少量尾油的灵活性；

⑤ 其余特点同图 3-21 流程。

一段串联全循环的典型加氢裂化工艺流程示意（四）如图 3-26 所示[67,68]。

从图 3-26 可看出：

① 设高温高压循环油泵；

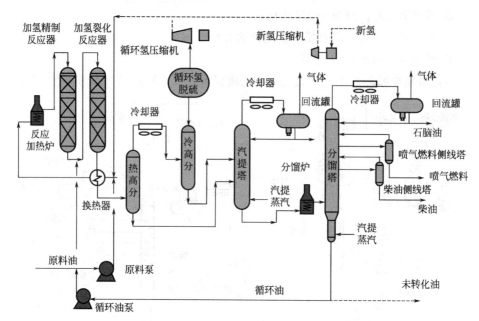

图 3-25   一段串联全循环的典型加氢裂化工艺流程示意（三）

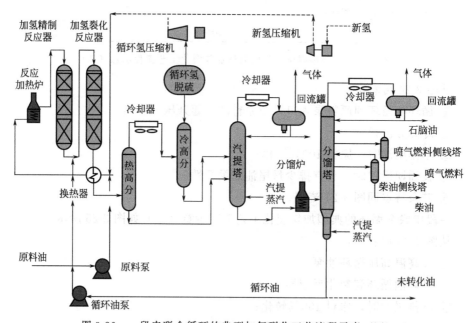

图 3-26   一段串联全循环的典型加氢裂化工艺流程示意（四）

② 循环油循环到精制反应器入口；

③ 不排尾油时，原料 100％ 转化；

④ 长周期运转时，具有排少量尾油的灵活性；

⑤ 其余特点同图 3-21 流程。

除图 3-21～图 3-26 的流程外，一段串联加氢裂化工艺流程在处理能力大于 1.0Mt/a 时，也可采用氢气加热炉流程；加工低硫原料时，循环氢也可不脱硫；分馏部分的流程可设计为脱丁烷塔＋分馏塔流程，或脱戊烷塔＋分馏塔流程，或重沸汽提＋分馏塔流程，或汽提塔＋常压分馏塔＋减压分馏塔等多种流程。

一段串联加氢裂化工艺流程还有：a. 精制反应器和裂化反应器之间加换热器的一段全循环串联加氢裂化工艺流程；b. 柴油部分循环的一段串联加氢裂化工艺流程。

一段串联加氢裂化工艺流程的命名有时和目的产品的要求有关，如：a. 多产重石脑油的一段串联全循环加氢裂化工艺流程；b. 多产柴油的一段串联全循环加氢裂化工艺流程；c. 多产中间馏分油的一段串联全循环加氢裂化工艺流程；d. 最大量生产乙烯原料的一段串联一次通过加氢裂化工艺流程。

3.3.3　两段加氢裂化工艺流程

20 世纪 60 年代，美国各公司发明的两段加氢裂化工艺流程均由第一反应段、第二反应段和产品分馏部分组成，加工直馏轻重蜡油、催化裂化循环油、焦化蜡油、脱沥青油的混合油，生产汽油或汽油和喷气燃料。21 世纪，两段加氢裂化工艺流程的目的产品更加灵活，可以最大量生产清洁柴油，最大量生产化工原料（如重石脑油），灵活生产中间馏分油，兼顾生产化工原料、燃料油品及润滑油基础油[63]。

为了最大量生产目的产品，第一段和第二段采用不同的催化剂[63,64]。

早期第一段的主要任务：原料加氢预处理，将原料油中金属、硫、氮有机化合物氢解，将烯烃和芳烃加氢饱和，为第二段制备不含或少含硫、氮的原料油，避免催化剂的酸性中心中毒，以维持装置的长周期运转。因此，第一段也称为加氢处理段。

第二段的主要任务：加氢裂化，将低金属、低硫、低氮的第一段反应流出物中的重质馏分转化为轻质馏分，由于第二段加氢裂化催化剂不抗硫、氮，二段的循环氢系统必须保持清洁状态，就需要第一段和第二段分别设置循环氢系统。因此，第二段也称为加氢裂化段[63,64]。

当加工高硫含量的原料油时，为降低第一段循环氢中的 H_2S 含量，提高循环氢中氢的纯度，除在反应流出物空冷器（个别情况也在空冷前最后一台换热器）前注入洗涤水外，尚需增设循环氢脱硫系统，进一步除去循环氢中的 H_2S[64]。

目前，两段加氢裂化工艺逐渐将第一段的加氢处理段发展为加氢裂化段。

加氢处理段＋加氢裂化段的两段加氢裂化典型工艺流程示意如图 3-27 所示[64～66]。

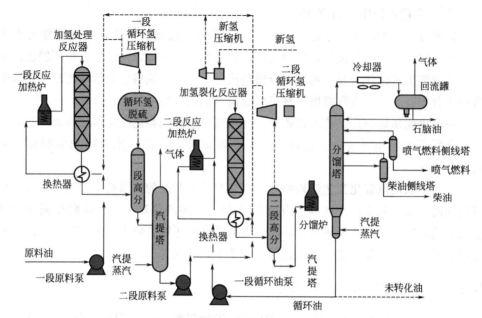

图 3-27　加氢处理段＋加氢裂化段的两段加氢裂化工艺流程示意

从图 3-27 可看出：

① 加氢处理段生成油进入加氢裂化段前，对降温降压后的加氢处理段流出物汽提，将溶解于生成油中的 NH_3 和 H_2S 除去；

② 加氢处理段与加氢裂化段均设循环氢压缩机；

③ 加氢处理段与加氢裂化段高压部分均设混相加热炉；

④ 加氢处理段不设分馏塔；

⑤ 加氢处理段设循环氢脱硫系统；

⑥ 加氢处理段设汽提塔，汽提塔用水蒸气汽提；

⑦ 加氢裂化段设分馏塔，分馏塔前设进料加热炉；

⑧ 加氢裂化段分馏塔设喷气燃料侧线塔和柴油侧线塔；

⑨ 不排尾油时，原料 100% 转化；

⑩ 长周期运转时，具有排少量尾油的灵活性。

单段加氢裂化段＋加氢裂化段的两段加氢裂化典型工艺流程示意如图 3-28 所示[64~66]。

从图 3-28 可看出：

① 单段加氢裂化段与加氢裂化段的高分油混合后进入低压分离器；

② 单段加氢裂化段循环氢单独设脱硫设施；

③ 单段加氢裂化段脱硫循环氢与加氢裂化段循环氢混合后，共用循环氢压缩机；

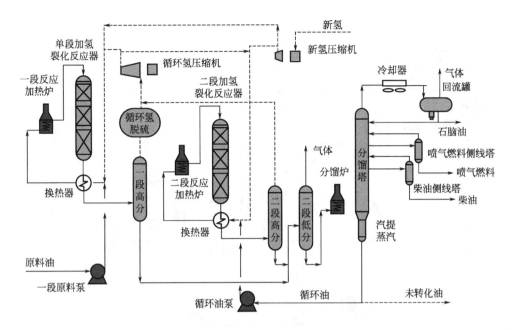

图 3-28 单段加氢裂化段＋加氢裂化段的两段加氢裂化工艺流程示意

④ 加氢裂化段设高温高压循环油泵；

⑤ 单段加氢裂化段不设分馏系统；

⑥ 单段加氢裂化段与加氢裂化段高压部分均设混相加热炉；

⑦ 加氢裂化段设分馏塔，分馏塔前设进料加热炉；

⑧ 加氢裂化段分馏塔设喷气燃料侧线塔和柴油侧线塔；

⑨ 不排尾油时，原料 100％转化；

⑩ 长周期运转时，具有排少量尾油的灵活性。

一段串联加氢裂化段＋加氢裂化段的两段加氢裂化典型工艺流程示意（一） 如图 3-29[67,68] 所示。

从图 3-29 可看出：

① 一段串联加氢裂化段采用精制反应器与裂化反应器串联流程，精制反应器前的一段反应加热炉为氢气加热炉；

② 二段加氢裂化段反应器前的反应加热炉为氢气加热炉；

③ 一段串联加氢裂化段不设分馏系统；

④ 一段串联加氢裂化段与二段加氢裂化段共用冷高压分离器、循环氢脱硫、循环氢压缩机、冷低压分离器及分馏系统；

⑤ 一段串联加氢裂化段与二段加氢裂化段的高压换热部分分开设置；

⑥ 加氢裂化段设高温高压循环油泵；

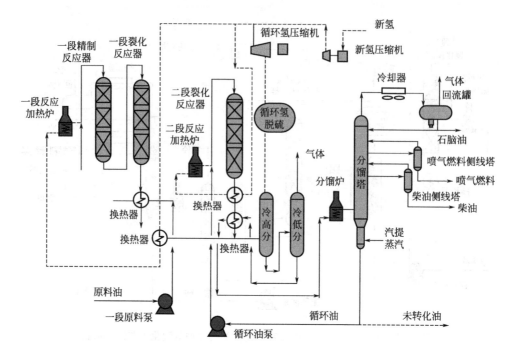

图 3-29　一段串联加氢裂化段＋加氢裂化段的两段加氢裂化典型工艺流程示意（一）

⑦ 加氢裂化段设分馏塔，分馏塔前设进料加热炉；

⑧ 加氢裂化段分馏塔设喷气燃料侧线塔和柴油侧线塔；

⑨ 不排尾油时，原料 100％转化；

⑩ 长周期运转时，具有排少量尾油的灵活性。

一段串联加氢裂化段＋加氢裂化段的两段加氢裂化典型工艺流程示意（二）如图 3-30 所示[67,68]。

从图 3-30 可看出：

① 一段串联加氢裂化段精制反应器前的一段反应加热炉为混相加热炉；

② 加氢裂化段的二段反应加热炉为混相加热炉；

③ 其余特点同图 3-29 流程。

一段串联加氢裂化段＋加氢裂化段的两段加氢裂化典型工艺流程示意（三）如图 3-31 所示[67,68]。

从图 3-31 可看出：

① 加氢裂化段的二段反应加热炉为混相加热炉；

② 一段串联加氢裂化段与二段加氢裂化段共用热高压分离器、冷高压分离器、循环氢脱硫、循环氢压缩机、热低压分离器、冷低压分离器及分馏系统；

③ 其余特点同图 3-29 流程。

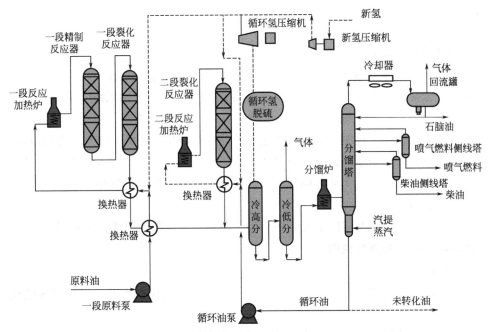

图 3-30　一段串联加氢裂化段＋加氢裂化段的两段加氢裂化典型工艺流程示意（二）

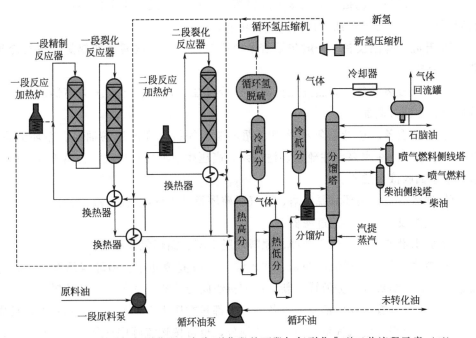

图 3-31　一段串联加氢裂化段＋加氢裂化段的两段加氢裂化典型工艺流程示意（三）

3.3.4 加氢裂化工艺流程的组成

加氢裂化装置的工艺流程一般可划分为反应部分、常减压分馏部分、液化石油气回收部分、气体分馏部分、气体和液化石油气脱硫部分、溶剂再生部分及公用工程部分（包括火炬系统、冲洗油系统、燃料油系统、轻重污油系统、氮气、蒸汽、压缩空气、燃料气等系统）。涉及的流程还有催化剂硫化流程、催化剂再生流程；中和清洗流程、催化剂在线加排系统流程及加热炉烧焦流程等。也有的将反应部分拆分为原料预处理和增压部分、新氢压缩机部分及反应部分，将常减压分馏部分、液化石油气回收部分、气体分馏部分、气体和液化石油气脱硫部分、溶剂再生部分统称为分馏部分[1]。

根据各企业需要及实际情况，每个加氢裂化工艺流程的组成不尽相同。以下工艺流程组成按一般划分说明。

（1）反应部分

一般由一个或两个独立的或两个共用一些设备（高压分离器、循环氢压缩机）的反应段组成。

一个典型的独立反应段一般包括以下几种设备：

① 反应设备。包括一个或多个反应器。反应器是反应部分的核心设备，具有精制原料油或转化原料油为目的产品的功能。

② 升温、降温设备。一般包括若干个换热器，一个或两个加热炉、空气冷却器、水冷却器。

③ 气液分离设备。有热高压分离器、冷高压分离器、热低压分离器、冷低压分离器、中压分离器。

④ 转动设备。包括新氢压缩机、循环氢压缩机；高压原料油泵、循环油泵，高压贫胺液泵，注水泵、注硫泵、注氨泵，高压生成油能量回收液力透平及高压富胺液能量回收液力透平。

⑤ 洗涤设备。循环氢脱硫塔、干气脱硫塔及其附属配套设备。

⑥ 过滤设备。原料油过滤器。

⑦ 脱水设备。原料油聚结器、原料油脱水罐、循环氢聚结器。

⑧ 缓冲设备。原料油缓冲罐、注水罐、贫胺液缓冲罐、循环氢压缩机入口分液罐、新氢压缩机入口分液罐、新氢压缩机级间分液罐、注氨罐、注硫罐。

从操作条件看，反应部分的设备基本上都是在压力下操作的。从物料看，反应部分的工艺流程可用氢气系统及油系统划分，也可按物流顺序划分。按物料流序划分时，反应部分可划分为原料增压，升、降温及反应，气液分离，循环氢系统等。

（2）汽提及常减压分馏部分

其核心设备是塔，根据产品品种要求，可以有蒸汽汽提塔（或稳定塔、脱戊烷塔)、常压分馏塔 (或含第一侧线汽提塔、第二侧线汽提塔)、减压分馏塔 (或含第一减压侧线汽提塔、第二减压侧线汽提塔)、第二减压分馏塔。其他设备有蒸汽汽提塔 (或稳定塔、脱戊烷塔) 塔底重沸炉,常压分馏塔进料重沸炉 (或常压分馏塔塔底重沸炉),减压分馏塔进料重沸炉 (或减压分馏塔塔底重沸炉),第二减压分馏塔进料重沸炉 (或第二减压分馏塔塔底重沸炉),蒸汽汽提塔 (或稳定塔、脱戊烷塔、常压分馏塔) 冷凝冷却器,蒸汽汽提塔 (或稳定塔、脱戊烷塔、常压分馏塔) 回流罐,蒸汽汽提塔 (或稳定塔、脱戊烷塔、常压分馏塔) 回流泵,蒸汽汽提塔 (或稳定塔、脱戊烷塔、常压分馏塔、减压分馏塔、第二减压分馏塔) 底泵,第一侧线汽提塔 (第二侧线汽提塔) 塔底重沸器,轻石脑油 (重石脑油、煤油、柴油、减压分馏塔底油、第二减压分馏塔塔底油) 换热器、冷却器、蒸汽发生器,减压分馏塔或第二减压分馏塔塔顶抽空器、冷凝器、气液分离器等。

典型的液体产品有轻石脑油、重石脑油、喷气燃料 (煤油)、柴油、未转化油。

(3) 液化石油气回收部分

从石脑油分馏塔塔底产品中引出一股作吸收油,进轻烃吸收塔,吸收来自气体脱硫塔塔顶气、脱乙烷塔塔顶气及轻烃吸收塔塔底液的闪蒸气中所含的液化石油气组分,吸收油经脱乙烷塔再次分离后与石脑油汽提塔塔底液混合进入脱丁烷塔,脱丁烷塔塔顶得到液化石油气,脱丁烷塔塔底液进入石脑油分馏塔,分离轻、重石脑油。

(4) 气体分馏部分

脱硫液化石油气经换热至进料温度后进入脱丙烷塔,脱丙烷塔塔顶气经冷凝、冷却后进入脱丙烷塔塔顶回流罐,在罐中分离出塔顶干气,回流罐中冷凝液经脱丙烷塔回流泵升压后全部进入脱丙烷塔塔顶回流。丙烷馏分自脱丙烷塔侧线抽出流入丙烷汽提塔,汽提后气相由丙烷汽提塔塔顶返回脱丙烷塔侧线抽出塔板上方,丙烷汽提塔塔底丙烷产品出装置去工厂罐区或去制氢装置作原料,脱丙烷塔塔底物料经换热至进料温度后进入脱异丁烷塔,脱异丁烷塔塔顶气经冷凝进入回流罐,回流罐冷凝液经脱异丁烷塔塔顶回流泵升压,一部分进入塔顶回流,一部分作为异丁烷产品 (或烷基化装置原料) 出装置去工厂罐区,脱异丁烷塔塔底产品正丁烷出装置去工厂罐区或去制氢。

(5) 气体和液化石油气脱硫部分

气体脱硫可划分为低分气脱硫和干气脱硫。低分气脱硫:从冷低分出来的含硫低分气进入低分气脱硫塔底部,贫胺液进入低分气脱硫塔顶部,逆流接触后,低分气脱硫塔顶部得到脱硫后低分气,低分气脱硫塔底部为富胺液,去溶剂再生;低分气脱硫部分需配套贫胺液升压泵、贫胺液缓冲罐及贫胺液泵。气体脱硫包括石脑油汽提塔塔顶气+主汽提塔塔顶气 (或脱戊烷塔塔顶气,或脱丁烷塔塔顶气) 脱硫,石脑油汽提塔塔顶气+主汽提塔塔顶气 (或脱戊烷塔塔顶气,或脱丁烷塔塔顶气) +

低分气脱硫等。含硫气体进入气体脱硫塔底部，贫胺液进入气体脱硫塔顶部，逆流接触后，气体脱硫塔顶部得到脱硫后气体，气体脱硫塔底部为富胺液，去溶剂再生；气体脱硫部分需配套贫胺升压泵、贫胺液缓冲罐及贫胺液泵。

（6）溶剂再生部分

从低分气脱硫塔塔底、气体脱硫塔塔底和液化石油气脱硫塔塔底来的富胺液进入闪蒸罐，将富胺液中溶解的部分含硫油气分离出来，闪蒸后的富胺液进入溶剂再生塔，塔顶气体经溶剂再生塔塔顶空冷器和再生塔塔顶冷凝器冷凝后进入溶剂再生塔塔顶回流罐分离，酸性气送硫黄回收装置，溶剂再生塔塔底由重沸器供热，所得贫溶剂泵送至低分气脱硫塔、气体脱硫塔和液化石油气脱硫塔循环使用。

3.3.5 煤焦油联合加氢裂化处理工艺

陈松等[69]研究了 XSun 煤焦油联合加氢裂化工艺及技术，其流程图见图 3-32。

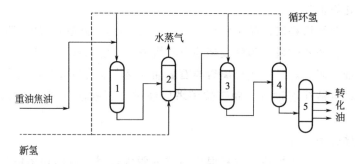

图 3-32　XSun 优化的生产化工原料的煤焦油联合加氢裂化工艺流程图
1—精制反应器；2—热蒸汽提器；3—裂化反应器；4—分离器；5—分馏系统

该技术特别适于以低值的劣质蒽油重馏分为原料，不仅可以获取车用燃料油如柴油馏分，而且能多产轻质石脑油和轻质溶剂油，且后者可用于生产高标号汽油；XSun 煤焦油联合加氢裂化技术显示了极大的生产灵活性，通过选择专用煤焦油联合加氢裂化催化剂，仅通过改变生产过程中的操作温度，就可以调控不同产品的产率分布，实现最大量轻油生产和最大量中间馏分油生产，使企业可以按照市场需求和市场利润最大化的方式生产。

3.4　加氢裂化反应动力学

3.4.1　馏分油加氢裂化反应动力学

研究石油馏分加氢裂化这种复杂反应体系的动力学规律时，面临两个方面的问题：一是各种可逆、平行及顺序反应的同时存在，使反应体系各组分之间强偶联；

二是参与反应的组分数多至成千上万种。为了解决这些矛盾，有两种常用方法：一是选择适当的单体模型化合物，研究其反应规律并建立相应的机理动力学模型；二是将大量的化合物按其动力学性质分成若干个虚拟（集总）组分，然后根据这些集总组分在加氢裂化反应中的变化，建立相应的过程动力学模型。

加氢裂化反应工程中，大量的工作都集中在研究这一重要工艺过程的复杂化学反应、动力学以及工艺参数对操作的影响。对于气、液、固多相催化反应来说，整个反应过程由一系列串联的物理和化学步骤组成，对馏分油加氢裂化而言，绝大多数条件下，表面反应是这一系列步骤中的控制步骤。在实际的工程应用中，完整的加氢裂化数学模型还应考虑热平衡、滴流床的传质与传热特性、催化剂的中毒与失活等影响因素[1]。

馏分油的加氢裂化反应是由大量的不同分子经历一系列平行、顺序反应所组成的极为复杂的反应动力学网络。对于这样的复杂反应动力学网络，试图从分子的角度来研究几乎是不可能的。Hou 和 Sarille 等[70,71] 借助高性能的计算机从分子的角度分析正十六烷的动力学行为，在适量的简化后，所建模型仍含有 361 个物种及 622 个反应。

为了研究这种极为复杂的反应动力学过程，往往采用一些简化的动力学模型。对加氢裂化反应而言，文献上不断报道出很具创意的各种动力学模型。这些模型基本上可划分为两类：一类是以经验关联式为基础的关联模型，另一类是以一定的反应机理为基础并对反应物分子按其结构和反应类型进行分类简化的集总反应动力学模型。近年来随着人们对加氢裂化反应过程的进一步深入了解及大型分析仪器和计算机科学的发展，又出现了一些新的建模方法，如化学结构法[72]、Monte Carlo 法[73] 及 Delplot 法[74] 等。但这类模型目前均处于发展阶段，尚不具备应用于开发实用的加氢裂化动力学模型的条件，一方面是由于这些方法的理论本身仍处于发展阶段，是不完整的，很难照顾到实际应用中的各种影响因素；另一方面是由于这类方法往往依赖于大型分析仪器所提供的数据，从而限制了数据来源[1]。

3.4.2　煤焦油加氢裂化反应动力学

李伟林等[75] 研究了煤焦油重油馏分加氢裂化反应动力学规律，在 100mL 快速升温高压釜反应器内，采用高效分散铁系加氢裂化催化剂，在氢初压 10MPa、搅拌转速 350r/min、反应温度 430～460℃的条件下，进行了不同反应时间下新疆热解焦油＞325℃重油馏分的加氢催化裂化反应试验。结果表明，焦油重油加氢裂化反应具有明显的连串反应特征，随转化率增大，氢耗、气产率、油产率逐渐增大，最大值分别为 2.7%、8.3%和 87.0%。随转化率增大，气产率选择性持续增大，油产率选择性先增大后减小，转化率为 57.2%时油产率达到最大（91.5%），说明连串反应后期，部分油产物继续裂解生成了气体产物，因此要控制反应深度。

他们使用一级反应动力学模型很好地描述了焦油重油的催化加氢裂化反应特性，计算得到 $E_a = 434.7kJ/mol$，高于渣油的加氢裂化活化能。分散型的铁系催化剂起到了提供活化氢原子、稳定自由基的作用，焦油重油反应更多属于热活化过程。

参考文献

[1] 方向晨.加氢裂化工艺与工程 [M].2 版.北京：中国石化出版社，2016.

[2] 李香兰，梁晓泽，阎效德，等.用 GC-MS 对平朔煤 IHR 低温热解煤焦油组成的分析 [J].煤炭转化，1998，21（2）：1496-1499.

[3] 姚婷，宗志敏，袁南华，等.徐州圣戈班高温煤焦油的分离和 GC/MS 分析 [J].武汉科技大学学报，2009，32（6）：648-653.

[4] 朱影.煤焦油轻质组分的分析与分离 [D].徐州：中国矿业大学，2014.

[5] 史权，徐春明，张亚和，等.低温煤焦油分子组成与加氢转化 [J].中国科学：化学，2018，48（04）：397-410.

[6] 吴建民，孙启文，张宗森，等.费托合成油品加氢裂化异构化反应的热力学 [J].化学工程，2014，42（3）：33-38.

[7] Frye C. G. . Equilibria in the Hydrogenation of Polycyclic Aroma-tics [J]. Journal of Chemical and Engineering Data，1962，7（4）：592-595.

[8] Frye C. G. ，Weitkamp A. W. . Equilibrium Hydrogenations of Multi-Ring Aromatics [J]. Journal of Chemical and Engineering Data，1969，14（3）：372-376.

[9] Antonymuthu Stanislaus，Barry H. . Cooper. Aromatic hydrogenation catalysis：a review [J]. Catalysis Reviews，1994，36（1）：75-123.

[10] 朱洪法.催化剂载体制备及应用技术 [M].北京：石油工业出版社，2002.

[11] Charles N. S. . Hetrogeneous Catalysis in Pratice [M]. McGraw-Hill book Company，130.

[12] Charles N. Satterfield，Selahattln Giiltekln. Effect of hydrogen sulfide on the catalytic hydro-denitrogenation of quinolone [J]. Chemical & Engineering News，1981，20（1）：62-68.

[13] Wendell H. Wiser，Surjit Singh，Shaik A. Qader，et al. Hill Catalytic hydrogenation of multiring aromatic coal tar constituents [J]. Chemical & Engineering News，1970，9（3）：350-357.

[14] Huibin Yang，Yachun Wang，Hongbo Jiang，et al. Kinetics of Phenanthrene Hydrogenation System over Co-Mo/Al$_2$O$_3$ Catalyst [J]. Industrial & Engineering Chemistry Research，2014，53：12264-12269.

[15] Arunas T. Lapinas，Michael T. Klein，Bruce C. Gates. Catalytic Hydrogenation and Hydrocracking of Fluoranthene：Reaction Pathways and Kinetics [J]. Industrial & Engineering Chemistry Research，1987，26（5）：1026-1033.

[16] Arunas T. Lapinas，Michael T. Klein，Bruce C. Gates. Catalytic hydrogenation and hydrocracking of fluorene：Reaction Pathways，Kinetics，and Mechanisms [J]. Industrial & Engineering Chemistry Research，1991，30（1）：42-50.

[17] Gates B. C. ，徐晓等合译.催化过程的化学 [M].北京：化学工业出版社，1995.

[18] 陈俊武.催化裂化工艺与工程 [M].2 版，北京：中国石化出版社，2005.

[19] Qader S. A. ，Hill G. R. . Catalytic Hydrocracking. Mechanism of Hydrocracking of Low Temperature Coal Tar [J]. Chemical & Engineering News，1969，8（4）：456-461.

[20]　韩崇仁.加氢裂化工艺与工程 [M].北京：中国石化出版社，2006.

[21]　Jens Weitkamp. The Influence of Chain Length in Hydrocracking and Hydroisomerization of *n*-Alkanes [J]. Hydrocracking and Hydrotreating，Chapter 1，1975，1-27.

[22]　Coonradt H. L.，Garwood W. E.. Mechanism of Hydrocracking. Reactions of Paraffins and Olefins [J]. Chemical & Engineering News，1964，3（1）：38-45.

[23]　Burnens G.，Bouchy C.，Guillon E.，et al. Hydrocracking reaction pathways of 2，6，10，14-tetramethylpentadecane model molecule on bifunctional silica-alumina and ultrastable Y zeolite catalysts [J]. Journal of Catalysis，2008，282：145-154.

[24]　张世万，徐东升，周霞萍，等.煤焦油加氢裂化反应及其催化剂的研究 [J]. 现代化工，2011，31（11）：73-77.

[25]　王永刚，张海永，张培忠，等. NiW/γ-Al$_2$O$_3$ 催化剂的低温煤焦油加氢性能研究 [J]. 燃料化学学报，2012，40（12）：1492-1497.

[26]　Zhang Haiyong，Wang Yonggang，Zhang Peizhong，et al. Preparation of NiW catalysts with alumina and zeolite Y for hydroprocessing of coal tar [J]. Journal of Fuel Chemistry and Technology，2013，41（9）：1085-1091.

[27]　Meyers RA. Handbook of Petroleum refining processes. [M]. 3rd edn. New York：McGrw-Hill，2003.

[28]　许越主编. 催化剂设计与制备工艺 [M].北京：化学工业出版社，2003.

[29]　Liang Wang，Baojian Shen，Fang Fang，et al. Upgrading of light cycle oil via coupled hydrogenation and ring-opening over NiW/Al$_2$O$_3$-USY catalysts [J]. Catalysis Today，2010，158：343-347.

[30]　Zimmer H.，Paal Z.. Reactions of alkylcyclopentanes over pt catalysts [J]. Journal of Molecular Catalysis A-chemical. 1989，51（3）：261-278.

[31]　Walter C. G.，Coq B.，Figueras F.，et al. Competitive reaction of methylcyclohexane and *n*-hexane over alumina-supported platinum，iridium and ruthenium catalysts [J]. Applied Catalysis A General，1995，133（1）：95-102.

[32]　Carter J. L.，Cusumano J. A.，Sinfelt J. H.. Catalysis over Supported Metals. V. The Effect of Crystallite Size on the Catalytic Activity of Nickel [J]. The Journal of Chemical Physics，1996，70（7）：2257-2263.

[33]　Maxwell I. E.. Zeolite catalysis in hydroprocessing technology [J]. Catalysis Today，1987，1（4）：385-413.

[34]　Karima Ben Tayeb，Carole Lamonier，Christine Lancelot，et al. Study of the active phase of NiW hydrocracking sulfided catalysts obtained from an innovative heteropolyanion based preparation [J]. Catalysis Today，2010，150（3-4）：207-212.

[35]　Corma A.，Martinez A.，Martinez-Soria V.，et al. Hydrocracking of vacuum gasoil on the novel mesoporous MCM-41 aluminosilicate catalyst [J]. Catalysis Today，1995，153（1）：25-31.

[36]　Lu Li，Kejing Quan，Junming Xu，et al. Liquid hydrocarbon fuels from catalytic cracking of rubber seed oil using USY as catalyst [J]. Fuel，2014，123：189-193.

[37]　李大东主编. 加氢处理工艺与工程 [M].北京：中国石化出版社，2004.

[38]　Arribas M. A.，Concepción P.，Martinez A.. The role of metal sites during the coupled hydrogenation and ring opening of tetralin on bifunctional Pt（Ir）/USY catalysts [J]. Ap-

plied Catalysis A: General, 2004, 267: 111-119.

[39] Rodrguez-Castellon E., Daz L., Braos-Garca P., et al. Nickel-impregnated zirconium-doped mesoporous molecular sieves as catalysts for the hydrogenation and ring-opening of te-tralin [J]. Applied Catalysis A: General, 2003, 240: 83-94.

[40] Rodriguez-Castellon E., Merida-Robles J., Diaz L., et al. Hydrogenation and ring opening of tetralin on noble metal supported on zirconium doped mesoporous silica catalysts [J]. Applied Catalysis A: General, 2004, 260: 9-18.

[41] Henrik TopsØe, Bjerne S. Clausen. Importance of Co-Mo-S type structures in hydrodesulfurization [J]. Catalysis Reviews, 1984, 26: 395-420.

[42] Guoqi Cui, Jifeng Wang, Hongfei Fan, et al. Towards understanding the microstructures and hydrocracking performance of sulfided Ni-W catalysts: Effect of metal loading [J]. Fuel Processing Technology, 2011, 92: 2320-2327.

[43] 曲良龙, 建谋, 石亚华, 等. F 在硫化态 $NiW/\gamma-Al_2O_3$ 催化剂中的作用 [J]. 催化学报, 1998, 19 (6): 608-609.

[44] Benfiez A., Ramfiez J., Fierro J. L. G., et al. Effect of fluoride on the structure and activity of $NiW/\gamma-Al_2O_3$ catalysts for HDS of thiophene and HDN of pyridine [J]. Applied Catalysis A: General, 1996, 144: 343-364.

[45] Hee-Jun Eom, Dae-Won Lee, Seongmin Kim, et al. Hydrocracking of extra-heavy oil using Cs-exchanged phosphotungstic acid ($CsxH_3$-$xPW_{12}O_{40}$, $x=1\sim3$) catalysts [J]. Fuel, 2014, 126: 263-270.

[46] Yandan Wang, Baojian Shen, Liang Wang, et al. Effect of phosphorus modified USY on coupled hydrogenationand ring opening performance of $NiW/USY+Al_2O_3$ hydro-upgrading catalyst [J]. Fuel Processing Technology, 2013, 106: 141-148.

[47] 陈洪林, 申宝剑, 潘惠芳. ZSM-5/Y 复合分子筛的酸性及其重油催化裂化性能 [J]. 催化学报, 2004, 25: 715-720.

[48] Grzechowiak J. R., Rynkowski J., Wereszczako-Zielin͂ska I.. Catalytic hydrotreatment on alumina-titania supported NiMo sulphides [J]. Catalysis Today, 2001, 65 (2-4): 225-231.

[49] Maity S. K., Ancheyta J., Mohan S. Rana, et al. Alumina-Titania Mixed Oxide Used as Support for Hydrotreating Catalysts of Maya Heavy Crude Effect of Support Preparation Methods [J]. Energy & Fuels, 2006, 20: 427-431.

[50] Cecílio A. A., Pulcinelli S. H., Santilli C. V., et al. Improvement of the Mo/TiO_2-Al_2O_3 Catalyst by the Control of the Sol-Gel Synthesis [J]. Journal of Sol-Gel Science and Technology, 2004, 31 (1-3): 87-93.

[51] Jorge Ramirez, Luis Cede n͂o, Guido Busca. The Role of Titania Support in Mo-Based Hydrodesulfurization Catalysts [J]. Journal of Catalysis, 1999, 184 (1): 59-67.

[52] Jolanta R. Grzechowiak, Iwona Wereszczako-Zielińska, Karolina Mrozińska. HDS and HDN activity of molybdenum and nickel-molybdenum catalysts supported on alumina-titania carriers [J]. Catalysis Today, 2007, 119 (1-4): 23-30.

[53] Aijun Duan, Ruili La, Guiyuan Jiang, et al. Chung. Hydrodesulphurization performance of NiW/TiO_2-Al_2O_3 catalyst for ultra clean diesel [J]. Catalysis Today. 2009, 140 (3-4): 187-191.

[54]　Laniecki M., Ignacik M.. Water-gas shift reaction over sulfided molybdenum catalysts supported on TiO_2-ZrO_2 mixed oxides: Support characterization and catalytic activity [J]. Catalysis Today, 2006, 116 (3): 400-407.

[55]　Kosaku Honna, Yasuyuki Araki, Toshiyuki Enomoto, et al. Titanium Modified USY Zeolite-based Catalysts for Hydrocracking Residual Oil (Part 1) Preparation and Activity Test of Molybdenum Supported Catalysts [J]. Journal of the Japan Petroleum Institute, 2003, 46 (4): 249-258.

[56]　朱立，周亚松，魏强，等. Zr 改性对 NiW/γ-Al_2O_3 催化剂加氢性能的影响 [J]. 化工学报，2013, 64 (7): 2474-2479.

[57]　Oliver Y. Gutiérreza, Diego Valenciaa, Gustavo A. Fuentesb, et al. Mo and NiMo catalysts supported on SBA-15 modified by grafted ZrO_2 species: Synthesis, characterization and evaluation in 4,6-dimethyldibenzothiophene hydrodesulfurization [J]. Journal of Catalysis, 2007, 249 (2): 140-153.

[58]　Shelu Garg, Kapil Soni, Muthu Kumaran G., et al. Effect of Zr-SBA-15 support on catalytic functionalities of Mo, CoMo, NiMo hydrotreating catalysts [J]. Catalysis Today, 2008, 130 (2-4): 302-308.

[59]　Diego Valencia, Tatiana Klimova. Effect of the support composition on the characteristics of NiMo and CoMo/(Zr) SBA-15 catalysts and their performance in deep hydrodesulfurization [J]. Catalysis Today, 2011, 166 (1): 91-101.

[60]　杨加可，左童久，鲁玉莹，等. NiMo/Al_2O_3-USY 催化剂上中低温煤焦油加氢裂化性能研究 [J]. 燃料化学学报，2019, 47 (09): 1053-1066.

[61]　高歌，王志永，周蓉，等. Co-Mo/USY 催化剂的制备及煤焦油加氢裂化性能研究 [J]. 石油炼制与化工，2015, 46 (11): 56-61.

[62]　胡发亭. 煤焦油加氢裂化复合型催化剂开发及活性评价 [J]. 洁净煤技术，2018, 24 (03): 63-67.

[63]　Tina Swangphol, Morgan McCauley, Michael Hu, et al. A Bold Move in Hydrocracking Catalyst Selection Resulted in a Significant Boost in Hydrocracker Margins [C]. NPRA Annual Meeting, San Diego, CA, 2008, AM-08-92.

[64]　Dahlberg A. J., Habib M. M., Howell R. L., et al. Process and Catalyst Innovations in Hydroprocessing for Minimum Capital Solutions in Fuels Production [C]. presentation to PETEM conference. 2002, 5: 85-97.

[65]　Light S. D., et al. HydroCarbon Processing, 1981, 60 (5): 93-95.

[66]　Bridge A. G., Mukherjee U. K.. Isocracking-Hydrocracking for Superior Fuels and Lube Production [J]. Handbook of Petroleum Refining Processes, 3rd ed., RA Meyers ed, 2003: 21-23.

[67]　Lawrence R., Myers D., Gala H., et al. Hydrocracking technology innovations for seasonal and economic flexibility [C]. NPRA Annual Meeting, AM-10-144, Phoenix, AZ, USA, 2010.

[68]　Bonald B. A.. Innovation hydrocracking applications for conversion of heavy feedstocks [C]. NPRA Annual Meeting, Texas, San Antonio, 2007.

[69]　陈松，许杰，方向晨. 煤焦油联合加氢裂化处理工艺及其专用催化剂 [J]. 现代化工，2009, 29 (03): 64-67+69.

［70］ Hou G. , Mizan T. I. , Klein M. T. . Computer-assisted kinetic modeling of hydroprocessing ［J］. Preprints-American Chemical Society Division of Petroleum Chemistry，1997，42（3）：670-673.

［71］ Sarille Bradley A. , Gray Murray R. , Tam Yun K. . Evidence for Lidocaine-Induced Enzyme Inactivation ［J］. Science Direct，1989，78（12）：1003-1008.

［72］ Gray M. R. . Lumped kinetics of structural groups：hydrotreating of heavy distillate ［J］. Industrial & engineering chemistry research，1990，29（4）：505-512.

［73］ Neurock Matthew, Libanati Cristian, Nigam Abhash, et al. Monte carlo simulation of complex reaction systems：molecular structure and reactivity in modelling heavy oils ［J］. Neurock Matthew；Libanati Cristian；Nigam Abhash；Klein Michael T. ，1990，45（8）.

［74］ Qader S. A. , SA Q. , DB M. . Hydrocracking of Polynuclear Aromatic Hydrocarbons over Mordenite Catalysts ［J］. 1973.

［75］ 李伟林，黄澎，赵渊，等. 煤焦油重油馏分加氢裂化反应动力学 ［J］. 洁净煤技术，2018，24（03）：40-45.

第4章

煤焦油加氢脱氮

4.1 煤焦油中的含氮化合物及其危害

4.1.1 煤焦油中含氮化合物分类

煤焦油及其馏分中的含氮化合物主要分为两类：非杂环类和杂环类化合物。杂环化合物主要包括吡啶类、吡咯类、喹啉类、吲哚类、咔唑类等，一般为五元环或六元环，结构较稳定，加氢反应分多步进行；非杂环化合物主要是脂肪族类和苯胺类。相较杂环类含氮化合物，非杂环类含氮化合物中的氮原子比较容易脱除，加氢主要是脱除胺基团，表4-1示出了几种典型的含氮化合物。按酸碱性质可以把含氮化合物分为碱性含氮化合物和非碱性含氮化合物[1]。六元环吡啶类化合物中氮原子上的孤对电子不参与大π键的形成，电子云密度低于苯，有较强的碱性，容易吸附在催化剂的酸性位上，对催化剂的危害比较大。而五元环吡咯类化合物中氮原子上的孤对电子参与了大π键的形成，电子云密度比较大，碱性较弱。非碱性有机含氮化合物的氮元素是最难脱除的[2]。

表 4-1 典型的含氮化合物

化合物名称		化学式	结构式
非杂环类含氮化合物	苯胺	C_6H_7N	
五元环含氮化合物	吲哚	C_8H_7N	
	吡咯	C_4H_5N	
	咔唑	$C_{12}H_9N$	

化合物名称		化学式	结构式
六元环含氮化合物	吡啶	C_5H_5N	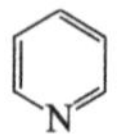
	哌啶	$C_5H_{11}N$	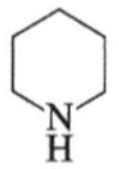
	喹啉	C_9H_7N	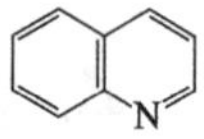
	四氢喹啉	$C_9H_{11}N$	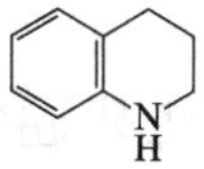

杂环含氮化合物在 C—N 键氢解之前，必须进行杂环加氢饱和，即使是苯胺类非杂环含氮化合物，C—N 键氢解之前，芳环也要先进行饱和[2,3]。在加氢脱氮反应过程中，因饱和程度不同而产生众多含氮中间化合物，所以氮化物的转化率和脱氮率是不同的。不同类型的含氮化合物加氢脱氮反应活性顺序如下：

① 单环含氮化合物的加氢活性顺序：

吡啶＞吡咯≈苯胺，且杂环和苯胺比苯环加氢容易得多。

② 多环杂环含氮化合物中，杂环（五元、六元）的加氢活性顺序如下：

三环＞双环＞单环。苯环的存在提高了杂环的加氢活性，且在杂环含氮化合物中，杂环的加氢活性比芳环的高得多。

③ 所有芳环（包括单环、双环和三环）与氮相连生成的 C—N 键被芳环强化了，因此，该键在氢解前，通常需要先进行芳环的加氢饱和。

④ 单环饱和杂环含氮化合物 C—N 键氢解活性如下：

五元环＞六元环＞七元环。

4.1.2 含氮化合物的危害

① 加氢精制、催化裂化过程中，原料油品中的碱性含氮化合物易吸附在催化剂酸性活性位上，会导致催化剂活性、选择性下降，甚至会造成中毒、失活。

② 煤焦油中含氮化合物呈现一定的酸、碱性，与金属容器壁发生反应，会加速储存及加工设备的腐蚀进度。

③ 油品加氢精制过程中，含氮化合物对加氢脱硫、加氢脱芳烃等过程产生强烈的抑制作用。

④ 含氮化合物会降低油品质量，容易导致油品不安定，静止一段时间颜色会变深，易生成胶质产生沉淀。

⑤ 含氮化合物在油品燃烧过程中与空气中氧气反应会生成 NO_x（氮氧化合物，包括 N_2O、NO、NO_2、N_2O_3、N_2O_4、N_2O_5 等）。NO_x 是大气的主要污染物之一，不仅会破坏臭氧层，容易造成酸雨、酸雾，而且还能与碳氢化合物形成光化学烟雾。

⑥ 大多 NO_x 是有毒气体，严重危害人类的呼吸系统。空气中 NO_2 浓度达到 $9.4mg/m^3$ 时，暴露 10 分钟，就会使人的呼吸系统失调，引起支气管炎和肺气肿等疾病；NO 则能导致人的中枢神经瘫痪和痉挛[4]。

4.2　脱氮技术

随着轻质油储量的减少，重质油及氮含量更高的煤基液体燃料的清洁利用成为必然。油品中含氮化合物的存在会使催化裂化、加氢裂化和加氢精制过程的催化剂失活，因此研究油品脱氮的技术和方法受到越来越广泛的关注。

长期以来，国内外学者对油品脱氮的技术和方法做了大量研究。根据过程中是否使用 H_2 将油品脱氮分为两大类：一是加氢脱氮（HDN），二是非加氢脱氮。其中，非加氢脱氮又包括配合脱氮、吸附脱氮、萃取脱氮、微波脱氮、生物脱氮、酸精制脱氮及组合法脱氮。

4.2.1　加氢脱氮技术

加氢脱氮（HDN）就是在高温、高压、有催化剂的条件下，将原料油中的含氮化合物经过加氢反应转化成无机氨和烃类。同时，加氢能脱除原料油中的硫、氮、氧等杂原子，使烯烃、芳烃选择性加氢饱和，而对烃类的结构影响较小，并能脱除金属和沥青等杂质，降低油品的腐蚀性及对催化剂的危害性，提高油品的安定性，经过裂化等处理得到优质、环保的油品。

加氢脱氮具有工艺简单、操作方便、处理原料广、液体收率高、产品颜色浅等特点。HDN 是目前应用最广泛的脱氮方法，此方法工艺比较成熟[5,6]。油品 HDN 是氮以 NH_3 的形式释放脱除。油品 HDN 技术分为深度加氢和浅度加氢两种。一般加氢催化剂脱氮率只有 $10\%\sim25\%$，采用特种加氢精制催化剂脱氮率也只能达到 $70\%\sim75\%$[7]，因而需要深度加氢。但是深度加氢过程中，提高了烯烃的饱和度，使部分萘系烃加氢生成四氢萘，使油品的安定性下降，油品的品质变差。而且深度加氢精制耗氢量大，制氢和加氢装置投资大，致使加氢的生产成本高。

4.2.2　含氮化合物加氢脱氮反应

（1）非杂环含氮化合物加氢脱氮反应

$$R-NH_2 + H_2 \longrightarrow RH + NH_3$$

煤焦油中非杂环含氮化合物含量比较少，氨基是键能较弱的基团，易断裂。

（2）杂环含氮化合物加氢脱氮反应

喹啉是煤焦油馏分中含量最多的含氮化合物，以喹啉为模型化合物，给出杂环含氮化合物的加氢脱氮反应途径，如图 4-1 所示。氮的脱除可分为杂环加氢和 C—N 键氢解两个步骤[1]。

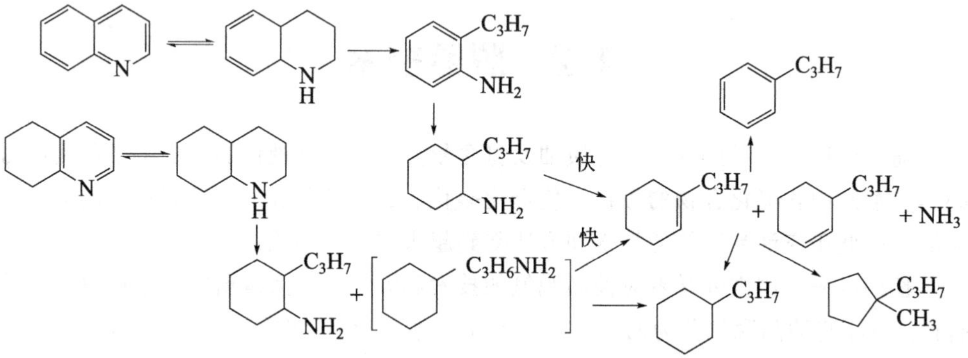

图 4-1　喹啉加氢脱氮反应途径

4.2.3　非加氢脱氮技术

非加氢脱氮技术包括配合、吸附、萃取、生物、微波、酸精制和组合脱氮等[7~9]。

（1）配合脱氮

根据 Lewis 酸碱理论，酸是电子受体，碱是电子给予体。它们遵循软酸与软碱结合，中性碱与软、硬酸均能结合的规则。选用过渡金属化合物作为配合剂，利用金属原子核外 d 空轨道或空轨道与含孤对电子的氮原子形成配合物，再通过溶剂萃取的手段使油品分离，进而达到含氮化合物的脱除目的。

配合剂一般为过渡金属盐，用量较少，脱除效果好，但是不能与油品直接作用，需要以适当比例溶解在有机溶剂中使用。由于原料组分的复杂性，难以分离溶解在产物中的配合物，会造成油品质量下降，因此也限制了配和脱氮法在工业中的应用。

（2）吸附脱氮

吸附脱氮法就是利用吸附剂对极性化合物较强的吸附作用，脱除油品中的含氮化合物及其他含硫、含氧极性化合物。常用的吸附剂主要有分子筛、黏土、白土、漂白土、硅胶、氧化铝和活性炭等。油品经吸附后，其中的含氮化合物能得到有效的脱除，而且其颜色及安定性有较大的改善。

通常吸附剂的脱除能力较小，当油品处理量较大时，则需要大量吸附剂，而处理过程中自动化程度低、操作繁重、吸附剂循环分离难，这些缺点限制了吸附脱氮法在工业生产中的运用。

（3）萃取脱氮

根据相似相溶原理，利用溶质在两种互不相溶或部分相溶的液体间分配性质的不同，用具有选择性的溶剂把油品中的非理想组分萃取出来，达到液体混合物分离、提纯的目的。根据溶质分配相不同萃取可分为液固萃取、有机溶剂萃取、超临界萃取等。先采用无机酸（硝酸、硫酸等）或有机酸与碱性含氮化合物反应，生成不溶于油的盐类，两相分层，分液过滤，再通过碱洗中和提高油品的安定性。常用的萃取剂有甲醇、糠醛以及二甲基甲酰胺（DMF）等。

一般溶剂的萃取脱氮选择性比较差，不仅可脱除含氮化合物，而且还可脱除胶质，多环芳烃以及含氧、含硫等极性化合物，导致精制油品收率明显下降；酸洗、碱洗会导致副反应增多、胶质上升、颜色变坏等一系列问题，还会造成酸、碱液的浪费以及反应设备的腐蚀；由于彻底分离溶剂能耗大，因而萃取脱氮适合油品或原料的初步脱氮，只适于对碱性氮脱除率要求不高的情形，不能进行深度脱氮精制。

（4）生物脱氮

生物脱氮采用可降解芳香性有机化合物的微生物，降解产物连续排出，可脱除油品中喹啉类含氮杂环化合物。假单细胞菌种可以选择性地脱除喹啉组分中的 N 原子，同时能保留喹啉的碳氢骨架不被破坏，具有其他脱氮方式不能达到的优点。

目前，具备选择性脱氮功能的菌种有杆状菌、分枝杆菌和沙雷氏菌等。煤焦油组分十分复杂，含有多种对微生物有毒害作用的物质，如酚类、卤多环芳烃类、烯烃类、酯类、醛类、重金属离子等。因此，如何有效降低油品中有毒物质对微生物的影响和培养抗毒能力强的微生物，成为油品生物脱氮的关键。

（5）微波脱氮

微波对化学反应的作用有热效应和非热效应。热效应是微波能够对反应物加热，通过电磁场对反应分子直接产生作用而对化学反应速率产生影响。而非热效应是电磁场对反应分子间行为直接产生作用，通过调节微波强度、频率、方式等控制化学反应途径与强度，进而影响脱氮反应程度[7]。与常规脱氮法相比，微波法具有工艺简单、操作方便、反应时间短、效率高等优点，但是目前该法仍处于实验研究阶段。

（6）酸精制脱氮

酸精制是根据含氮原子的化合物多呈碱性，利用酸碱中和的方法将其脱除。酸精制一般常用盐酸、硫酸、磷酸等无机酸，这些酸会腐蚀设备、污染环境，因此酸精制工艺的推广受到限制。

(7) 组合脱氮

油品的成分比较复杂，用单一的非加氢脱氮方法往往不能满足油品应用的要求。而组合法脱氮把吸附脱氮、萃取脱氮等简单工艺有机地融合在一起，以期实现油品的高效脱氮和高收率。相对于单一脱氮手段而言，其工艺更加复杂，成本较高，适合于除需脱氮外，还具有其他精制要求的场合。

4.3 加氢脱氮反应原理

4.3.1 加氢脱氮反应的热力学

C═N 键能比 C—N 键能大一倍，在实际 HDN 反应过程中 C—N 键氢解前含氮原子的杂环必须先加氢饱和，加氢反应的平衡状态可能影响 HDN 速率；若反应网络中杂环加氢是 HDN 反应的速率控制步骤，被加氢的杂环含氮化合物一生成就会反应掉，加氢反应不会达到平衡，因此加氢反应的平衡位置（反应条件下的平衡浓度）不影响总的 HDN 速率；反之，若 C—N 键的氢解是反应速率控制步骤，则杂环加氢反应可能达到平衡，这时杂环加氢含氮化合物的浓度取决于平衡位置，这种情况下总的 HDN 速率就是 C—N 键的氢解反应速率，它既与反应速率常数（反应温度的函数）有关，也与饱和含氮化合物的浓度（受环加氢平衡状态支配）有关[10~12]。

杂环含氮化合物的 HDN 反应包括环加氢和 C—N 键氢解等一系列反应步骤。其中，环加氢为放热反应，而 C—N 键氢解为吸热反应。从热力学角度看，升高温度对环加氢反应是不利的，而热力学对总 HDN 的影响取决于反应网络不同反应步骤的反应动力学。在较低的反应温度下操作，平衡有利于环加氢反应，但此时氢解反应速率较低，总的 HDN 速率也较低。随着反应温度升高，一方面，氢解速率常数提高，有利于 HDN 速率提高；另一方面，加氢反应平衡常数下降，由平衡常数决定的氢解反应物（环加氢产物）的浓度减小，从而导致总的 HDN 速率下降。因此，随着反应温度的升高，总的 HDN 速率（或总的脱氮率）必定会出现一个最高点。此最高点之前，HDN 由动力学控制，之后由热力学控制。

就化学平衡而言，压力只影响反应前后摩尔数有变化的反应，而总的 HDN 反应前后摩尔数没有变化，提高压力不会改善脱氮反应的平衡。但是环饱和反应是可逆反应，而且是耗氢的，提高压力有利于平衡右移。为了得到令人满意的脱氮率，往往采用较高的反应温度和压力，前者是为了提高氢解反应速率常数，后者是为了提高杂环含氮化合物加氢产物浓度。

4.3.2　含氮化合物的加氢脱氮反应网络

HDN 可能涉及三类反应：杂环加氢饱和、芳环加氢饱和 C—N 键氢解。以下分别介绍非杂环类化合物、五元杂环含氮化合物和六元杂环含氮化合物的 HDN 反应。

（1）非杂环类化合物的 HDN 反应

① 苯胺的 HDN 反应。胺类化合物的 HDN 比五元和六元杂环含氮化合物的 HDN 要容易得多。苯胺类化合物几乎是所有氮环化合物 HDN 反应的中间产物，例如喹啉、吲哚等，因此苯胺类的脱氮反应经常被认为是反应网络中最重要的一步。

苯胺类含氮化合物氨基上的孤对电子和芳环之间存在共轭效应，使得其结构较为稳定，在 C—N 键断裂前须经过苯环加氢以减小共轭效应。如图 4-2 所示，苯胺的 HDN 反应主要是先加氢生成环己烷胺，然后环己烷胺迅速脱氮生成环己烯，环己烯进一步加氢生成环己烷[12]。有报道称，苯胺也可以不经过对苯环加氢而直接脱氮[13]。苯胺的碱性比苯大，苯胺在催化剂上的吸附能力比苯强，从而强烈抑制苯加氢生成环己烷。

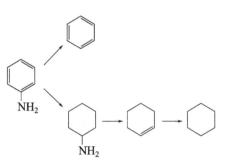

图 4-2　苯胺的 HDN 反应网络

② 脂肪胺的 HDN 反应。脂肪胺通常作为氮杂环化合物脱氮反应的中间体，容易完全脱除，常用的脂肪胺有戊胺、己胺、丁胺、金刚烷胺及其相应的取代基胺和异构胺。在加氢脱氮过程中，烷基胺通过消除脱氮过于困难，Kukula 等[14] 在 300℃、3MPa、硫化 Ni-Mo/γ-Al$_2$O$_3$ 催化剂条件下，考察了 2-丁胺生成 2-丁硫醇和二仲丁胺的 HDN 反应（图 4-3）。Kukula 认为胺先脱氢生成亚胺或胺通过电子和质子转移生成亚胺阳离子，然后胺分子或 H$_2$S 与亚胺或亚胺阳离子发生加成反应，消除后加氢生成硫醇或二烷基胺，最后硫醇中 C—S 键氢解脱去硫。

③ 腈的 HDN 反应。腈类物质会毒化催化剂，为了延长催化剂使用寿命，必须对其进行脱除。由于存在 C≡N 键，大部分研究集中在腈类加氢制胺类物上面，腈可以在不同条件下加氢生成伯胺或仲胺。

（2）五元杂环含氮化合物的 HDN 反应

① 吲哚的 HDN 反应。五元杂环的 HDN 分加氢和氢解两步。如图 4-4 所示为吲哚的 HDN 反应网络图[5,6,15,17]。吲哚先加氢生成二氢吲哚，然后通过两条路径进行反应：路径Ⅰ是通过八氢吲哚（OHI），路径Ⅱ是通过邻乙基苯胺（OEA）。一般认为 OEA 路径是主要的反应路径[11,12]，OEA 通过加氢生成乙基环己烷胺再

进一步脱氮生成乙基环己烯和乙基环己烷。

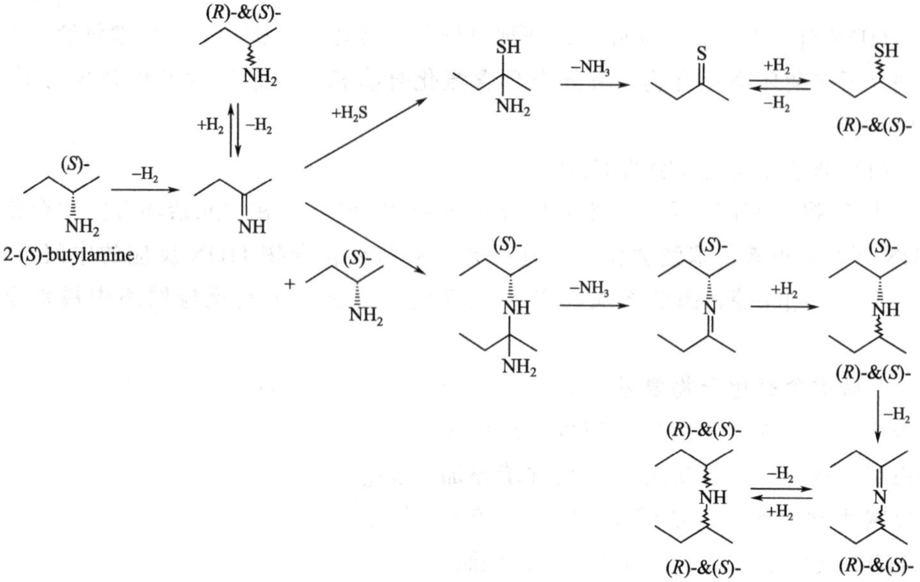

图 4-3　生成亚胺中间体的 2-(S)-丁胺的 H_2S 取代反应

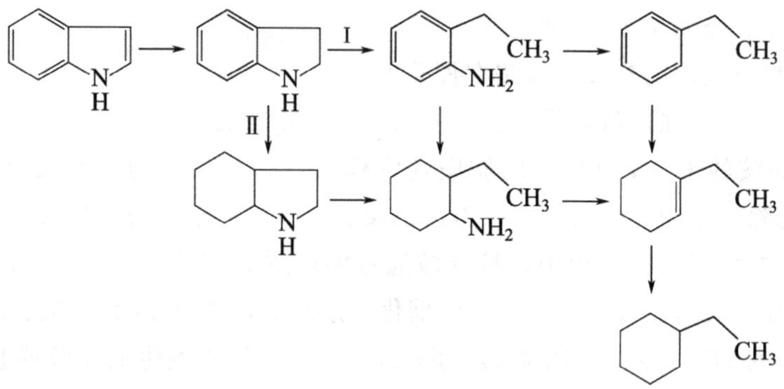

图 4-4　吲哚的 HDN 反应网络

② 吡咯的 HDN 反应。吡咯作为五元氮杂环化合物，其溶解性和稳定性都较差，在 HDN 方面的实验研究也较少。Wang 等[16] 报道了 2-甲基四氢吡咯（mprld）在硫化 Ni-Mo/γ-Al_2O_3 催化剂、340℃、1.0MPa、无 H_2S 条件下的 HDN 反应（见图 4-5），发现在此条件下 mprld 以脱氢为主，脱氮 C_5 产物只有 4.5%，说明此条件不利于脱氮。吡咯环的芳香性造成 N-烷基取代的 2-甲基吡咯比 2-甲基四氢吡咯多。

（3）六元杂环含氮化合物的 HDN 反应

六元杂环含氮化合物中研究较多的是吡啶和喹啉。

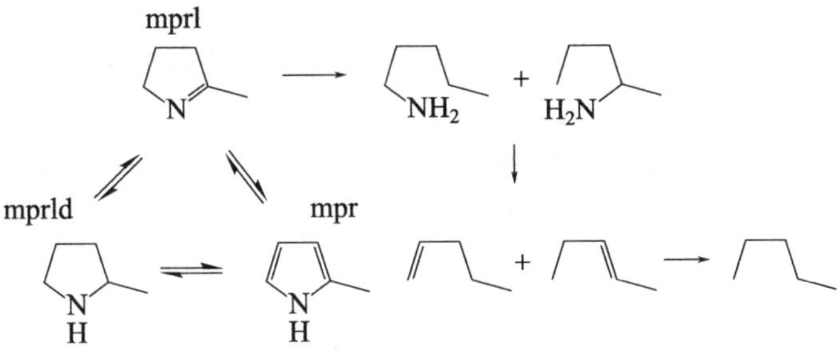

图 4-5　2-甲基四氢吡咯在 $Ni-Mo/\gamma-Al_2O_3$ 催化剂上的反应网络

吡啶的 HDN 反应网络如图 4-6。$C\!=\!N$ 键能是 $C\!-\!N$ 键能的两倍，吡啶必须先加氢生成哌啶，再发生 $C\!-\!N$ 键断裂脱氮。由文献可知[18]，吡啶加氢生成哌啶的反应可以很快达到平衡状态，而哌啶加氢开环生成正戊胺的反应属于慢反应，是吡啶 HDN 反应的控制步骤。

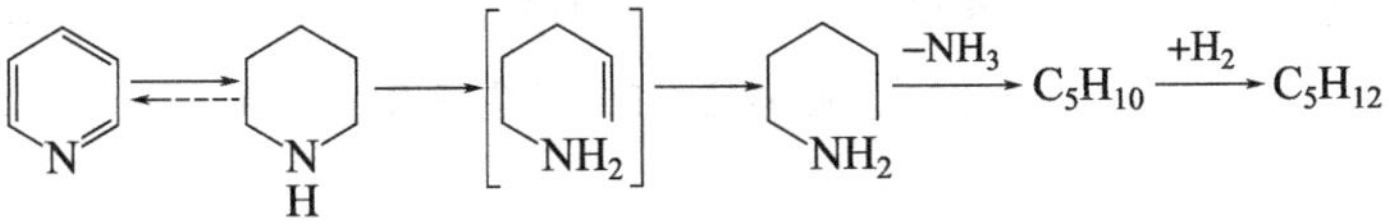

图 4-6　吡啶的 HDN 反应网络

喹啉是油品中最具有代表性的含氮化合物。喹啉分子由一个苯环和一个六元氮杂环组成，其碱性要比吡啶强。许多研究者对喹啉的 HDN 进行过研究[19~25]。喹啉中氮的脱除通过两条路径进行，如图 4-7 所示。和吡啶一样，杂环中的 $C\!-\!N$ 键键能很高，不易断裂，所以两条路径都需要氮杂环先加氢。其中一条反应路径为部分加氢路径，喹啉先加氢生成 1,2,3,4-四氢喹啉（THQ1）。这步反应非常快，在大多数 HDN 反应条件下喹啉和 THQ1 之间都能达到平衡，之后 THQ1 环打开生成邻丙基苯胺（OPA），OPA 进一步脱氮生成丙基苯（PB）。

喹啉的另一条 HDN 反应路径为完全加氢路径，喹啉先加氢生成 THQ1 或 5,6,7,8-四氢喹啉（THQ5），THQ5 加氢生成饱和的 DHQ。然后，DHQ 开环生成丙基环己烷胺（PCHA），PCHA 脱氮生成丙基环己烯（PCHE），PCHE 再进一步加氢生成丙基环己烷（PCH）。由文献可知[24]，PCHA 脱氮的速率非常迅速。同时，在大量含氮化合物存在的情况下，PCHE 不会脱氢生成丙基苯（PB），PB 也不会加氢生成 PCH。

喹啉加氢生成 THQ1 比生成 THQ5 要快得多。实际上，即使在低于 200℃ 的条件下，喹啉加氢生成 THQ1 的反应也能达到平衡，这时原料中的含氮化合物主要转化为 THQ1。当温度升至 350℃，喹啉加氢生成 THQ5 的反应开始发生，且较高温度下与 THQ1 相平衡的喹啉浓度较高，有利于生成 THQ5。THQ1 和 THQ5 加氢生成 DHQ 的反应都是慢反应，不过 THQ5 加氢稍快。温度高时，喹啉加氢主要通过 THQ5 加氢生成 DHQ 的途径进行。

一般来说，部分 HDN 路线中的中间含氮化合物 OPA 的 HDN 与苯胺的 HDN 反应相似，因此喹啉可能主要通过这条路径进行 HDN 反应。然而，DHQ 和 OPA 之间存在竞争吸附，且 DHQ 的吸附能力比 OPA 更强。喹啉、DHQ 和 THQ1 能够强烈抑制 OPA 的 HDN 反应，因此在一般催化剂上，DHQ 路径通常比 OPA 路径重要[25]。

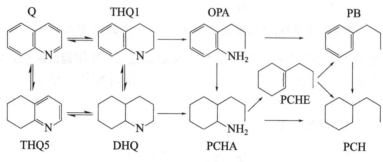

图 4-7　喹啉的 HDN 反应网络

4.3.3　含氮化合物的加氢脱氮反应机理

要求加氢脱氮催化剂同时具有加氢功能和裂解功能，两者必须较好地匹配，才能取得最佳的脱氮效果。

一般认为，使含氮化合物活化和使氢活化的活性位是不同的。使含氮化合物活化的活性位多是与暴露的钼/钨离子相联的硫离子空穴。一部分空穴提供催化加氢反应的活性位，另一部分提供催化氢解反应的活性位，两类活性位可以相互转化。而这些配位不饱和位发生在 MoS_2/WS_2 晶体的边缘处。助剂金属会影响与硫离子空穴相联的钼/钨离子的电子排列和结构，从而影响催化剂的活性。

根据文献[25]，含氮化合物的吸附可以概括为两类：通过氮原子垂直于催化剂表面的吸附和通过芳烃 π 键的平面吸附。含氮化合物在催化剂表面上的吸附比含氧、硫化合物和芳烃容易得多，当含氮化合物在催化剂表面的覆盖率相当大时，可能会导致催化剂表面积炭的生成，使催化剂由原来的可逆吸附中毒变成永久失活。

含氮化合物的加氢脱氮反应过程较复杂，一般包括杂环加氢饱和及碳氮键断裂两个步骤。杂环含氮化合物 HDN 第一步杂环加氢反应是通过平行于表面的环生成表面 π 配合中间物进行的。H_2S 对加氢反应的阻滞被认为是 H_2S 对空活性位的物理屏蔽造成的。C—N 键断裂机理较复杂，Nelson 等[11] 提出了 Hofmann 消除机理（E_2）和亲核取代机理（S_{N2}）。烷基胺或含氮杂环中间体经过加氢饱和，β 碳上的氢活性位转移到氮原子上，氮原子以 NH_3 的形式脱除；或者 α 碳上的氨基被 HS^- 取代，直接以 NH_3 的形式脱除[11]。

C—N 键的氢解反应是含氮化合物中氮原子脱除必不可少的反应步骤。很多文献对 C—N 键断裂机理进行了简单的综述[22,26]。C—N 键中的 C 原子是脂肪碳时，键断裂才能发生。C—N 脱去 N 原子，可以通过经典的 Hofmann 消除反应和 S₂ 亲核取代反应。Nelson 和 Levy 提出了两种有 B 酸中心参与的反应[11]。

Hofmann 消除机理：

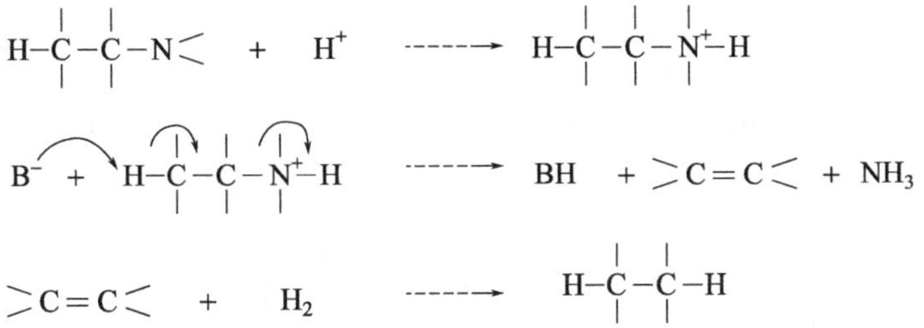

S₂ 亲核取代机理：

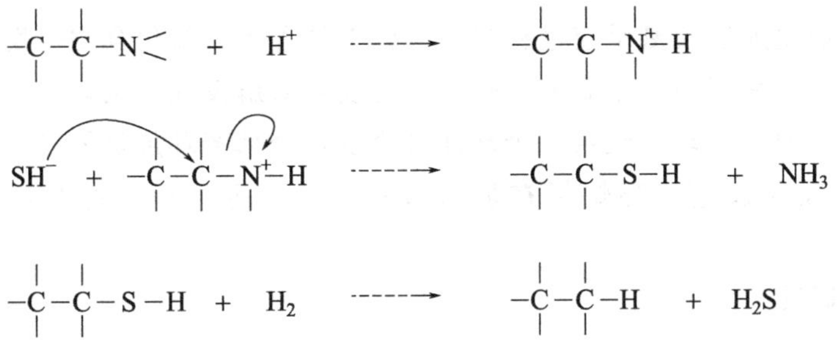

B 酸中心参与的机理：

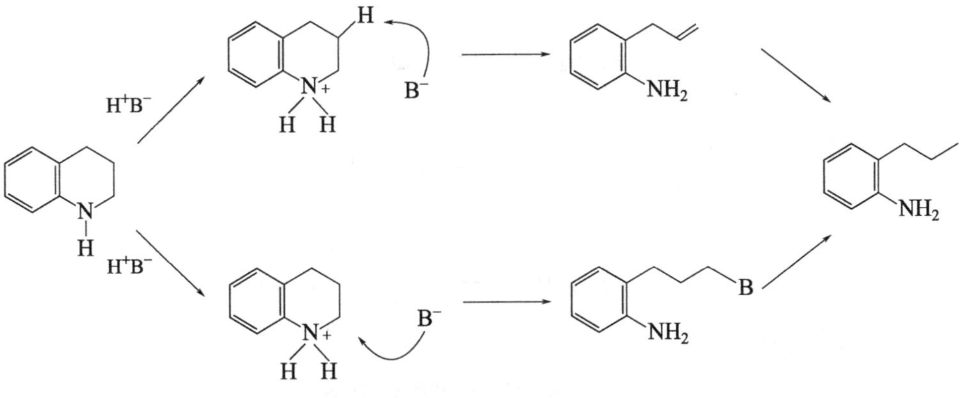

以上机理都是在酸中心的基础上提出的。而 Laine[22] 认为使饱和氮杂环 C—N 键断裂的是金属原子和离子，而不是酸中心，并提出了 C—N 键断裂可以通过金属中间物的机理。含氮化合物在金属表面或有机金属簇上，分别生成金属烷基中间物或金属亚碳中间物，并经过加氢、脱金属而发生 C—N 键断裂（开环）生成易于脱

氮的脂肪族胺。以哌啶为例有金属中间物参与的 HDN 反应网络如图 4-8 所示。

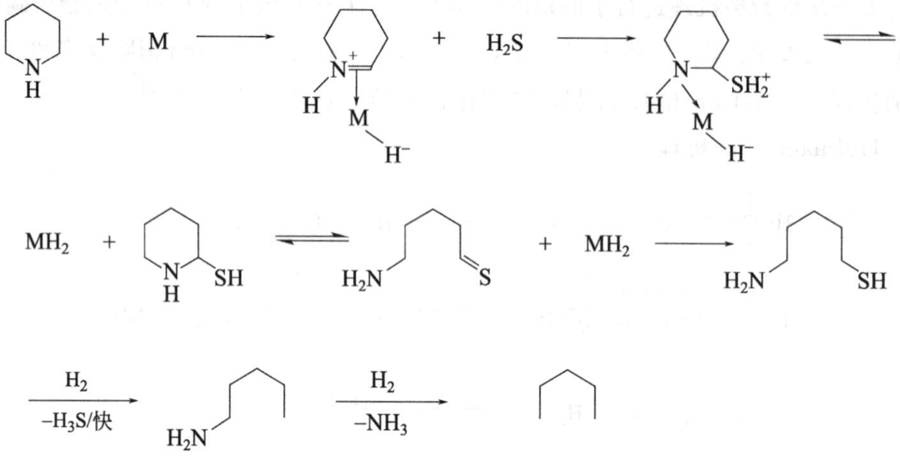

图 4-8　哌啶在金属上的 HDN 反应网络

煤焦油催化加氢脱氮反应过程中，馏分中的含硫、氧化合物也发生相应的加氢脱硫、加氢脱氧反应；金属有机化合物也发生氢解反应；烯烃与芳烃也发生加氢饱和反应，通常稠环芳烃第一个环加氢容易，全部芳环加氢困难；同时也伴随着少量催化裂化反应，环烷烃在加氢过程中，发生开环、脱烷基链、异构化反应。

加氢脱氮反应：

加氢脱硫反应：

$$R-S-R+H_2 \longrightarrow 2RH+H_2S$$

$$RSH+H_2 \longrightarrow RH+H_2S$$

$$R\text{—}\!\!\underset{S}{\diagdown}\ +\ H_2\ \longrightarrow\ R\text{—}C_4H_9\ +\ H_2S$$

加氢脱氧反应：

$$\text{环己烷甲酸}\ +\ H_2\ \longrightarrow\ \text{环己烷}\ +\ H_2O$$

$$\text{苯酚}\ +\ H_2\ \longrightarrow\ \text{苯}\ +\ H_2O$$

$$\text{呋喃}\ +\ H_2\ \longrightarrow\ C_4H_{10}\ +\ H_2O$$

加氢饱和反应：

$$R\text{—}CH\!=\!CH_2\ +\ H_2\ \longrightarrow\ R\text{—}CH_2\text{—}CH_3$$

加氢裂化反应：

$$C_{16}H_{34}\ \longrightarrow\ C_8H_{18}\ +\ C_8H_{16}$$
$$\downarrow H_2$$
$$C_8H_{18}$$

正C_6H_{14}

异C_6H_{14}

$CH_3CH_2\text{—}CH\text{—}CH_2CH_3$ (|CH_3)

$CH_3\text{—}CH\text{—}CH_2CH_2CH_3$ (|CH_3)

4.3.4 加氢脱氮反应的动力学

在深入了解和优化煤焦油加工工艺的过程中，研究加氢脱氮反应动力学是必不可少的内容。

通常认为，煤焦油加氢脱氮反应可采用拟一级反应方程：

$$-\frac{\mathrm{d}N}{\mathrm{d}t} = kN$$

但有部分研究表明，杂环含氮化合物吸附在催化剂活性中心时，对 HDN 有自阻作用，从而偏离一级速率方程，因此本节采用含氮化合物吸附的拟一级反应动力学方程：

$$-\frac{\mathrm{d}N}{\mathrm{d}t} = \frac{kN}{1+AN}$$

上式积分得

$$\ln\frac{N_0}{N_t} + A(N_0 - N_t) = kt$$

由该式可知，氮浓度较低时，AN 近乎为 0，可看成一级反应速率方程，而氮浓度较高时，反应级数应小于一级。

孙智慧等[27] 依据大量实验数据，使用 Levenberg-Marquardt 法拟合出煤焦油加氢过程中的各动力学参数，建立了能较为准确地预测不同工艺条件下加氢产品的氮含量及催化剂使用寿命的煤焦油加氢脱氮动力学模型和催化剂失活函数表达式。

为了简化反应过程，对动力学模型的建立做了如下假设：a 固定床加氢反应器的流动模式为活塞流；b 煤焦油加氢过程中的分子扩散及各反应之间的影响忽略不计。

假设中温煤焦油加氢脱氮过程中的反应级数为 n，反应速率的表达式如式(4-1)所示，对式(4-1) 积分得式(4-2)。

$$\frac{\mathrm{d}w}{\mathrm{d}t} = -kw^n \tag{4-1}$$

$$\begin{cases} w_{\text{outlet}}^{1-n} - w_{\text{inlet}}^{1-n} = (n-1)kt & n \neq 1 \\ \ln\dfrac{w_{\text{inlet}}}{w_{\text{outlett}}} = kt & n = 1 \end{cases} \tag{4-2}$$

很多研究认为 HDN 反应不是简单的拟一级反应，因此后续过程均在 $n \neq 1$ 的条件下计算。

考虑到实验装置较小，内部流体可能会偏离活塞流，引入了指数项 a 修正液体体积空速，则 HDN 的速率表达式可改写成式(4-3)。

$$w_{\text{outlet}}^{1-n} - w_{\text{inlet}}^{1-n} = (n-1)k(\text{LHSV})^a \tag{4-3}$$

再考虑氢分压的影响，且假设温度对脱氮反应速率常数的影响符合 Arrhenius 公式，式(4-3) 可改写为式(4-4)。

$$w_{\text{outlet}}^{1-n} - w_{\text{inlet}}^{1-n} = (n-1)k_0 \exp\left(\frac{-E_a}{RT}\right)(\text{LHSV})^a P_H^b \tag{4-4}$$

装置运行时间越长，催化剂表面金属沉积和积炭越多，因此须考虑催化剂失活对煤焦油 HDN 的影响。假设催化剂失活动力学形式符合时变失活形式[64]，则函数关系式如式(4-5) 所示。

$$\alpha = \frac{1}{1+\left(\dfrac{t_1}{t_c}\right)^{\beta}} \tag{4-5}$$

将式(4-5) 代入式(4-4)，则得到式(4-6)。

$$w_{\text{outlet}}^{1-n} - w_{\text{inlet}}^{1-n} = (n-1)k_0 \exp\left(\frac{-E_a}{RT}\right)(\text{LHSV})^a P_{H_t}^b \frac{1}{1+\left(\dfrac{t_1}{t_c}\right)^{\beta}} \tag{4-6}$$

对式(4-6) 变形可得式(4-7)。

$$w_{\text{outlet}} = \left[(n-1)k_0 \exp\left(\frac{-E_a}{RT}\right)(\text{LHSV})^a P_{H_t}^b \frac{1}{1+\left(\dfrac{t_1}{t_c}\right)^{\beta}} + w_{\text{inlet}}^{1-n}\right]^{1/(1-n)} \tag{4-7}$$

式(4-7) 即为建立的煤焦油加氢脱氮总动力学模型，此模型既反映了操作条件又反映了催化剂失活对加氢产品氮含量的影响。

煤焦油 HDN 反应动力学模型参数是以氮质量分数为 1.16% 的煤焦油为原料，进行加氢脱氮反应实验确定的。在反应温度范围 633～673K、液体体积空速范围 0.2～0.4h^{-1}、氢分压范围 12～14MPa、加氢催化剂活性稳定期（300～1500h）下，运用实验数据求解动力学模型参数，结果列于表 4-2。

表 4-2　不同工艺条件下煤焦油加氢脱氮反应实验结果

t_1/h	T/K	LHSV/h^{-1}	p_{H_2}/MPa	w_N/(μg/g)
300	633	0.4	12	823
348	633	0.3	14	546
396	633	0.2	13	328
444	633	0.2	14	316
492	633	0.4	13	802
540	643	0.4	12	575
588	643	0.3	14	367
636	643	0.2	13	211
684	643	0.2	14	203
732	643	0.4	13	559

续表

t_1/h	T/K	LHSV/h^{-1}	p_{H_2} / MPa	w_N/(μg/g)
780	653	0.4	12	395
828	653	0.3	14	244
876	653	0.2	13	132
924	653	0.2	14	129
972	653	0.4	13	382
1020	663	0.4	12	265
1068	663	0.3	14	157
1116	663	0.2	13	82
1164	663	0.2	14	79
1212	663	0.4	13	257
1260	673	0.4	12	175
1308	673	0.3	14	102
1356	673	0.2	13	52
1404	673	0.2	14	50
1452	673	0.4	13	170

将表 4-2 所列实验数据通过 SPSS（statistical product and service solutions）软件对式(4-7)的动力学方程使用麦夸特（Levenberg-Marquardt）法拟合，可得所建模型中各动力学参数，结果列于表 4-3。

表 4-3　煤焦油加氢脱氮反应动力学模型参数

n	k_0	E_a/(J/mol)	a	b	t_c/h	β
1.21	11453	58103	−0.565	0.192	19140	1.473

使用所建的脱氮动力学模型 [式(4-7)] 与模型参数（表 4-3）对不同催化剂运转周期的产品氮含量进行预测，并与实验值比较。周期分别选择 2000h、2100h、2200h、2300h、2400h，比对结果列于表 4-4。由表 4-4 可知，脱氮率的预测值与实际值较为吻合，相对误差均小于 1%，说明该动力学模型可准确反映煤焦油加氢脱氮的反应历程，具有较好的预测能力。

表 4-4　不同条件下煤焦油加氢脱氮反应实验结果与动力学模型预测值的比较

t_1/h	T/K	LHSV/h^{-1}	p_{H_2}/MPa	w_N/(μg/g)		y_{HDN}/%		相对误差[①]/%
				预测值	测定值	预测值	测定值	
2000	663	0.3	13	173.0	180.0	98.51	98.45	0.06
2100	673	0.3	13	111.0	100	99.00	99.14	−0.14
2200	663	0.4	12	283.0	310.0	97.60	97.33	0.27

续表

t_1/h	T/K	LHSV/h^{-1}	p_{H_2}/MPa	w_N/(μg/g)		y_{HDN}/%		相对误差[①]/%
				预测值	测定值	预测值	测定值	
2300	663	0.2	12	95.5	130.0	99.20	98.88	0.32
2400	643	0.3	13	421.0	391.0	96.40	96.63	-0.23

① y_{HDN} 预测值与测定值之间的相对误差。

将式(4-7)进行适当的变换，可推导出式(4-8)。运用表 4-3 中的动力学模型参数，根据生产工艺条件，由式(4-8) 可计算出满足产品指标要求所需的催化剂寿命，即装置运行时间。

$$T = -\frac{E_a}{R}\left[\ln\frac{w_{\text{outlet}}^{1-n} - w_{\text{inlet}}^{1-n}}{(n-1)k_0\exp\left(\dfrac{-E_a}{RT}\right)(\text{LHSV})^a P_{H_t}^b \dfrac{1}{1+\left(\dfrac{t_1}{t_c}\right)^\beta}}\right]^{-1} \qquad (4-8)$$

根据式(4-8) 和表 4-3 中动力学模型参数，将体积空速 0.3h^{-1}、氢分压 13MPa 下所得产品氮质量分数分别为 150μg/g、180μg/g、210μg/g 和 240μg/g 时所需的操作温度与催化剂使用寿命绘制成图，结果如图 4-9 所示。由图 4-9 可知，当反应器床层温度升至 683K 时，产品油的氮质量分数为 150μg/g、180μg/g、210μg/g 和 240μg/g 时的催化剂寿命分别为 10000h、11500h、12500h 和 14000h，说明要求的产品氮质量分数越高，催化剂的失活速率越慢，寿命越长。

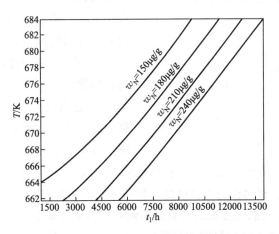

图 4-9 加氢脱氮动力学模型预测反应床层温度与催化剂寿命的关系

4.4 加氢脱氮催化剂

由于目前环保及劣质油利用的要求，人们不断开发高性能的 HDN 催化剂，主要研究集中在两个方面：一是寻找新的催化活性组分，二是研究新型载体材料[28]。下面根据催化剂活性态不同分别介绍硫化物、氮化物和碳化物、磷化物催化剂。

4.4.1 加氢脱氮催化剂进展状况

一般固体催化剂包括载体、助剂、活性组分三部分（见图 4-10）。载体是负载活性组分和助剂的骨架，具有比较高的比表面积和复杂孔道结构，能够为活性组分提供更多的反应活性位；助剂是加入催化剂中的少量辅助成分，本身没有催化活性，但能改变活性组分或者载体化学组成、化学结构、离子价态、酸碱性，从而改进催化剂的活性、选择性、耐热性、抗毒性和寿命等；活性组分是催化剂的主要成分，以其特有的化学性质对反应过程中催化剂的活性和选择性起决定性作用。

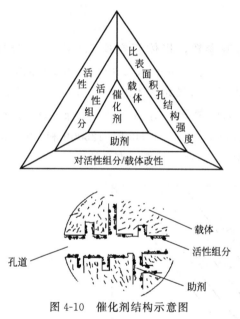

图 4-10　催化剂结构示意图

杂环芳烃加氢脱氮需要经过三个步骤：a. 杂环加氢饱和；b. C＝N 键断裂成 C—N 或胺基团；c. C—N 键断裂生成 NH_3 脱附。C—N 键能大于 C—S 键能，并且 C＝N 双键键能大约为 C—N 键能的两倍，因此加氢脱氮催化剂要具有较高的加氢活性和酸性强度（裂化性能）。煤焦油中含氮化合物为大分子杂环化合物，若要取得比较好的加氢脱氮效果，则催化剂应具有如下特点：

① 适宜的酸强度，保证有足够 C—N 键断裂的中心；

② 合适的孔道分布结构，要有比较集中的中孔分布和适量的大孔，有利于喹啉类大分子含氮化合物扩散；

③ 较大的比表面积和孔容积，提供更多的加氢反应活性位；

④ 活性组分要有比较高的分散度，保证活性组分的有效利用率。

常用的加氢脱氮催化剂按活性组分不同可分为贵金属和非贵金属两类。贵金属活性组分 Pt、Pb 等具有良好的加氢活性，由于价格高昂一般应用较少。非贵金属活性组分主要是具有不饱和 d 电子轨道的过渡金属元素ⅥB族的 Mo、W 和Ⅷ族的 Ni、Co。第ⅥB族 Mo、W 和第Ⅷ族的 Ni、Co 组成的二元活性组分存在相互协同作用，如 Ni-Mo、Ni-W、Co-Mo、Co-W，经过硫化处理具有较高的加氢活性。相比这些传统的催化剂，人们开发研究了一系列新型催化剂。

柴永明[29]用四硫代钼酸铵（ATTM）合成了预硫化 Ni-Mo/Al$_2$O$_3$ 催化剂。

通过对喹啉进行加氢脱氮研究发现，预硫化型催化剂比常规 Ni-Mo 催化剂显示出优越的加氢选择性。可能是因为催化剂中 MoS_2 与载体形成 Mo—O—Al 键，Mo 周围电子云密度降低，导致催化剂加氢脱氮活性降低。

三元或多元复合金属催化剂具有较高的 HDN 活性。徐东彦等[30] 制备了负载 Ni、Mo 和 W 三元组分的催化剂 W-Mo-Ni/Al_2O_3，通过小试装置考察了催化剂对润滑油的加氢脱氮性能，脱氮率可达到 99.3%～99.6%；王昭红[31] 采用分步浸渍法制备了一系列多元催化剂：W-Mo-Ni/Al_2O_3、W-Mo-Ni-Cr/Al_2O_3、W-Mo-Ni-Cr-F/Al_2O_3。当 W：Mo：Ni：Cr＝1：0.32：0.78：0.22 时，吡啶的加氢脱氮率可达 89.0%，添加 F 改性的催化剂 W-Mo-Ni-Cr-F/Al_2O_3 脱氮率可提高到 95.6%。

过渡金属磷化物是新型的具有优良 HDN 活性的催化剂。鲁墨弘等[32] 研究了 Ni_2P/MCM-41 催化剂对喹啉的 HDN 性能，当 Ni/P 摩尔比为 1.25 时，催化剂 Ni_2P 是传统 Ni-Mo 催化剂 HDN 活性的 2 倍。段新平[33] 研究了含 TiO_2 的 MoP/MCM-41 催化剂，发现 TiO_2 能够促进 C—N 键的断裂并且降低了催化剂的脱氢活性。当 TiO_2 为 5% 时，喹啉的脱氮率可达 96%；引入助剂 Ga_2O_3 不超过 5% 时也能起到提高催化剂 HDN 性能的作用。金属氮化物、碳化物催化剂具有优异的 HDN 性能，经过研究发现氮化钼[34]、碳化钼[35] 对喹啉具有很高的脱硫、脱氮活性。Choi 等[36] 研究了不同比表面积的 Mo_2N 对吡啶的 HDN 性能，发现 Mo_2N 的催化活性远高于硫化态的 Co-Mo/Al_2O_3，具有比较高的 C—N 键断裂选择性[37]。

添加助剂提高催化剂加氢脱氮活性，其中 P、F、B 是常用的助剂元素。Iwamoto 等[38] 认为 P 的加入能够提高 Mo、Ni 活性组分的分散度，改变催化剂的孔结构和酸性，E. C. DeCanio[39] 认为 P 能够促进 C—N 键的断裂。Jian 等[40] 认为 F 能够改变氧化铝载体的酸性种类，产生新的 B 酸活性位点。Peil[41] 和 Lewandowski 等[42] 认为 B 能够提高催化剂弱、中强酸中心数量，从而提高催化剂酸度并有效阻止了催化剂失活。

尽管在实验室研究中，预硫化、磷化、碳化、氮化催化剂具有更高的加氢脱氮活性，但是它们的制备过程比较复杂，制备条件苛刻，尚不能在大规模工业化生产中应用。镍钼系列催化剂是一种性能良好的通用型加氢催化剂，具有活性高、使用寿命长、抗硫能力强、价格低廉等优点，在石油化工加氢脱氮中应用广泛。添加适量的助剂改性也能起到事半功倍的效果。

4.4.2　硫化物催化剂

4.4.2.1　催化剂组成及结构

HDN 催化剂一般包括活性金属组分、载体和助剂。下面具体介绍催化剂的各个组成部分。

(1) 活性金属组分

活性金属组分一般分为贵金属类和非贵金属类。贵金属类大多使用第Ⅷ族过渡金属，例如 Pb、Pt 等。贵金属具有很高的加氢（脱氢）活性，一般能在较低的反应温度下就显示出很高的加氢活性。但是，贵金属催化剂对有机含氮、氧和硫化合物等非常敏感，容易引起中毒而失活。而且其价格昂贵，限制了它的应用。非贵金属类一般使用第ⅥB族的 W、Mo 和 Cr 等。

(2) 助剂

HDN 催化剂经常使用的助剂有金属类和非金属类。金属类包括 Co、Ni、Ti、Zr 等，非金属类包括 P、B、F 等。助剂引入催化剂后可能在化学组成、化学结构、酸碱性质、结晶构造、表面性质、粒子分散状态、机械强度等方面引起变化，从而影响催化剂的活性、选择性和寿命等。

(3) 载体

长期以来，人们大量研究了载体对 HDN 催化性能的影响。工业上常用 Al_2O_3 作为 HDN 催化剂的载体，其次使用的载体有无机氧化物载体（SiO_2、TiO_2、ZrO_2 等）、复合氧化物载体、分子筛载体、碳载体等。

Al_2O_3 具有良好的力学性能、优异的结构和低廉的价格等特点。但是 Al_2O_3 与活性金属氧化物之间的相互作用力强，使得活性金属氧化物难以被完全硫化，而且 Al_2O_3 容易与助活性组分 Co 和 Ni 等离子反应生成尖晶石结构的 $CoAl_2O_4$ 和 $NiAl_2O_4$，从而影响催化剂的活性。

与 Al_2O_3 不同，SiO_2 表面羟基和氧桥处于饱和状态而呈中性，其酸性弱且与活性组分之间的相互作用力很弱，不利于活性组分的分散，从而制约了 SiO_2 的应用。但是正因为其与活性组分之间的相互作用力弱，更容易得出催化剂的本征活性，所以也有很多的 HDN 反应以 SiO_2 为载体[43,44]。

许多研究报道，TiO_2 比 Al_2O_3 负载 MoS_2 催化剂表现出更好的催化性能[45~48]。Matsuda 等[45] 概括了 TiO_2 比 Al_2O_3 负载的 Ni-Mo 基催化剂具有更高的噻吩 HDS 活性。Ng 等[46] 报道在 Mo 负载量低（<6%）的情况下，TiO_2 比 Al_2O_3 负载的 MoS_2 催化剂表现出更好的噻吩 HDS 活性，同时报道了在 TiO_2 体系中 Co 对催化剂活性的促进作用并不如 Al_2O_3 体系明显。Ramirez 等[47] 发现同样的现象，但即使如此，TiO_2 负载的 Co-Mo 催化剂的单个 Mo 原子的 HDS 活性是 Al_2O_3 负载的 2.2 倍。为了解释 TiO_2 的优势，学者们提出了几种可能性：Mo 与 TiO_2 之间的相互作用使得 Mo 分散度及硫化度提高[48]；与 Co 和 Ni 的作用相类似，TiO_2 被部分还原，从而起到协同作用[49]；TiO_2 更有利于形成辐缘键合的 MoS_2 簇[50]。

TiO_2 和 ZrO_2 虽然具有好的 HDS 本征催化活性，但是它们比表面积小、强度差。目前有很多研究者探讨复合氧化物载体，有 SiO_2-Al_2O_3、TiO_2-Al_2O_3、ZrO_2-Al_2O_3、TiO_2-SiO_2、ZrO_2-SiO_2 等[51~57]。大量研究表明，复合氧化物载体是提高催化剂活性行之有效的方法。

由于介孔分子筛高的比表面积、可调的孔结构，广泛被作为载体用于 HDN 以及 HDS 反应中，例如 MCM-41、SBA-15、HMS 等。这些载体表面酸性弱，众多研究[58~61] 证明，可以通过不同的改性方法提高其酸性及稳定性，从而使其更适合作为 HDN 以及 HDS 反应的载体。下面会具体介绍 MCM-41 的合成及其在 HDN 方面的应用。

4.4.2.2　硫化物催化剂活性中心及理论模型

为了更好地研究催化剂的催化作用机理，需要了解反应活性中心的结构和特点。目前大多数研究者接受的活性中心模型主要有单分子层模型[62]、夹层模型[63,64]、Co-Mo-S（或 Ni-W-S）模型[65,66]、遥控模型[67] 和辐缘-棱边（rim-edge）模型[68]等。其中，广为接受的是 Co-Mo-S 模型、遥控模型和辐缘-棱边模型。

（1）Co-Mo-S 模型

Topsøe 等借助原位穆斯堡光谱、扩散 X 射线吸收光谱和红外光谱检测到了 Co-Mo 催化剂中存在 Co-Mo-S 相，其中 Co 占据 MoS_2 的棱边位置[66]。但是 Co-Mo-S 的结构并不是一个单一的严格按 Co：Mo：S 化学计量的体相结构，而是一簇结构。Co-Mo-S 相又分为单层（Ⅰ型 Co-Mo-S）和多层（Ⅱ型 Co-Mo-S）结构。其中，Ⅰ型 Co-Mo-S 与载体之间的相互作用强，而Ⅱ型 Co-Mo-S 与载体之间的相互作用弱。Ⅱ型 Co-Mo-S 可以被完全硫化而显示出高的活性。许多研究表明，Co 位于单层 MoS_2 的侧面且具有Ⅰ型 Co-Mo-S 结构，而在多层 MoS_2 中除底层外都具有Ⅱ型 Co-Mo-S 结构。在催化剂中，除 Co-Mo-S 相外，还可能存在一些其他相，例如 Co_9S_8 和位于氧化铝晶格间的 Co。图 4-11 所示为氧化铝负载的催化剂中不同相的示意图。

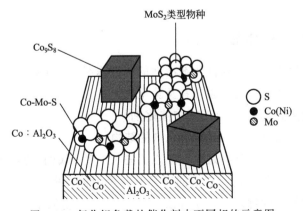

图 4-11　氧化铝负载的催化剂中不同相的示意图

(2) 遥控模型

Delmon 等认为两种单独的硫化相在催化反应时产生协同效应[67]。例如，供体相（如 Co_9S_2、CoS）活化氢气产生溢流氢（hso）并溢流到受体相 MoS_2，从而实现对 MoS_2 的遥控。hso 使 MoS_2 部分还原（图 4-12）产生两种活性中心。其中一种是通过移除硫原子，形成不饱和配位数（CUS）为 3 的活性中心，这些活性中心是加氢反应中心。在更为苛刻的还原条件下，邻近 CUS 位的原子会有 MoSH 基团生成。这些活性中心与催化剂 HDN 活性相关。

Karroua 等[67] 发现 Co_9S_8 与 Co-Mo-S 相的机械混合物活性高于单一相的活性，因此对此模型进行了修正。他们认为遥控作用发生在 Co_9S_8 与 Co-Mo-S 之间。

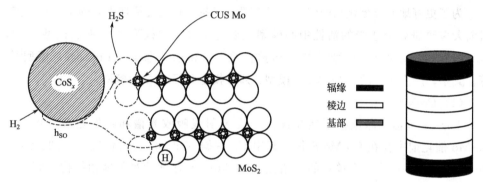

图 4-12　遥控模型示意图　　　　图 4-13　MoS_2 辐缘-棱边模型

(3) 辐缘-棱边模型

Daage 提出辐缘-棱边模型[68]。此模型认为 MoS_2 中存在"辐缘"位和"棱边"位两种活性中心，如图 4-13 所示。顶部和底部平面上的硫原子比辐缘、棱边上的硫原子更难离去，而辐缘、棱边上的 Mo 原子更容易暴露出来。因此，MoS_2 辐缘、棱边上的空位被认为是活性中心，其中辐缘位与加氢活性有关，而棱边位与氢解活性有关。

4.4.3　非硫化物催化剂

寻找新的活性组分是提高催化剂活性的一种途径。目前研究的非硫化物 HDN 催化剂包括过渡金属氮化物、碳化物及磷化物。

4.4.3.1　过渡金属氮化物和碳化物催化剂

(1) 过渡金属氮化物和碳化物催化剂的结构

过渡金属氮化物和碳化物是氮和碳原子进入过渡金属的晶格中而形成的一类具有金属性质的间充型化合物，它们同时具有共价固体、离子晶体和过渡金属的特性，从而表现出特殊的物理、化学性质[69]。间充化合物的结构与金属类似，具有简单的晶体特征。金属原子形成面心立方（fcc）、六方密堆积（hcp）和简单六方

（hex）等结构，一般氮或碳原子进入金属原子间最大的间隙位。图 4-14 是一些过渡金属氮化物和碳化物的晶体结构图。

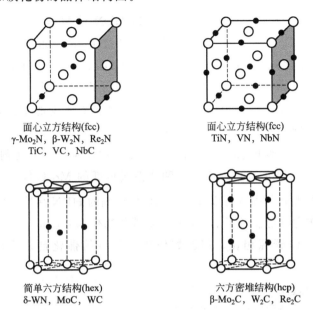

面心立方结构(fcc)
γ-Mo$_2$N, β-W$_2$N, Re$_2$N
TiC, VC, NbC

面心立方结构(fcc)
TiN, VN, NbN

简单六方结构(hex)
δ-WN, MoC, WC

六方密堆结构(hcp)
β-Mo$_2$C, W$_2$C, Re$_2$C

图 4-14 过渡金属氮化物和碳化物的晶体结构（圆圈和黑点分别代表金属和非金属原子）

（2）过渡金属氮化物和碳化物的 HDN 性能

过渡金属氮化物和碳化物在催化性质上不同于其相应的金属，而与第Ⅷ族贵金属相似，被誉为"类铂催化剂"[70]。过渡金属氮化物和碳化物催化剂在 HDS 和 HDN 方面表现出了优异的催化性能。在 HDN 方面，研究较多的是单金属和金属促进的 Mo 和 W 的氮化物和碳化物。Schlatter 等[71] 研究了 Mo$_2$C 和 Mo$_2$N 对喹啉的 HDN 性能。他们发现 Mo$_2$C 和 Mo$_2$N 对喹啉的 HDN 活性可以与商业硫化态的 NiMo/Al$_2$O$_3$ 催化剂相媲美。硫的加入不影响 Mo$_2$C 和 Mo$_2$N 的 HDN 活性，只对它们的选择性有影响。Ozkan 等[72] 同样报道了硫的存在会影响 Mo$_2$N 对吲哚 HDN 产物的选择性，以至于在硫的存在下 Mo$_2$N 和传统 MoS$_2$/Al$_2$O$_3$ 催化剂对吲哚 HDN 产物的分布比较相似。Celzard 等[73] 制备了活性炭负载的 Mo$_2$C 催化剂，并考察其对吲哚的 HDN 性能，结果发现与传统硫化物催化剂相比，使用 Mo$_2$C 催化剂可以降低氢耗。Furimsky[74] 报道了 Mo（W）氮化物和碳化物催化剂具有高的 HDN 活性和少氢耗的 HDN 选择性。

据文献报道双金属 CoMoC$_x$ 比单金属 Mo$_2$C 具有更好的 HDN 活性[75,76]。Al-Megren 等[75] 考察了 Co 引入 Mo$_2$C 中对吡啶的 HDN 活性的影响，结果发现当 Co/Mo 原子比为 0.43 时，催化剂表现出最好的 HDN 活性和稳定性，且明显优于传统的工业催化剂（CoMoS/Al$_2$O$_3$ 和 NiMoS/Al$_2$O$_3$）。同时他们发现在稳态时，

$CoWC_x$ 双金属催化剂比 $CoNiWC_x$ 三金属催化剂具有更高的 HDN 活性。Wang 等[77] 制备了非负载（Co_3Mo_3C 和 Co_6Mo_6C）和 MCM-41 负载的 Co-Mo 双金属碳化物（Co_3Mo_3C/MCM-41）作为 HDS 和 HDN 催化剂，发现在反应温度为 300℃下，催化剂 Co_3Mo_3C/MCM-41 表现出的 HDN 活性近似为 HDS 活性的 17 倍，这与一般催化剂不同，一般催化剂的 HDS 活性要比 HDN 活性高。Ramanathan 等[78] 制备了双金属氮氧化物的加氢处理催化剂，结果发现，催化剂 V-Mo-O-N 比传统硫化态 Ni-Mo/Al_2O_3 有更高的针对喹啉的 HDN 活性，且比相应的单金属氮化物要好。

改性及制备条件等其他因素也可能影响氮化物和碳化物催化剂的 HDN 性能。Dhandapani 等[79] 研究了 P 对 Al_2O_3 和活性炭负载的 Mo_2C 催化剂的 HDN 性能的影响，结果发现 P 的引入可以提高 Mo_2C 催化剂的 HDN 活性。Xiao 等[80] 分别用甲烷和乙烷作为碳源制备了 Ni-W 双金属碳化物作为吡啶的 HDN 催化剂，结果表明，与用甲烷作碳源相比，用乙烷作碳源制备的催化剂表现出更高的 HDN 活性。

4.4.3.2 过渡金属磷化物催化剂

（1）过渡金属磷化物催化剂的结构

磷元素可与周期表中大多数金属形成磷化物，所形成的化学键也各不相同，如磷与碱金属元素或碱土金属元素可以形成离子键；与过渡金属元素形成金属键或共价键；与主族元素形成共价键。过渡金属磷化物具有金属的性质，与过渡金属氮化物和碳化物相似，有很高的热稳定性和化学稳定性。图 4-15 是一些过渡金属磷化物的晶体结构。从图中可以看出，在过渡金属磷化物中，金属原子形成三角棱柱结构的最小结构单元，这些三角棱柱单元以不同的结合方式形成不同的晶格类型，而磷原子位于三角棱柱内部的空隙中。和硫化物的层状结构不同，磷化物是三角棱柱单元结构，近似于球型。因此，磷化物能够比硫化物暴露更多配位不饱和表面原子，从而有更高的表面活性位密度[81]。

（2）过渡金属磷化物的 HDN 性能

最近十几年，陆续出现磷化物在 HDN 方面的研究，包括磷化镍、磷化钨、磷化钼等，其中有非负载型的和负载型的。Robinson 等[82] 首次制备了非负载型的 Ni-P、Co-P 催化剂和活性炭、SiO_2、SiO_2/Al_2O_3 等负载的 Ni-P 催化剂，此类磷化物催化剂对喹啉表现出了良好的 HDN 活性。Stinner 等[83] 在非负载的 MoP 催化剂对邻丙基苯胺的 HDN 研究中发现，MoP 催化剂的转化频率比 MoS_2/Al_2O_3 高 6 倍。Clark 等[84] 采用模型化合物考察了 WP 的 HDN 和 HDS 催化活性，结果发现其活性比 WC、W_2N 和 WS_2 活性高。Oyama[81] 系统地研究了多种 SiO_2 负载的过渡金属磷化物催化剂对喹啉的 HDN 活性，结果显示在 3.1MPa 和 370℃反

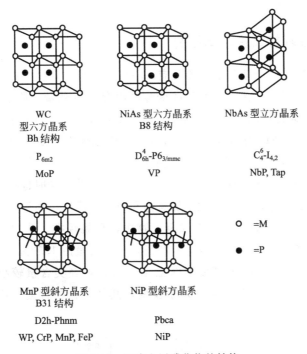

WC
型六方晶系
Bh 结构

P_{6m2}

MoP

NiAs 型六方晶系
B8 结构

D_{6h}^4-$P6_{3/mmc}$

VP

NbAs 型立方晶系

C_4^6-$I_{4,2}$

NbP, Tap

MnP 型斜方晶系
B31 结构

D2h-Phnm

WP, CrP, MnP, FeP

NiP 型斜方晶系

Pbca

NiP

○ =M
● =P

图 4-15　过渡金属磷化物的结构

应条件下，各种磷化物催化剂对喹啉的 HDN 活性顺序为 Fe_2P ＜ CoP ＜ MoP ＜ WP ＜ Ni_2P，而催化剂 Ni_2P/SiO_2 表现出比传统 Ni-Mo 硫化物催化剂高的 HDN 活性（80 ％ vs 43 ％）。Wang 等[85] 制备了三种 SiO_2 负载的过渡金属磷化物，并将其同时用在 HDN、HDS 和 HDO 反应中，结果发现各种催化剂对 HDN 的活性顺序为 CoP/SiO_2＞ Ni_2P/SiO_2＞ Fe_2P/SiO_2。这种活性结果与上述提到的 Oyama 研究结果不同，这可能是由于模型化合物的组成不同。

非负载型的磷化物催化剂具有高的 HDN 活性，但是其比表面积小。载体的存在可以使负载的活性组分高度分散。同时，载体可以与活性组分发生相互作用，从而直接或间接地影响催化剂的活性。Robinson 等[82] 考察了活性炭、SiO_2、SiO_2/Al_2O_3、Al_2O_3 和 HY 等载体上负载的 Ni-P 催化剂对喹啉的 HDN 活性，并与非负载的 Ni-P 催化剂的 HDN 活性进行了比较，结果发现，除 HY 外，负载于其他载体上的催化剂均表现出比非负载的催化剂高的 HDN 活性。他认为经过还原处理形成的高分散的 Ni_2P 是反应的活性中心。Al_2O_3 作为传统硫化物催化剂常用的载体，具有优异的性能，但是其会与磷酸盐反应生成磷酸铝，而磷酸铝需要较高还原温度（约 850℃），对活性相的形成不利。Ni_2P/Al_2O_3 的催化活性低于 Ni_2P/SiO_2 正说明了这一点[86]。与 Al_2O_3 相比，SiO_2 和磷酸盐的作用弱，有利于活性相的生成，而且也有利于阐明磷化物的本征反应活性[87,88]。所以，磷化物催化剂多倾

向于选择 SiO_2 为载体。

4.4.4　NiMo 基加氢脱氮催化剂

煤焦油 HDN 是一个非常复杂的反应，不仅相关组分众多，而且还受热力学和动力学影响。石垒等[89] 通过调整和改变金属组分的负载量、原子比及工艺参数，优选出煤焦油加氢脱氮的催化剂。由图 4-16 煤焦油加氢反应网络、表 4-5 煤焦油及其加氢产物的 GC-MS 分析表可知，加氢过程中主要发生酚类化合物羟基断裂生成苯类，进一步加氢使芳香环饱和成环烷烃，其中少部分环烷烃发生碳键断裂形成烷烃；萘类主要发生加氢反应生成四氢、八氢、十氢萘，同时也有极少部分转化成苯类或环烷烃；其他杂环化合物发生加氢饱和或开环反应，由于含量微少，难以检测。在 400℃下，C-NiMo-5 催化剂加氢产物中，环烷烃类、苯类含量较大幅度增加。其中环烷烃含量由 0.53％升至 19.27％，苯类含量由 1.53％升至 15.65％；酚类含量较大幅度降低，由 39.72％下降至 4.84％；烷烃类含量较小幅度提高，由 24.25％上升至 29.85％；萘类含量几乎没变，其他化合物含量有不同程度的小幅度变化。

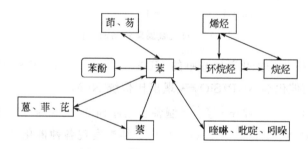

图 4-16　煤焦油加氢反应网络

表 4-5　GC-MS 对煤焦油原料及加氢产品的分析

化合物组分	煤焦油原料	Mo-Ni	Mo-Ni(NH₃)	C-NiMo-5 425℃	C-NiMo-5 450℃
烷烃	24.25	29.85	32.03	30.14	27.24
环烷烃	0.53	19.27	22.52	24.66	23.20
苯类	1.53	15.65	18.11	18.01	27.75
酚类	39.72	4.84	9.04	0.00	0.29
萘类	18.84	18.27	10.73	18.99	12.88
萘酚	2.62	0.00	0.00	0.00	0.00
茚	2.96	5.01	3.08	4.52	4.00
芴	1.31	1.29	1.25	1.34	1.89
二苯并呋喃	2.11	3.44	1.23	0.00	0.00
酮类	0.46	0.00	0.00	0.00	0.00
酯类	1.65	0.00	0.00	0.00	0.00

续表

化合物组分	煤焦油原料	Mo-Ni	Mo-Ni(NH₃)	C-NiMo-5 425℃	C-NiMo-5 450℃
醛类	0.61	0.00	0.00	0.00	0.00
烯烃	0.56	0.00	0.00	0.00	0.00
蒽、菲、芘	1.82	0.34	0.84	1.28	2.10
其他	1.03	2.04	1.17	1.06	0.65
总计	100.00	100.00	100.00	100.00	100.00

相比于 C-NiMo-5，C-NiMo-5（NH₃）催化剂加氢产物中烷烃类、环烷烃类、苯类、酚类含量较高，而萘与茚、芴、二苯并呋喃等杂环化合物较少。由此可知，"萘→苯→环烷烃→烷烃"的转化抑制了"苯酚→苯→环烷烃→烷烃"的转化。C-NiMo-5（NH₃）催化剂具有较大比例的 7～20 nm 重组分加氢反应有效孔，而且产生了更利于杂环化学键断裂的 B 酸中心，有利于加氢吸附的中强酸活性中心比例大。这也可能是 C-NiMo-5（NH₃）HDN 效果好于 C-NiMo-5 催化剂的原因。

相比于 400℃，C-NiMo-5 在 425℃时加氢反应产物中烷烃类、环烷烃类、苯类含量均出现不同程度提高，酚类几乎全部转化，其他杂环化合物含量也出现不同程度减少，而萘类的含量几乎不变。由此可知主要发生以"苯酚→苯→环烷烃→烷烃"为代表的转化。相比 425℃，450℃时加氢反应产物中烷烃类、环烷烃类含量有小幅度下降，萘含量下降较多，而苯类含量出现较大幅度的升高。这说明随着温度的升高"萘→苯→环烷烃→烷烃"成为主要转化途径。

相同反应条件下，固定 Mo 的百分含量，改变 Ni/(Ni＋Mo) 活性组分比，结果见图 4-17。由图 4-17 可知，不同催化剂的脱氮率依次为 52.07%（C-NiMo-1）、

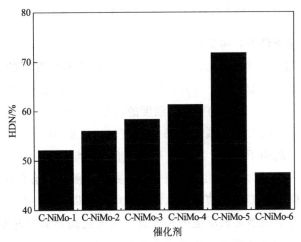

图 4-17　不同原子比催化剂对煤焦油的 HDN 性能

反应条件：$t=400℃$，$p=8.0$ MPa，$LHSV=0.3h^{-1}$，$H_2/Oil=1100$

56.01%（C-NiMo-2）、58.35%（C-NiMo-3）、61.28%（C-NiMo-4）、71.72%（C-NiMo-5）、47.39%（C-NiMo-6）。随着 Ni/（Ni＋Mo）原子比的增大，煤焦油加氢产物的脱氮率呈现先增大后减小的趋势，当 Ni/（Ni＋Mo）原子比等于 0.4 时，催化剂 C-NiMo-5 具有最佳脱氮率。

固定 Ni/（Ni＋Mo）原子比为 0.4，在相同反应条件下，通过改变活性组分的含量评价催化剂的加氢脱氮效果，结果见图 4-18。由图 4-18 可知，不同含量催化剂加氢脱氮活性依次为 46.27%（C-NiMo-5.1）、55.03%（C-NiMo-5.2）、71.72%（C-NiMo-5.3）、63.20%（C-NiMo-5.4）。随着 MoO_3 质量分数的不断增加，催化剂的加氢脱氮率也呈现先增加后减小的趋势。当 MoO_3、NiO 含量分别为 18.0%、6.25% 时，催化剂（C-NiMo-5）具有最佳的煤焦油加氢脱氮效果。

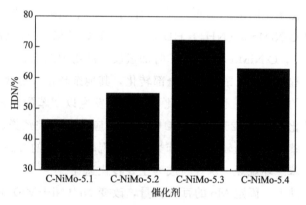

图 4-18　不同负载量催化剂对煤焦油的 HDN 性能

反应条件：$t=400℃$，$p=8.0\ MPa$，LHSV$=0.3h^{-1}$，H_2/Oil$=1100$

在相同的反应条件下，考察温度对催化剂 C-NiMo-5 加氢脱氮效果的影响，结果见图 4-19。由图 4-19 可知，催化剂 C-NiMo-5 在不同温度下的加氢脱氮率分别为 20.27%（350℃）、46.03%（375℃）、71.72%（400℃）、89.25%（425℃）、90.94%（450℃）。从 350～450℃ 随着温度的增加，煤焦油加氢脱氮率呈现出不断增加的趋势。350～400℃ 加氢脱氮率增加幅度较大，而 400～450℃ 加氢脱氮率增加幅度越来越小，趋向于平滑。芳环、杂环化合物加氢属于放热反应，随着温度升高，提高反应速率的同时也降低了反应平衡常数。一般反应会存在一个由动力学控制向热力学控制转变的温度极值点，从该实验结果可以猜测，425～450℃ 之间可能存在动力学与热力学控制加氢反应的平衡点。温度过高容易加速催化剂积炭失活、降低产品油收率，故综合考虑，选择反应温度 400℃ 比较合适。

在相同反应条件下，考察压力对催化剂 C-NiMo-5 加氢脱氮活性的影响，结果见图 4-20。由图 4-20 可知，不同压力下催化剂的加氢脱氮率分别为 1.83%

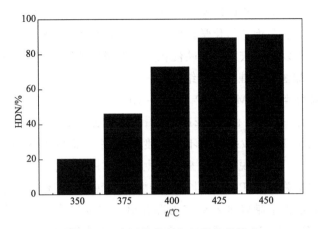

图 4-19　温度对催化剂加氢脱氮的影响

反应条件：$p = 8.0$ MPa，LHSV $= 0.3h^{-1}$，$H_2/Oil = 1100$

（2.0MPa）、16.96%（4.0MPa）、35.28%（6.0MPa）、71.72%（8.0MPa）、79.33%（10.0MPa）。随着反应压力的不断升高，加氢脱氮率也呈现出不断增加的趋势。当压力低于 2.0MPa 时，催化活性很低；压力在 2.0~8.0MPa 时加氢脱氮率增加幅度较大；压力大于 8.0MPa 时，加氢脱氮率增加幅度减缓。考虑到实验设备压力承受能力及条件，选择反应压力 8.0MPa。

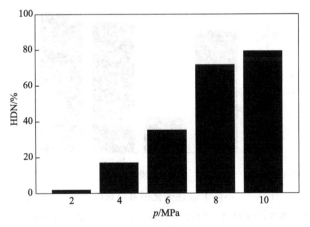

图 4-20　压力对催化剂加氢脱氮的影响

反应条件：$t = 400℃$，LHSV $= 0.3h^{-1}$，$H_2/Oil = 1100$

4.4.5　P 改性煤焦油加氢脱氮催化剂

煤焦油成分比较复杂，主要为苯酚类、萘类、烷烃类（碳大于 12）、大分子杂环化合物。其中含氮化合物主要为吡啶、喹啉、吡咯及其衍生物和苯胺类，由于种类较多、含量微少，难以检测各个物质的含量。含氮化合物加氢主要分两个步骤：

a. 杂环加氢饱和；b. C—N 键断裂。煤焦油中"苯酚类→苯类→环烷烃类→烷烃类"转化也是经过加氢饱和与化学键断裂两步，所以 GC-MS 检测环烷烃类与烷烃类的含量变化也可以比较宏观地反映催化剂加氢脱氮性能的程度。石垒等[89] 研究了 P 改性煤焦油加氢脱氮催化剂，结果见表 4-6 和图 4-21。由表 4-6 可以看出产品中环烷烃类与烷烃类含量 Mo-Ni/P > Mo-NiP > Mo-Ni > MoP-Ni，这与图 4.7 中 HDN 的趋势是一致的。由图 4-21 可以看出，相比于 Mo-Ni 催化剂，Mo-NiP 与 Mo-Ni/P 催化剂的 HDN 效果出现不同程度的提高，而 MoP-Ni 催化剂效果降低，说明助剂 P 对催化剂加氢脱氮并不是只产生促进作用，也会产生抑制作用，这与 P 的添加方式密切相关。MoP-Ni 催化剂中磷酸与钼酸铵在酸性环境中形成大分子磷钼杂多酸，浸渍过程中难以进入载体内部孔道，过多的活性组分在催化剂表面富集，存在 $NiMoO_4$ 相。这一方面减少了有效活性中心数量，另一方面金属组分颗粒增大，还原温度升高（TPR 还原峰升高 10℃），不利于活性相形成，从而导致活性较差。而 Mo-Ni/P 催化剂，载体先浸渍磷酸溶液，无论载体表面还是孔道内部会吸附磷生成 Al—O—P 键，浸渍活性组分时会产生较弱的 Al—O—P—O—Mo 或 Al—O—P—O—Mo—Ni，减弱了载体与活性组分之间的相互作用，有利于活性相 Ni-Mo-S 的形成与分散。

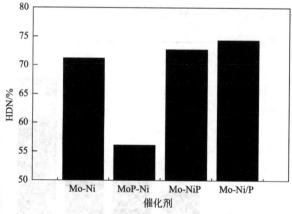

图 4-21 不同 P 改性催化剂对煤焦油的 HDN 性能

反应条件：t＝400℃，LHSV＝0.3h^{-1}，p＝8.0MPa，H_2/Oil＝1100

表 4-6 GC-MS 对煤焦油原料及加氢产品的分析

组分	煤焦油原料	Mo-Ni	MoP-Ni	Mo-NiP	Mo-Ni/P
烷烃	24.25	29.85	31.06	30.18	36.07
环烷烃	0.53	19.27	12.28	19.54	16.32
苯类	1.53	15.59	13.05	17.13	16.21
酚类	39.72	4.84	15.94	6.59	7.74

续表

组分	煤焦油原料	Mo-Ni	MoP-Ni	Mo-NiP	Mo-Ni/P
萘类	18.84	18.27	20.57	18.73	17.89
萘酚	2.62	0	0.00	0.00	0.00
茚	2.96	5.01	2.70	3.77	1.94
芴	1.31	1.29	1.26	1.21	1.13
二苯并呋喃	2.11	3.44	1.74	0.94	1.35
酮类	0.46	0	0	0	0
酯类	1.65	0	0	0	0
醛类	0.61	0	0	0	0
烯烃	0.56	0	0	0	0
蒽、菲、芘	1.82	0.34	1.01	0.29	0.63
其它	1.03	2.04	0.39	1.62	0.72
总计	100	100	100	100	100

助剂磷的加入不会引起催化剂中 B 酸中心的形成和总酸量较大的变化，但可改变催化剂中弱酸、中强酸和强酸性中心的分布，其中中强酸、弱酸中心增加明显；助剂磷的加入可提高催化剂中 10～13nm 有效孔所占的比例，有利于煤焦油中大分子化合物的加氢脱氮反应；磷酸的加入改变了 Mo、Ni 活性组分的还原难易程度，其中 Mo-Ni/P 和 Mo-NiP 更易被还原，从而有利于高活性相前驱体形成。因此，适宜的磷改性可提高催化剂加氢脱氮活性。加氢脱氮活性顺序：Mo-Ni/P（74.36%）＞ Mo-NiP（72.74%）＞ Mo-Ni（71.72%）＞ MoP-Ni（56.13%）。

适宜的磷改性在提高催化剂加氢脱氮活性的同时，也促进了煤焦油加氢过程中不饱和烃的加氢饱和、杂原子的脱除以及大分子烃类化合物的裂化分解，这对煤焦油加氢轻质化起到了促进作用。

参考文献

[1] Egorova M., Roel P.. Hydrodesulfurization of dibenzothiophene and 4,6-dimethyldibenzothiophene over sulfided NiMo/γ-Al$_2$O$_3$, CoMo/γ-Al$_2$O$_3$ and Mo/γ-Al$_2$O$_3$ catalysts [J]. Journal of catalysis, 2004, 225 (2): 417-427.

[2] Egorova M., Prins R.. Competitive hydrodesulfurization of 4,6-dimethyldibenzothiophene, hydrodenitrogenation of 2-methyldibenzothiophene, and hydrogenation of naphthalene over sulfide NiMo/γ-Al$_2$O$_3$ [J]. Journal of Catalysis, 2004, 224 (2): 278-287.

[3] Kilbane J. J.. Coal bioprocessing research at the institute of gas technology [J]. Applied Biochemistry and Biotechonlogy, 1995, 54 (1-3): 209-221.

[4] 陈秉衡，洪传洁. 上海区域大气 NO$_x$ 污染对健康影响的定量评价 [J]. 上海环境科学，2002；21（3）：129-131.

[5] Jian M., Kapteijn F., Prins R.. Kinetics of the hydrodenitrogenation of ortho-propylaniline over NiMo（P）/Al$_2$O$_3$ catalysts [J]. Journal of Catalysis, 1997, 168（2）：491-500.

[6] Kim S. C., Massoth F. E.. Hydrodenitrogenation activities of methyl-substituted indoles [J]. Journal of Catalysis, 2000, 189（1）：70-78.

[7] 于道永，徐海，阙国和. 石油非加氢脱氮技术进展 [J]，化工进展，2001，10：32-35.

[8] Kim J. H., Ma X. L., Zhou A. N., et al. Ultra-deep desulfurization and denitrogenation of diesel fuel by selective adsorption over three different adsorbents：A study on adsorptive selectivity and mechanism [J]. Catalysis Today, 2006, 111（1-2）：74-83.

[9] Aislabie J., Atlas R. M.. Microbial upgrading of Stuart shale oil：removal of heterocyclic nitrogen compounds [J]. Fuel, 1990, 69（9）：1155-1157.

[10] Odebunmi E. O., Ollis D. F.. Catalytic hydrodeoxygenation Ⅲ，Interactions between catalytic hydrodeoxygenation of m-cresoland hydrodenitrogenation of indole [J]. Journal of Catalysis, 1983, 80（1）：76-79.

[11] Nelson N., Levy R. B.. The organic chemistry of hydrodenitrogenation [J]. Journal of Catalysis, 1979, 58（3）：485-489.

[12] 韩崇仁. 加氢裂化工艺与工程 [M]. 北京：中国石化出版社，2001.

[13] Girgis M. J., Gates B. C.. Reactivities, Reaction Networks, and Kinetics in High-pressure Catalytic Hydroprocessing [J]. Industrial & Engineering Chemistry Process Design and Development, 1991, 30（9）：2021-2058.

[14] Kukula P., Dutly A., Sivasankar N., et al. Investigation of the steric course of the C N bond breaking in the hydrodenitrogenation of alkylamines [J]. Journal of Catalysis, 2005, 236（1）：14-20.

[15] Bunch A., Zhang L. P., Karakas G., et al. Reaction network of indole hydrodenitrogenation over NiMoS/γ-Al$_2$O$_3$ catalysts [J]. applied Catalysis A：General, 2000, 190：51-60.

[16] Wang H., Prins R.. On the Formation of Pentylpiperidine in the Hydrodenitrogenation of Pyridine [J]. Catalysis Letters, 2008, 126（1-2）：1-9.

[17] Kim S. C., Massoth F. E.. Kinetics of the hydrodenitrogenation of indole [J]. Industrial & Engineering Chemistry Research, 2000, 39（6）：1705-1712.

[18] Oyekunle L. O., Edafe O. A.. Kinetic Modeling of Hydrodenitrogenation of Pyridine [J]. Petroleum Science and Technology, 2009, 27（6）：557-567.

[19] Nguyen M. T., Tayakout-Fayolle M. T., Pirngruber G. D., et al. Kinetic Modeling of Quinoline Hydrodenitrogenation over a NiMo（P）/Al$_2$O$_3$ Catalyst in a Batch Reactor [J]. Industrial & Engineering Chemistry Research, 2015, 54（38）：9278-9288.

[20] Satterfield C. N., Cocchetto J. F.. Reaction Network and Kinetics of the Vapor-Phase Catalytic Hydrodenitrogenation of Quinoline [J]. Industrial & Engineering Chemistry Process Design and Development, 1981, 20（1）：53-62.

[21] Jian M. , Prins R. . Mechanism of the Hydrodenitrogenation of Quinoline over NiMo(P)/ Al_2O_3 Catalysts [J]. Journal of Catalysis，1998，179：18-27.

[22] Laine R. M. . Comments on the Mechanisms of Heterogeneous Catalysis of the Hydrodenitrogenation Reaction [J]. Catalysis Reviews，1983，25 (3)：459-474.

[23] Prins R. , Jian M. , Flechsenhar M. . Mechanism and kinetics of hydrodenitrogenation [J]. Polyhedron，1997，16 (18)：3235-3246.

[24] Yang S. H. , Satterfield C. N. . Catalytic Hydrodenitragenation of Quinoline in a Trickle-Bed Reactor. Effect of Hydrogen Sulfide [J]. Industrial & Engineering Chemistry Research，1984，23 (1)：20-25.

[25] Satterfield C. N. , Gültekin S. . Effect of Hydrogen-Sulfide on the Catalytic Hydrodenitrogenation of Quinoline [J]. Industrial & Engineering Chemistry Process Design and Development，1981，20 (1)：62-68.

[26] Lu M. H. , Wang A. J. , Li X. , et al. Hydrodenitrogenation of quinoline catalyzed by MCM-41-supported nickel phosphides [J]. Energy & Fuels，2007，21 (2)：554-560.

[27] 孙智慧，李冬，李稳宏，等. 煤焦油加氢脱氮动力学 [J]. 石油学报 (石油加工)，2013，29 (06)：1035-1039.

[28] Prins R. . Catalytic Hydrodenitrogenation [J]. Advances in Catalysis，2001，46：399-464.

[29] 柴永明. 预硫化型 NiMo 加氢催化剂的研究 [D]. 青岛：中国石油大学 (华东)，2007.

[30] 徐东彦，吴炜，王光维，等. 润滑油加氢脱氮 WMoNi/Al_2O_3 催化剂的研究 [J]. 化学反应工程与工艺，2002，18 (2)：115-118.

[31] 王昭红. W-Mo-Ni-Cr/Al_2O_3 新型加氢脱氮催化剂及其改性研究 [D]. 北京：北京化工大学，2006.

[32] 鲁墨弘. 磷化镍催化剂的制备及其加氢脱氮反应性能研究 [D]. 大连：大连理工大学，2007.

[33] 段新平. 磷化镍 (钼) 催化剂的制备、改性以及加氢精制性能的研究 [D]. 大连：大连理工大学，2010.

[34] Schlatter J. C. , Oyama S. T. , Metcalfe J. E. . Catalytic behavior of selected transition metal carbides, nitrides, and borides in the hydrodenitrogenation of quinoline [J]. Industrial & Engineering Chemistry Research，1988，27：1648-1653.

[35] 朱全力，赵旭涛，赵振兴. 利用正己烷制备负载型碳化钼催化剂及其加氢脱硫活性 [J]. 催化学报，2005；26：1047-1052.

[36] Choi J-G，BRENNER J. R. , COLLING C. W. . Synthesis and characterization of molybdenum nitride hydro denitrogenation catalysts [J]. Catalysis Today，1992，15：201-222.

[37] Choi J-G，Curl R. L. , Thompson L. T. . Molybdenum nitride catalysts: Influence of the synthesis factors on structural properties [J]. Journal of Catalysis，1994；146：218-317.

[38] Iwamoto R. , Grimblot J. . Influence of phosphorus on the properties of alumina-based hydrotreating catalysts [J]. Stud . Surf . Sci. Catal. ，1999；44 (3)：417-419.

[39] DeCanio E. C. , Edwars J. C. . FT-IR and solid-state NMR investigation of phosphorus pro-

moted hydrotreating catalyst precursors [J]. Catal Communications, 1991, 23 (11): 498-511.

[40] Jian M. , Cerda R. . The function of phosphorus, nickel and H_2S in the HDN of piperidine and pyridine over $NiMoP/Al_2O_3$ catalysts [J]. Bull . Soc . Chim . Belg. , 1995, 104 (4-5): 225-230.

[41] Peil K. P. , Galya L. G. . Acid and catalytic properties of nonstoichi-ometric aluminum borates [J]. Journal of Catalysis, 1989; 115 (1): 441-451.

[42] M. Lewandowski, Z S. The effect of boron addition on hydrodesulfrization and hydrodenitrogenation activity of $NiMo/Al_2O_3$ catalysts [J]. Fuel, 2000; 79 (5): 9.

[43] Infantes-Molina A. , Moreno-León C. , Pawelec B. , et al. Simultaneous hydrodesulfurization and hydrodenitrogenation on MoP/SiO_2 catalysts: Effect of catalyst preparation method [J]. Applied Catalysis B: Environmental, 2012, 113-114: 87-99.

[44] Kopyscinski J. , Choi J. , Hill J. M. . Comprehensive kinetic study for pyridine hydrodenitrogenation on (Ni) WP/SiO_2 catalysts [J]. Applied Catalysis A: General, 2012, 445-446: 50-60.

[45] Matsuda S. , Kato A. . Titanium-Oxide Based Catalysts -a Review [J]. Applied Catalysis, 1983, 8 (2): 149-165.

[46] Ng K. Y. S. , Gulari E. Molybdena on Titania Ⅱ. Thiophene hydrodesulfurzation activity and selectivity [J]. Journal of Catalysis, 1985, 95: 33-40.

[47] Ramirez J. , Fuentes S. , Díaz G. , et al. Hydrodesulfurization Activity and Characterization of Sulfided Molybdenum and Cobalt Molybdenum Catalysts-Comparison of Alumina-Supported, Silica Alumina-Supported and Titania-Supported Catalysts [J]. Applied Catalysis, 1989, 52 (3): 211-224.

[48] Okamoto Y. , Kubota T. . A model catalyst approach to the effects of the support on Co-Mo hydrodesulfurization catalysts [J]. Catalysis Today, 2003, 86 (1-4): 31-43.

[49] Ramirez J. , Cedeno L. , Busca G. . The role of titania support in Mo-based hydrodesulfurization catalysts [J]. Journal of Catalysis, 1999, 184 (1): 59-67.

[50] Araki Y. , Honna K. , Shimada H. . Formation and Catalytic Properties of Edge-Bonded Molybdenum Sulfide Catalysts on TiO_2 [J]. Journal of Catalysis, 2002, 207 (2): 361-370.

[51] Robinson Wram, Veen Jarv, Beer Vhjd, et al. Development of deep hydrodesulfurization catalysts Ⅱ. NiW, Pt and Pd catalysts tested with (substituted) dibenzothiophene [J]. Fuel Processing Technology, 1999, 61 (1-2): 103-116.

[52] Maity S. K. , Rana M. S. , Bej S. K. , et al. TiO_2-ZrO_2 mixed oxide as a support for hydrotreating catalyst [J]. Catalysis Letters, 2001, 72 (1-2): 115-119.

[53] Lecrenay E. , Sakanishi K. , Mochida I. , et al. Hydrodesulfurization activity of CoMo and NiMo catalysts supported on some acidic binary oxides [J]. applied Catalysis A: General, 1998, 175 (1-2): 237-243.

[54]　Damyanova S. , Petrov L. , Centeno M. A. , et al. Characterization of molybdenum hydrodesulfurization catalysts supported on ZrO_2-Al_2O_3 and ZrO_2-SiO_2 carriers [J]. Applied Catalysis A: General, 2002, 224 (1-2): 271-284.

[55]　Maity S. K. , Ancheyta J. , Soberanis L. , et al. Alumina-silica binary mixed oxide used as support of catalysts for hydrotreating of Maya heavy crude [J]. Applied Catalysis A: General, 2003, 250 (2): 231-238.

[56]　Rana M. S. , Maity S. K. , Ancheyta J. , et al. MoCo (Ni) /ZrO_2-SiO_2 hydrotreating catalysts: physico-chemical characterization and activities studies [J]. Applied Catalysis A: General, 2004, 268 (1-2): 89-97.

[57]　Maity S. K. , Ancheyta J. , Soberanis L. , et al. Alumina-titania binary mixed oxide used as support of catalysts for hydrotreating of Maya heavy crude [J]. Applied Catalysis A: General, 2003, 244 (1): 141-153.

[58]　Biswas P. , Narayanasarma P. , Kotikalapudi C. M. , et al. Characterization and Activity of ZrO_2 Doped SBA-15 Supported NiMo Catalysts for HDS and HDN of Bitumen Derived Heavy Gas Oil [J]. Industrial & Engineering Chemistry Research, 2011, 50 (13): 7882-7895.

[59]　Chandra Mouli K. , Mohanty S. , Hu Y. F. , et al. Effect of hetero atom on dispersion of NiMo phase on M-SBA-15 (M=Zr, Ti, Ti-Zr) [J]. Catalysis Today, 2013, 207: 133-144.

[60]　Rayo P. , Ramírez J. , Rana M. S. , et al. Effect of the Incorporation of Al, Ti, and Zr on the Cracking and Hydrodesulfurization Activity of NiMo/SBA-15 Catalysts [J]. Industrial & Engineering Chemistry Research, 2009, 48 (3): 1242-1248.

[61]　Montesinos-Castellanos A. , Zepeda T. A. . High hydrogenation performance of the mesoporous NiMo/Al (Ti, Zr)-HMS catalysts [J]. Microporous and Mesoporous Materials, 2008, 113 (1-3): 146-162.

[62]　Schuit G. C. A. , Gates B. C. . Chemistry and Engineering of Catalytic Hydrodesulfurization [J]. AIChE Journal, 1973, 19 (3): 417-438.

[63]　Voorhoev R. J. H. . Electron Spin Resonance Study of Active Centers in Nickel-Tungsten Sulfide Hydrogenation Catalysts [J]. Journal of Catalysis, 1971, 23 (2): 236-242.

[64]　Voorhoev R. J. H. , Stuiver J. C. M. . Kinetics of Hydrogenation on Supported and Bulk Nickel-Tungsten Sulfide Catalysts [J]. Journal of Catalysis, 1971, 23 (2): 228.

[65]　Grimblot J. . Genesis, architecture and nature of sites of Co (Ni)-MoS_2 supported hydroprocessing catalysts [J]. Catalysis Today, 1998, 41 (1-3): 111-128.

[66]　Topsøe H. , Clausen B. J. , Candia R. , et al. In Situ Mössbauer Emission Spectroscopy Studies of Unsupported and Supported Sulfided Co-Mo Hydrodesulfurization Catalysts: Evidence for and Nature of a Co-Mo-S Phase [J]. Journal of Catalysis, 1991, 68: 433-452.

[67]　Karroua M. , Grange P. , Delmon B. . Existence of Synergy between CoMos and Co_9S_8- New Proof of Remote-Control in Hydrodesulfurization [J]. Applied Catalysis, 1989, 50 (3): L5-L10.

[68] Daage M. , Chianelli R. R. . Structure-Function Relations in Molybdenum Sulfide Catalysts: The "Rim-Edge" Model [J]. Journal of Catalysis, 1994, 149: 414-427.

[69] Redinger J. , Marksteiner P. , Weinberger P. . Vacancy-induced changes in the electronic-structure of transition-metal carbides and nitrides-calculation of x-ray photomission intensities [J]. Zeitschrift Für Physik B-Condensed Matter, 1986, 63 (3): 321-333.

[70] Chen J. G. . Carbide and Nitride Overlayers on Early Transition Metal Surfaces: Preparation, Characterization, and Reactivities [J]. Chemical Reviews, 1996, 96 (4): 1447-1498.

[71] Schlatter J. C. , Oyama S. T. , Metcalfe J. E. , et al. Catalytic Behavior of Selected Transition-Metal Carbides, Nitrides, and Borides in the Hydrodenitrogenation of Quinoline [J]. Industrial & Engineering Chemistry Research, 1988, 27 (9): 1648-1653.

[72] Ozkan U. S. , Zhang L. P. , Clark P. A. . Performance and Postreaction Characterization of γ-Mo$_2$N Catalysts in Simultaneous Hydrodesulfurization and Hydrodenitrogenation Reactions [J]. Journal of Catalysis, 1997, 172: 294-306.

[73] Celzard A. , Marêché J. F. , Furdin G. , et al. Preparation and catalytic activity of active carbon-supported Mo$_2$C nanoparticles [J]. Green Chemistry, 2005, 7 (11): 784.

[74] Furimsky E. . Metal carbides and nitrides as potential catalysts for hydroprocessing [J]. Applied Catalysis A: General, 2003, 240 (1-2): 1-28.

[75] Al-Megren H. A. , González-Cortés S. L. , Xiao T. C. , et al. A comparative study of the catalytic performance of Co-Mo and Co (Ni)-W carbide catalysts in the hydrodenitrogenation (HDN) reaction of pyridine [J]. Applied Catalysis A: General, 2007, 329: 36-45.

[76] Xiao T. C. , York A. P. E. , Al-Megren H. , et al. Preparation and Characterisation of Bimetallic Cobalt and Molybdenum Carbides [J]. Journal of Catalysis, 2001, 202 (1): 100-109.

[77] Wang X. H. , Zhang M. H. , Li W. , et al. Synthesis and characterization of cobalt-molybdenum bimetallic carbides catalysts [J]. Catalysis Today, 2008, 131 (1-4): 111-117.

[78] Yu C. C. , Ramanathan S. , Oyama S. T. . New Catalysts for Hydroprocessing: Bimetallic Oxynitrides M$_I$-M$_{II}$-O-N (M$_I$, M$_{II}$ = Mo, W, V, Nb, Cr, Mn and Co) Part I. Synthesis and Characterization [J]. Journal of Catalysis, 1998, 173: 1-9.

[79] Dhandapani B. , Ramanathan S. , Yu C. C. , et al. Synthesis, Characterization, and Reactivity Studies of Supported Mo$_2$C with Phosphorus Additive [J]. Journal of Catalysis, 1998, 176: 61-67.

[80] Xiao T. C. , Wang H. T. , York A. P. E. , et al. Preparation of Nickel-Tungsten Bimetallic Carbide Catalysts [J]. Journal of Catalysis, 2002, 209 (2): 318-330.

[81] Oyama S. T. . Novel catalysts for advanced hydroprocessing: transition metal phosphides [J]. Journal of Catalysis, 2003, 216 (1-2): 343-352.

[82] Robinson Wram, Gestel Jnmv, Korányi T. I. , et al. Phosphorus Promotion of Ni (Co)-Containing Mo-Free Catalysts in Quinoline Hydrodenitrogenation [J]. Journal of Catalysis,

1996，161：539-550.

[83] Stinner C. ，Prins R. ，Weber T.. Formation，Structure，and HDN Activity of Unsupported Molybdenum Phosphide [J]. Journal of Catalysis，2000，191 (2)：438-444.

[84] Clark P. ，Li W. ，Oyama S. T.. Synthesis and Activity of a New Catalyst for Hydroprocessing：Tungsten Phosphide [J]. Journal of Catalysis，2001，200 (1)：140-147.

[85] Wang X. Q. ，Clark P. ，Oyama S. T.. Synthesis，Characterization，and Hydrotreating Activity of Several Iron Group Transition Metal Phosphides [J]. Journal of Catalysis，2002，208 (2)：321-331.

[86] Sawhill S. J. ，Layman K. A. ，Wyk D. R. V. ，et al. Thiophene hydrodesulfurization over nickel phosphide catalysts：effect of the precursor composition and support [J]. Journal of Catalysis，2005，231 (2)：300-313.

[87] Zuzaniuk V. ，Prins R.. Synthesis and characterization of silica-supported transition-metal phosphides as HDN catalysts [J]. Journal of Catalysis，2003，219 (1)：85-96.

[88] Wu Z. L. ，Sun F. X. ，Wu W. C. ，et al. On the surface sites of MoP/SiO$_2$ catalyst under sulfiding conditions：IR spectroscopy and catalytic reactivity studies [J]. Journal of Catalysis，2004，222 (1)：41-52.

[89] Shi L. ，Zhang Z-H. ，Qiu Z-G. ，et al. Effect of phosphorus modification on the catalytic properties of Mo-Ni/Al$_2$O$_3$ in the hydrodenitrogenation of coal tar [J]. Journal of Fuel Chemistry and Technology，2015，43 (1)，74-80.

第 5 章
煤焦油加氢脱硫

5.1 煤焦油中的含硫化合物及其危害

5.1.1 煤焦油中的含硫化合物

煤焦油的主要成分是芳烃类化合物，但也存在少量其他化合物，如杂环化合物苯并噻吩、二苯并噻吩、萘苯并噻吩等含硫化合物，苯并喹啉、咔唑等含氮化合物，以及氧芴等含氧化合物，此外还含有极少量的铁、镍、钒等重金属化合物和胶质、沥青质等。煤焦油中的含硫化合物主要分为两类：一类是非杂环含硫化合物，如硫醇（R—SH）、硫醚（R—S—R'）和二硫化物（R—S—S—R'）等，大部分都较易加氢脱硫；另一类是分子量较大、沸点较高、带支链的杂环含硫化合物，主要为噻吩、苯并噻吩、二苯并噻吩以及它们的烷基衍生物。图 5-1 示出几种典型的杂环含硫化合物。

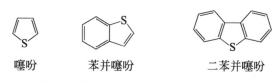

噻吩　　　　　苯并噻吩　　　　　二苯并噻吩

图 5-1　煤焦油中典型含硫化合物的结构

5.1.2 含硫化合物的危害

煤焦油中的硫不仅会严重腐蚀金属设备，而且会对环境造成污染，含硫化合物的主要危害如下：

① 含硫化合物能与氧化物、氰化物、氮化物和氢气及其他腐蚀性介质发生反应，形成各种含硫物质腐蚀设备，不利于炼油加工设备的稳定运行。

② 煤焦油中的烃类与非烃类含硫化合物很可能发生反应，加上光照和温度等外部条件的影响，其变化更为复杂，不利于油品的安全储存。

③ 含硫化合物燃烧之后转化为 SO_x，会明显增加大气中的颗粒，还能和空气中的水分结合形成酸雨，对生态环境具有极大的破坏性和危害性。

④ 在加氢精制过程中，反应系统生成的 H_2S 会抑制催化剂的脱硫活性或与 NH_3 形成铵盐结晶而堵塞系统，且 H_2S 浓度高时会对反应设备产生腐蚀。

5.2 加氢脱硫反应原理

5.2.1 含硫化合物加氢脱硫反应

在煤焦油的加氢脱硫反应中，非杂环含硫化合物中的硫原子较易脱除，反应途径也较简单，一般经过以下步骤：C—S 键断裂→分子碎片加氢→转化为烃类和 H_2S，S 元素以 H_2S 的形式从原料中分离出去。而杂环含硫化合物的结构较复杂，S 元素较难脱除，一般通过两种反应途径进行：途径 I 是预加氢脱硫（HYD）途径，分为杂环加氢和加氢脱硫两步；途径 II 是氢解脱硫（DDS）途径，即直接脱去分子中的硫[1~3]。主要的加氢脱硫反应如下：

① 硫醇：$RSH + H_2 \longrightarrow RH + H_2S$

② 硫醚：$RSSR^1 + 3H_2 \longrightarrow RH + R^1H + 2H_2S$

③ 噻吩：

④ 苯并噻吩：

5.2.2 加氢脱硫反应机理

在加氢脱硫反应过程中存在两类活性位，这两类活性位分别发生加氢反应和 C—S 键氢解反应[4]。一般认为加氢脱硫的主活性位是硫空穴位，含硫化合物通过硫原子吸附在不饱和硫空穴位上，反应完成后生成烃类产物，硫原子停留在硫空穴位上，与氢气进行下一步反应，反应后产物为 H_2S，硫原子以 H_2S 的形式从反应活性位上脱附下来，此时硫空穴位被还原[5,6]。Toshiaki 等[7] 通过研究发现，在加氢脱硫这一过程中，含硫化合物可能在活性中心上存在两种吸附方式：σ 吸附和 π 吸附。Egorova 等[8] 认为，直接脱硫途径（DDS）可能通过含硫化合物中的硫原子与催化剂表面的活性中心作用形成 σ 吸附来脱除硫原子，而加氢脱硫途径（HYD）则出现不同的吸附方式，一般通过含硫化合物中的硫原子与催化剂表面的活性中心作用形成 π 吸附。

无论是杂环含硫化合物还是非杂环含硫化合物，它们的加氢脱硫速率都与硫化物的分子结构密切相关。下面以二苯并噻吩为模型化合物来加以介绍。Houalla 等[9] 以 Co-Mo/Al$_2$O$_3$ 为催化剂，以二苯并噻吩为原料，在釜式反应器和连续反应器中进行了加氢脱硫的相关研究，并根据实验数据提出了二苯并噻吩加氢脱硫反应的网络，如图 5-2 所示。此外，Broderick 等[10] 以 Ni-Mo/Al$_2$O$_3$ 为催化剂，进行了相关的实验研究，也提出了如图 5-2 所示的类似的二苯并噻吩加氢脱硫反应网络。

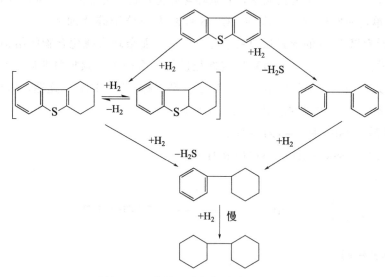

图 5-2　二苯并噻吩加氢脱硫反应网络

Vrinat[11] 和 O′Brien[12] 在加氢脱硫条件下研究了二苯并噻吩的动力学问题，并根据实验结果，提出了加氢脱硫反应的速率与 L-H 机理有关的结论。

5.2.3　加氢脱硫反应的热力学

大多数硫化物加氢脱硫（HDS）反应的化学平衡常数在较大的温度和压力范围内都是非常大的，因此决定含硫化合物脱硫率的并不是化学平衡常数而是反应速率。表 5-1 列出了各类含硫化合物在不同温度下的 HDS 反应化学平衡常数和热效应。由表 5-1 可知，除噻吩类外，其他含硫化合物的反应平衡常数在较大的温度范围内都是正值，且数值较大，说明从热力学角度来看，它们均可以达到较高的平衡转化率。含硫化合物的 HDS 反应是极强的放热反应，平衡常数的值随温度的升高而降低，即太高的反应温度不利于 HDS 反应。

表 5-1　含硫化合物加氢脱硫反应的化学平衡常数及热效应

反应	lgK_P			$\Delta H(700K)$ /(kJ/mol)
	500K	700K	900K	
$CH_3SH+H_2 \longrightarrow CH_4+H_2S$	8.37	6.10	4.69	−70
$C_2H_5SH+H_2 \longrightarrow C_2H_6+H_2S$	7.06	5.01	3.84	
$n\text{-}C_3H_7SH+H_2 \longrightarrow C_3H_8+H_2S$	6.05	4.45	3.52	
$(CH_3)_2S+2H_2 \longrightarrow 2CH_4+H_2S$	15.68	11.42	8.96	−117
$(C_2H_5)_2S+2H_2 \longrightarrow 2C_2H_6+H_2S$	12.52	9.11	7.13	
$CH_3\text{—}S\text{—}S\text{—}CH_3+3H_2 \longrightarrow 2CH_4+2H_2S$	26.08	19.03	14.97	
$C_2H_5\text{—}S\text{—}S\text{—}C_2H_5+3H_2 \longrightarrow 2C_2H_6+2H_2S$	22.94	16.79	13.23	
四氢噻吩 $+2H_2 \longrightarrow n\text{-}C_4H_{10}+H_2S$	8.79	5.26	3.24	−122
四氢噻喃 $+2H_2 \longrightarrow n\text{-}C_5H_{12}+H_2S$	9.22	5.92	3.97	−113
噻吩 $+4H_2 \longrightarrow n\text{-}C_4H_{10}+H_2S$	12.07	3.85	−0.85	−281
甲基噻吩 $+4H_2 \longrightarrow i\text{-}C_5H_{12}+H_2S$	11.27	3.17	−1.43	−276

含硫化合物加氢反应速率和其分子结构关系密切。各类含硫化合物的加氢反应速率顺序为硫醇＞二硫化物＞硫醚≈四氢噻吩＞噻吩；噻吩及其衍生物 HDS 的反应活性顺序是二苯并噻吩＜苯并噻吩＜噻吩，其加氢反应速率随着环烷环和芳香环数目的增加而下降。但如果持续增加环数，HDS 反应速率又会出现回升，这可能是多元芳香环在加氢之后，氢化芳香环皱起，空间阻碍程度减弱所导致。

表 5-2 为噻吩在不同温度和压力下 HDS 反应的平衡转化率。由表 5-2 可知，当反应压力较低时，反应温度对噻吩的转化率有显著影响；反应温度越高，压力影响越显著。对噻吩来说，想要达到较高的加氢脱硫率，反应温度应不高于 700 K，压力应不低于 4MPa。

表 5-2　噻吩加氢脱硫反应的平衡转化率

温度/K	压力/MPa			
	0.1	1.0	4.0	10.0
500	99.2	99.9	100	100
600	98.1	99.5	99.8	99.8
700	90.7	97.6	99.0	99.4
800	68.4	92.3	96.6	98.0
900	28.7	79.5	91.8	95.1

5.2.4　加氢脱硫反应的动力学

研究加氢脱硫反应动力学不仅可以开发和优化加氢工艺，而且有利于分析硫化物在不同催化剂上的加氢反应机理，以研制各种新型加氢脱硫催化剂和加氢反应器。

加氢脱硫反应动力学模型方程可分为机理型动力学方程和经验型动力学方程。所谓经验型动力学方程，就是由某种假设或实践经验建立某种数学模型，然后根据实验所得的动力学数据对模型进行回归拟合，从而确定各模型参数。

李冬等[13] 将陕北煤焦油置于固定床双管加氢反应装置中进行加氢脱硫动力学研究，考察了反应温度、氢分压、液体体积空速等操作参数对加氢脱硫反应活性的影响，建立了煤焦油加氢脱硫反应的动力学模型，通过 Levenberg-Marquardt 法拟合出各动力学参数，并采用实测数据对模型进行了验证。

假设煤焦油加氢脱硫的反应级数为 n，并考虑氢分压对脱硫反应的影响，建立脱硫反应的速率表达式(5-1)。

$$dS/dt = -k_{app} S^n p_{H_2}^a \tag{5-1}$$

式中，k_{app} 为表观反应速率常数；S 为油品中硫的质量含量，$\mu g/g$；t 为反应物停留时间，s；p_{H_2} 为氢分压，MPa；n 为反应级数；a 为氢分压指数。

对式(5-1)积分得式(5-2)。

$$S_p^{1-n} - S_f^{1-n} = (n-1) k_{app} p_{H_2}^a t \tag{5-2}$$

式中，S_p 为产品中的硫含量，$\mu g/g$；S_f 为原料中的硫含量，$\mu g/g$。

考虑到实验装置较小，内部流体可能偏离活塞流，引入指数项 b 修正液体体积空速（以 LHSV 表示）得到式(5-3)。

$$S_p^{1-n} - S_f^{1-n} = (n-1) k_{app} p_{H_2}^a (LHSV)^b \tag{5-3}$$

假设温度对反应速率常数的影响符合 Arrhenius 公式，则可改写为式(5-4)。

$$S_p^{1-n} - S_f^{1-n} = (n-1) k_0 p_{H_2}^a (LHSV)^b \exp(-E/RT) \tag{5-4}$$

式中，k_0 为 Arrhenius 公式指前因子；E 为表观活化能，J/mol；T 为反应温度，K；R 为 8.314J/（mol·K）。

式(5-4)变形得式(5-5)。

$$S_p = \left[43077 p_{H_2}^{3.905} (LHSV)^{-0.666} \exp(-42015/RT) + S_f^{-1.022} \right]^{-0.978} \tag{5-5}$$

式(5-5)即为所建立的动力学模型方程。

建立好模型后，考察不同操作条件下煤焦油 HDS 的变化，选取温度范围643～683K，压力范围 9.7～13.6MPa，液体体积空速范围 0.3～0.5h^{-1}，实验结果见表 5-3。

表 5-3　求取动力学模型参数的数据

反应温度/K	氢分压/MPa	液体体积空速/h^{-1}	加氢产品硫含量/(μg/g)
643	9.7	0.4	164
683	9.7	0.4	115
643	13.6	0.4	76
683	13.6	0.4	32
643	11.6	0.3	58
683	11.6	0.3	26
643	11.6	0.5	103
683	11.6	0.5	65
663	9.7	0.3	151
663	13.6	0.3	38
663	9.7	0.5	168
663	13.6	0.5	74
663	11.6	0.4	50

用表 5-3 的实验数据在 SPSS (statistical product and service solutions) 软件上对动力学方程进行拟合，得到动力学方程参数如下：

$E=42150$；$n=2.022$；$a=3.905$；$b=-0.666$；$k_0=472500$

再通过 Levenberg-Marquardt 法拟合得公式(5-6)。

$$S_p=[43077p_{H_2}^{3.905}(LHSV)^{-0.666}\exp(-42015/RT)+S_f^{-1.022}]^{-0.978} \quad (5-6)$$

由 $n=2.022$ 可知煤焦油 HDN 反应为 2 级反应，由 $b=-0.666$ 可知产品硫含量将随进料量增加而增加。

为验证模型的可靠性，选取温度范围 633~693K、液体体积空速范围 0.2~0.6h^{-1}、压力范围 8.7~14.7MPa 内的五组数据，结果如表 5-4 所示。

表 5-4　验证动力学模型参数的数据

反应温度/K	氢分压/MPa	液体体积空速/h^{-1}	实际硫含量/(μg/g)	实际脱硫率/%	预测硫含量/(μg/g)	预测脱硫率/%	相对误差
633	11.6	0.6	112	97.07	130	96.60	-0.47
693	13.6	0.2	26	99.32	19	99.50	0.18
653	12.7	0.4	73	98.09	57	98.51	-0.48
633	8.7	0.2	216	94.35	189	95.05	0.80
693	14.7	0.6	18	99.53	28	99.27	0.26

由表 5-4 可知，相对误差均小于 2%，说明该动力学模型预测能力良好。

5.2.5 加氢脱硫反应的影响因素

（1）含氮化合物的影响

大量的研究表明，含氮化合物的存在对含硫化合物的加氢脱硫有强烈的抑制作用，尤其是碱性含氮化合物更容易吸附在催化剂表面的酸性基团（—SH）上，因酸性位被抢占而使含硫化合物难以被吸附，从而使加氢脱硫效率大幅度降低[1,14,15]。Satterfield 等[16] 最早关注到加氢脱硫对加氢脱氮反应存在一定的作用并对其进行了一系列研究，他们分别采用 Ni-W/Al$_2$O$_3$、Ni-Mo/Al$_2$O$_3$、Co-Mo/Al$_2$O$_3$ 及 Ni-W/SiO$_2$-Al$_2$O$_3$ 为催化剂，以噻吩和吡啶为模型化合物，考察了加氢脱氮反应和加氢脱硫反应之间的相互作用。研究表明，在以上各催化剂作用下，吡啶对噻吩的加氢脱硫反应均有较强的抑制作用，而噻吩对吡啶加氢脱氮反应的影响分为两种情况：一是低温下，噻吩与吡啶在活性中心存在竞相吸附，噻吩对吡啶的加氢脱氮反应存在强烈的抑制作用；二是高温下，吡啶 C—N 键在受到噻吩加氢脱硫放出大量 H$_2$S 的促进作用下更易断裂。这可能是由于 H$_2$S 的存在可以使催化剂一直处于较为完全的硫化状态，硫化态的催化剂具有较高的催化加氢活性。Laredo 等[17~19] 研究表明，含氮化合物对含硫化合物加氢脱硫反应的抑制作用并非线性相关的，而是高度非线性的，并且碱性含氮化合物与非碱性含氮化合物对其的抑制作用差别较大，一般碱性含氮化合物对其抑制作用较强，非碱性含氮化合物对其抑制作用较弱。Vopa 等[20] 研究得出，含氮化合物对噻吩加氢脱硫反应的抑制作用：NH$_3$＞苯胺＞吡啶＞喹啉，即含氮化合物对含硫化合物加氢脱硫的抑制作用随着含氮化合物的碱性减弱而减弱。Zeuthen 等[21] 发现，真实油品加氢精制反应中碱性含氮化合物也是抑制含硫化合物加氢脱硫反应的主要因素。同时，含氮化合物对含硫化合物加氢脱硫反应的抑制作用还包括空间位阻效应。Miciukiewicz 等[22] 研究发现，3,5-二甲基吡啶、哌啶及吡啶比 2,6-二甲基吡啶对噻吩加氢脱硫反应的抑制作用强得多。但是目前，对加氢脱硫催化剂上加氢和氢解反应活性中心的认识还不明确，所以含氮化合物对含硫化合物加氢脱硫反应的抑制机制的研究很难深入下去。

（2）硫化物的影响

Schulz 等[23] 研究发现有机硫化物存在自阻作用，而 H$_2$S 仅对氢解反应有阻滞效应，对加氢反应没有太大的影响。J. Van Gestel 等[24] 以噻吩为模型化合物，对不同硫化方式的 Co-Mo/Al$_2$O$_3$ 催化剂进行了研究，考察了反应物中加入 H$_2$S 对 HDS 反应的影响。研究结果表明，H$_2$S 有利于二氢噻吩的转化，生成强阻滞剂四氢噻吩，与 H$_2$S、二氢噻吩、四氢噻吩对比，其吸附平衡常数大小顺序为：噻吩＜H$_2$S≪四氢噻吩。Nagai 认为，反应中生成的强阻滞剂四氢噻吩导致了加氢脱硫率下降。

（3）氧化物的影响

Nagai 等[25] 研究了单环和多环氧化物对二苯并噻吩 HDS 反应的影响。结果发现氧化物的存在会降低二苯并噻吩 HDS 的产率。因此 Nagai 认为氧化物的存在可能使氢解和加氢两种活性位中毒。

（4）酸性的影响

一般认为催化剂酸性对含硫化合物的加氢脱硫活性有重要影响[26,27]。杂环含硫化合物中苯环的加氢反应需要较强的酸性，催化剂的酸性增强可使其反应活性大幅度增强，同时催化剂酸性的增强对催化剂异构化、烷基转移活性及耐硫性也具有重要作用。含氮化合物通过氮原子的孤对电子和苯环的 π 电子云，可以强烈地吸附到催化剂表面的 Lewis 酸中心上，在这一过程中形成可以与 B 酸中心相互作用的带正电荷的物种，从而对催化剂的活性和选择性造成很大的影响。Rana 等[28] 通过研究发现，与催化反应中氢解和加氢反应活性相关性较大的是催化剂中的 H^- 和 H^+，含氮化合物发生脱氮反应生成了 NH_3，NH_3 与 H^+ 反应生成 NH_4^+，从而使催化剂的加氢活性受到强烈的抑制作用。在含硫化合物的加氢脱硫研究中，Gigris 和 Gates[29] 得出，在含硫化合物进行裂化反应过程中，喹啉对其起到显著的抑制作用。Hughes 等[30] 以十六烷为模型化合物，考察了不同含氮物质对加氢裂化催化剂活性的影响，通过对裂化产物组成进行分析，发现喹啉在催化剂的裂化活性中发挥了最强的抑制作用。与其他烃类相比，含氮化合物在催化剂表面能进行更有效的吸附，长时间的吸附使催化剂的活性降低，甚至结焦[31]。

5.3　加氢脱硫催化剂

一般而言，固体催化剂的组成包括载体、助剂和活性组分三部分（见图 5-3）。载体是活性组分和助剂的骨架，它具有较高的比表面积和不同的孔道结构分布，同时能为活性组分提供更多的反应活性位；活性组分是催化剂的主要成分，能对催化剂的活性和选择性起到决定作用；助剂本身没有催化活性，但在催化剂中加入少量后能够改进催化剂的活性、选择性、耐热性、抗毒性等。

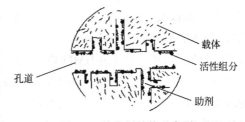

图 5-3　催化剂结构示意图

杂环烃类加氢脱硫一般需要经过含硫杂环烃的加氢饱和，C—S 键的断裂，然后生成 H_2S。由于存在较强的 C—S 键，因此对煤焦油进行加氢脱硫时需要催化剂具有较高的加氢活性和酸强度（裂化性能）。加氢脱硫催化剂应具备以下几点性质才能提供较好的脱硫效果：

① 较大的比表面积和孔容，提供更多的加氢反应活性位。

② 合适的孔道分布，应有比较集中分布的中孔和适量的大孔，有利于噻吩类含硫化合物扩散。

③ 活性组分要有较高的分散度，保证活性组分的有效利用率。

④ 适宜的酸强度，保证能提供足够的 C—S 键断裂中心。

目前常用的加氢脱硫催化剂主要分为两类：一类是以第ⅥB族和第Ⅷ族的 Mo、Ni、W、Co 为代表的非贵金属催化剂，它们常以氧化态或硫化态的形式存在，其活性相对较低，但价格低廉；另一类是以第Ⅷ族的 Pt、Pd 等贵金属为催化剂加氢活性组分、氧化铝为载体制备而成的贵金属型催化剂，这类催化剂加氢活性很高，但价格高昂[32~36]。许杰等[37] 以蒽油为原料，进行了加氢改质制燃料油的研究，认为加氢精制催化剂的活性组分为 Mo、W、Co 或 Ni 金属，载体为氧化铝或含硅氧化铝。李斯琴等[38] 对加氢催化剂进行了深入研究，认为催化剂的加氢活性必须考虑其酸性、孔隙度、比表面积和强度等物理、化学性质。其研究更侧重于载体的选择、制备方法的改进和助剂的筛选等。Oyama 等[39] 研究发现在不同加氢脱硫催化剂存在下，4,6-DMDBT 加氢脱硫反应速率常数：$Ni_2P/SiO_2 > Ni_2P/USY > NiMoS/Al_2O_3 > CoMoS/Al_2O_3$。Vradvaan 等[40] 以 DBT、4,6-DMDBT 为模型化合物研究了柴油燃料深度加氢脱硫动力学。他们以原油为反应原料 [HAGO 含硫量为 1.33%（质量分数）]，将部分氢化的 HAGO（1100 和 115 ppm S）以及 DBT 与 4,6-DMDBT 两种模型化合物分别溶解于 HAGO 中，发现对于加氢活性较高的催化剂，因存在芳烃化合物的竞争加氢作用而抑制了 4,6-DMDBT 的加氢脱硫，另外，H_2S 的存在也会抑制 4,6-DMDBT 在 HAGO 溶液中的加氢脱硫。Kwak 等[41] 研究了 DBT、4-MDBT、4,6-DMDBT 在氟化后的 $CoMoS/Al_2O_3$ 催化剂上的催化加氢脱硫，研究了不同 F 含量对 DBT、4-MDBT、4,6-DMDBT 的 HDS 影响，发现 F 的添加改变了金属分散度和催化剂的酸性，F 对 HDS 速率影响的顺序为：DBT<4-MDBT<4,6-DMDBT，同时产物分布也随 F 的加入而发生改变。Landau 等[42] 研究了 DBT 与 4,6-DMDBT 的加氢脱硫反应网络。实验中采用不同摩尔比的催化剂 Co-Mo、Ni-Mo 和 Co-Mo-zeolite，发现随着催化剂不同金属离子摩尔比的增加，HDS 产物联苯选择性也增加，催化剂不同金属离子摩尔比对 DBT 加氢脱硫速率影响较小，而对 4,6-DMDBT 加氢脱硫速率影响较大。

一般 Ni-W、Co-Mo 系催化剂常用于煤焦油的加氢脱硫反应中。研究表明 Co-Mo 催化剂的加氢脱硫（HDS）活性要优于 Ni-W 催化剂[43]。而 P 是 Co-Mo 催化剂常用的改性剂，具有调控催化剂孔结构和酸性[44,45]，改善 Mo、Co 组分在载体表面分散性的作用[46,47]。另外，P 还可以提高 Co-Mo 催化剂的 HDS 性能。胡大为等[48] 发现，添加了 P 的 $MoCoNiP/Al_2O_3$ 催化剂在渣油加氢反应中表现出更高的活性组分低温还原性和催化反应活性。Usman 等[49] 发现，Co-Mo/Al$_2$O$_3$ 中添加 P，利于 Co-MoS$_2$/Al$_2$O$_3$ 中高活性相 II 型 Co-Mo-S 的生成，提高了催化剂对噻吩的 HDS 活性。周慧波等[50] 制备了 Co-Mo-P 催化剂，发现添加 P 可以改善活性组分在载体上的分散状态，从而提高催化剂对 FCC 汽油的脱硫活性和选择性。

5.3.1　加氢精制催化剂活性组分

　　按照活性组分不同，可将常用的加氢脱硫、脱氮催化剂分为两类：一是贵金属，二是非贵金属。贵金属活性组分 Pt、Pd 等具有良好的加氢活性，由于价格高昂且在高温状态下容易与加氢原料油中的杂原子发生反应而导致催化剂失活或者中毒，所以在加氢工业中一般应用较少[51~55]。非贵金属活性组分主要是具有不饱和 d 电子轨道的过渡金属元素，如第 VIB 族的 Mo、W 和第 VIII 族的 Ni、Co。第 VIB 族 Mo、W 和第 VIII 族的 Ni、Co 组成的二元活性组分（如 NiMo、NiW、CoMo、CoW）存在相互协同作用，在催化反应之前对其进行硫化预处理可以有效提高它们的加氢活性。目前，工业加氢催化剂中 W 和 Mo 是必不可少的主要成分，加入 Ni 或 Co 后可显著提高催化剂的活性。一般认为，W 或 Mo 在加氢处理过程中发挥主导作用，Co 或 Ni 起辅助作用。不同金属硫化物的活性顺序见表 5-5[56]。

表 5-5　不同金属硫化物在加氢反应中的活性顺序

主要反应	活性顺序
加氢脱硫	纯硫化物　Mo＞W＞Ni＞Co 最佳组合　Co-Mo＞Ni-Mo＞Ni-W＞Co-W
加氢脱氮	纯硫化物　Mo＞W＞Ni＞Co 最佳组合　Ni-W≥Ni-Mo＞Co-Mo＞Co-W
芳烃和烯烃的加氢	纯硫化物　Mo＞W＞Ni＞Co 最佳组合　Ni-W＞Ni-Mo＞Co-Mo＞Co-W

　　煤焦油中含氮化合物、含氧化合物和芳烃含量相对较多，且加氢脱氧的活性比加氢脱氮的高，杂环含氮化合物需要加氢饱和以后再脱除杂原子，适宜选用脱氮和加氢饱和效果较好的 NiMo 或者 NiW 金属组合。加氢脱硫、脱氮催化剂中的活性组分以硫化态的形式存在时具有较高且较稳定的加氢活性，反应体系中加氢脱硫生成的 H$_2$S 对芳烃饱和与加氢脱氮反应具有较好的效果[57]，且一般煤焦油中氮含量远高于硫含量，而 NiW 催化剂在 H$_2$S 生成量较少时仍然具有芳烃饱和与加氢脱氮活性，所以优先选用 NiW 金属组合对煤焦油进行加氢脱硫、脱氮处理。在有催化剂参与的化学反应中，催化剂的活性、选择性和稳定性直接影响反应速率、反应程度及产品质量。镍钨系催化剂活性高、寿命长、抗毒性强、价格低，是一种性能良好的加氢脱硫、脱氮催化剂。

Samuel 等[58,59] 采用催化剂 NiW/γ-Al$_2$O$_3$、NiMo/γ-Al$_2$O$_3$ 和 CoMo/γ-Al$_2$O$_3$ 对煤焦油进行了加氢处理，研究发现 NiMo/γ-Al$_2$O$_3$ 和 NiW/γ-Al$_2$O$_3$ 催化剂比 CoMo/γ-Al$_2$O$_3$ 催化剂对煤焦油的加氢效果好。Maslyanskaya 等[60] 采用催化剂在特定条件下对煤焦油进行加氢处理，脱氮率为 78%，脱硫率接近 100%。Wandas 等[61] 采用 NiW、NiMo 和 CoMo 催化剂对含氮量高、芳烃含量高的煤焦油进行加氢处理，加氢脱氮活性顺序为：NiW＞NiMo＞CoMo。Wilson 等[62] 在相同操作条件下比较了 NiW、NiMo 和 CoMo 三个金属体系催化剂对馏分油的加氢处理效果，发现 NiW 体系催化剂具有最好的加氢饱和效果，若其他两种催化剂要达到相同的催化加氢效果，则反应条件更为苛刻。柴永明[63] 以四硫代钼酸铵（ATTM）为前驱体合成了预硫化 NiMo/Al$_2$O$_3$ 催化剂，通过对喹啉进行加氢脱氮发现，预硫化型催化剂比常规 NiMo 催化剂显示出优越的加氢选择性。可能是因为催化剂中的 MoS$_2$ 与载体形成 Mo—O—Al 键，Mo 周围电子云密度降低，导致催化剂加氢脱氮活性降低。

研究发现，若金属以三元或多元复合的方式使用可以使催化剂的加氢脱氮活性大幅度提高。徐东彦等[64] 准备了负载 W、Ni 和 Mo 三元组分的催化剂 W-Ni-Mo/Al$_2$O$_3$，并考察了催化剂对润滑油的加氢脱氮性能，脱氮率高达 99.6%。王昭红等[65] 在之前研究的基础上，采用分步浸渍法，经过烘干、焙烧等步骤制备了一系列多元催化剂：W-Mo-Ni-Cr/Al$_2$O$_3$、W-Mo-Ni-Cr-F/Al$_2$O$_3$、W-Mo-Ni/Al$_2$O$_3$，当 W：Mo：Ni：Gr=1：0.32：0.78：0.22 时，吡啶的脱氮率达 89.0%；添加助剂 F 进行改性的催化剂 W-Mo-Ni-Gr-F/Al$_2$O$_3$ 脱氮率可提高到 95.6%。

综上所述，目前加氢处理催化剂中的活性组分以 NiMo 和 CoMo 为主，主要是针对石油中硫含量、芳烃含量高的特点研发的，对催化剂微观层面的研究也主要针对 NiMo 和 CoMo 体系催化剂，对 NiW 体系加氢催化剂的研究比较少。

5.3.2 加氢精制催化剂载体

加氢催化剂的载体起支撑作用，用来承载并均匀分散活性组分，为加氢反应提供场所，对催化剂的活性也有很大的影响。一般要求加氢催化剂有合适的孔体积、较大的比表面积、适当的分散能力及较强热稳定性和抗积炭能力。目前已研究过的载体主要有活性炭、TiO$_2$、SiO$_2$、分子筛、沸石、γ-Al$_2$O$_3$ 等，这些载体都在一定程度上提高了催化剂的活性。

SiO$_2$ 具有较好的稳定性、较高的机械强度，价格低廉，与活性组分无较强的相互作用，且其表面含少量的羟基而显弱酸性，具有一定的加氢精制活性。在催化剂 MoS$_2$/SiO$_2$ 表面上可明显观察到 MoS$_2$ 的层状堆积物，这是由于在催化剂表面生成了活性较高的 Co-Mo-S（Ⅱ）相，使催化剂表现出较高的加氢活性[66]。但是

SiO$_2$ 的黏结性较差，在应用中经常受到限制。

　　TiO$_2$ 是近年来国内外载体新材料研究的热点，它对硫具有较强的吸附力，活性和稳定性比其他载体都要好，并且不需要硫化，因此常用来制备加氢脱硫催化剂。同时，TiO$_2$ 的存在还可使催化剂表面的活性组分和载体间的相互作用减弱，从而使活性组分更易硫化成为活性相。这些特点都有利于加氢反应。但是 TiO$_2$ 的比表面积较小，一般仅 100m^2/g 左右，热稳定性差，强度差，在高温下则失去活性。

　　分子筛在孔结构、酸性和稳定性等方面优势较突出，作为催化剂载体具有独特的性能，因而在工业上得到广泛的应用。在分子筛中，铝氧四面体和硅氧四面体的排布有严格的规律，二者按照一定的方式通过公用顶点联结在一起。按照 Lowenstein 规则[67]，铝氧四面体和硅氧四面体必须严格有序地交替排列，但是铝氧四面体比硅氧四面体的稳定性差，因此可以通过提高硅铝比来增强分子筛结构的稳定性。

　　氧化铝具有载体所需要的很多物理、化学性质，多年来被应用于石油化工和化肥工业中。因它可以制成高度分散的大表面且具有热稳定好、强度大、吸水率大等特点而成为制备各种负载型催化剂的理想载体。经典理论认为，未经焙烧的氧化铝几乎没有酸性，焙烧后可表现出较强的酸性，主要为 L 酸中心，同时有少部分碱中心，因此氧化铝具有酸-碱催化作用。氧化铝脱水产生表面酸、碱中心的过程大致如下[68]：

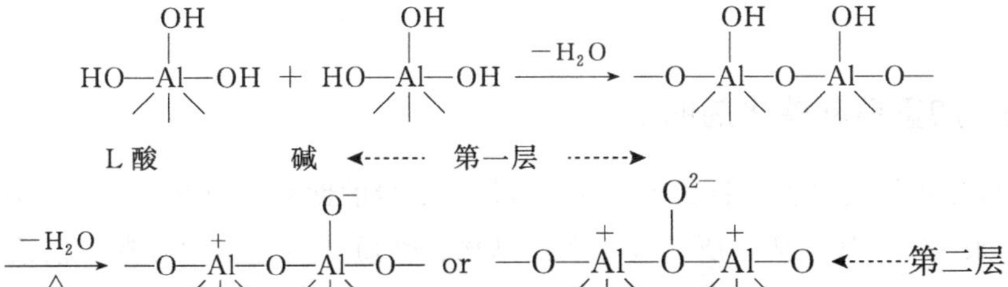

　　虽然氧化铝表面主要为 L 酸，但是 L 酸中心很容易吸水变成 B 酸中心，其转化过程如下所示：

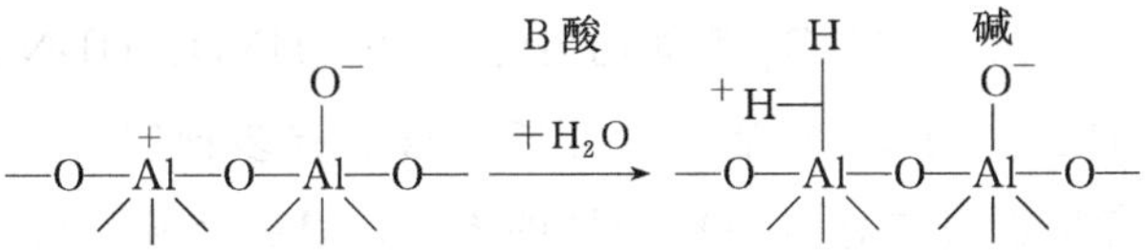

　　由不同方法制备出的 γ-Al$_2$O$_3$ 的孔径、比表面积、孔容、酸性、抗硫性等物理、化学性质的差异较大，因此，根据不同化学反应和应用目的选择合适的方法制备所需的 γ-Al$_2$O$_3$ 作为载体，具有重要意义。

　　目前，对于各种载体及其组合已进行了广泛的研究。黎成勇等[69] 以 γ-

Al_2O_3、SiO_2-Al_2O_3 为载体制备了一系列复杂 Ni 基催化剂,并考察了其加氢活性,结果表明该催化剂的加氢活性与催化剂的 B 酸量存在线性关系。对于 Mo/γ-Al_2O_3,Mo 通过在不饱和配位上的 Al^{3+} 吸附或者已吸附的离子或分子的分解等方式吸附在 γ-Al_2O_3 表面,而 Mo 在硫化液作用下不能完全被硫化,对催化剂的加氢脱硫活性造成了一定的影响[70]。Muralidhar 等[71] 选取不同载体负载的 CoMo 催化剂($CoMo/TiO_2$、$CoMo/Al_2O_3$、$CoMo/SiO_2$-Al_2O_3),分别对己烯的加氢反应、噻吩的加氢脱硫反应以及 2,4,4-三甲基戊烯的加氢裂化反应活性进行了研究,发现 $CoMo/Al_2O_3$ 的加氢脱氧和加氢脱硫活性最高,裂化活性较低,这是由于 CoMo 活性相能在 Al_2O_3 表面比较均匀地分散,但是该催化剂比其他催化剂的酸性弱。魏昭彬等[72] 以二元氧化物 TiO_2-Al_2O_3 为载体制备了 CoMo 催化剂,并以噻吩为模型化合物研究了催化剂的加氢脱硫活性,结果表明引入 TiO_2 后金属与载体之间的相互作用减弱,促进了低价态 Mo 的生成,有利于噻吩的加氢脱硫反应。Okamoto 等[73,74] 以 Al_2O_3、SiO_2、ZrO_2、TiO_2 为载体制备了 Mo 基催化剂,研究了载体各种物理、化学性质对丁二烯加成反应活性和噻吩加氢脱硫反应活性的影响,研究发现,Mo/Al_2O_3 催化剂对丁二烯的加氢饱和活性最大,而 Mo/SiO_2 催化剂对噻吩的加氢脱硫活性比 Mo/Al_2O_3 催化剂大得多。

综上所述,载体的性质对加氢处理催化剂的性能有重要作用,选择适宜的载体对研制高加氢活性的催化剂具有重大的意义。载体作为加氢反应的场所,不仅提供加氢反应的酸性中心和孔结构等,还和载体表面的金属活性相相互作用来调节加氢活性。

5.3.3 加氢精制催化剂助剂

在煤焦油加氢脱硫、脱氮反应中常常加入少量的助剂,如 B、F、P、Mg、Ti、Zn 等,来调节载体性质,所负载金属的结构、性质及活性相的分散,以改善催化剂的活性、选择性、寿命和氢耗等。

(1) 助剂磷的影响

以 Al_2O_3 为载体制备的催化剂常用磷对其进行改性,磷可促进 Ni(Co)-Mo(W)/Al_2O_3、Mo(W)/Al_2O_3 等催化剂的 HDS、HYD、HDN 活性。然而,对 P 提高催化剂的 HDS、HDN 等活性的原因,目前有多种解释。Stanislaus 等[75] 以程序升温脱附考察负载磷对 Al_2O_3 酸性的影响,得出负载磷后 Al_2O_3 载体表面的中强酸中心增多,强酸中心减少,而中强酸有利于硫、氮的脱除;磷的引入可促进易于硫化和还原的八面体聚钨(或钼)酸盐及少量较小的 WO_3 或 MoO_3 簇的形成,从而使催化剂表面的活性组分浓度增大,使 HDS、HYD、HDN 活性提高。Eijsbouts 等[76] 认为磷有利于喹啉的 HDN 反应,这是由于磷对 C—N 键的断裂具有重要作用。然而，也有一些学者有不一样的观点，Jian 等[77] 研究发现磷对 Ni-Mo/Al_2O_3 催化吡啶的 HDN 活性作用不大，且磷对 C_5 杂环的加氢及吡啶 C—N 键的断裂有较大的负面作用。

（2）助剂硼的影响

硼与 Al_2O_3 反应生成 Al—O—B，且 B—OH 与 Al—OH 相比具有较大的酸强度，使载体和催化剂的表面酸度增加。此外 B 具有较大的电负性，B^{3+} 与 $Mo_7O_{24}^{6-}$ 的相互作用比 Al^{3+} 强，使八面体 Ni^{2+}（Co^{2+}）增加，在载体表面产生更多的 Ni-Mo-O 或 Co-Mo-O，进而产生更多的 HDS 活性中心，从而提高了催化剂的活性[78]。Wang 和 Lewandowski 等[79] 研究发现助剂硼可以提高催化剂的 HDN 活性，也是由于硼的引入使催化剂表面的酸度增加，同时有效阻止了催化剂失活。催化剂活性还受到 B 负载量的影响，Chen 等[80] 将催化剂 Ni-Mo/B_2O_3-Al_2O_3 及 Co-Mo/B_2O_3-Al_2O_3 用于渣油加氢处理，当 B_2O_3 含量为 4％时，HDN 和 HDS 活性最高。

（3）助剂钛的影响

TiO_2 是一种重要的无毒化工原料，作为半导体被广泛应用于光催化反应中，其对催化剂的 HDS 活性也具有一定的促进作用。TiO_2 与 Mo 的作用强度介于 Mo/SiO_2 和 Mo/Al_2O_3 之间。Al_2O_3 本身有四面体和八面体配位，Mo/Al_2O_3 中约有 1/3 的单层与 Al_2O_3 的作用特别强，几乎没有 HDS 活性。而 TiO_2 表面钛离子都为八面体配位，Mo/TiO_2 主要以八面体配位的 Mo-O-Mo 结构的形式存在[81,82]，该结构较易硫化，而且 TiO_2 本身可以发生 O—S 替代反应，促使 Co（Ni）和 Mo（W）硫化，从而提高催化剂的活性。但是 TiO_2 热稳定性差，表面积小，不能单独使用作为载体。通常将 TiO_2 覆盖于 Al_2O_3 表面，使之具有较高的热稳定性、较大的表面积和合适的孔结构，同时又具有 TiO_2 独特的性质，如分散作用、电子效应和还原效应。TiO_2 与 Al_2O_3 有较强的相互作用，使 TiO_2 均匀分散在 Al_2O_3 表面[83~85]。

（4）助剂氟的影响

引入氟能使载体的酸性增强，促进 C—O、C—N、C—S 键的氢解作用，同时改善催化剂表面活性金属分布，降低 Al_2O_3 载体的等电点，使催化剂的加氢活性增强，因此助剂氟也被广泛应用。Jian 等[77] 认为 F 能够改变氧化铝载体的酸性种类，产生新的 B 酸活性位，抑制惰性的四面体镍铝尖晶石生成，从而提高 Ni-W/Al_2O_3 催化剂对吡啶的 HDN 活性。Veen 等[86] 研究发现氟可增加含 N 分子的亲和力，即催化剂的表观酸度。此亲和力取决于活性组分的组成，Ⅱ型比Ⅰ型酸性强，引入氟后可促进 Ni-Mo-SⅠ型转化为Ⅱ型，Ⅱ型 Ni-Mo-S 对二苯并噻吩 HDS 活性稍差，对噻吩 HDS 活性高。曲良龙等[87] 考察了氟改性对催化剂 Ni-W/γ-

Al_2O_3 的影响。硫化态催化剂 Ni-W-F/γ-Al_2O_3 的 XPS 表明，引入氟后 W^{4+} 增加，说明氟有助于 W^{6+} 还原，加氟后使 Ni_{2p} 分为两部分：位于 859.1eV 的大峰和位于 853.5eV 的小峰。类似于 NiS_2 中的 Ni，Ni 以八面体配位形式存在，W 以聚钨酸盐的单一形式存在，就噻吩脱硫反应而言，加氟前后催化剂的活性差别不明显，但对吡啶的 HDN 活性具有明显的促进作用。总之，引入氟可在一定程度上提高催化剂的活性，但加氟的同时会使催化剂的比表面积减小，所以氟的负载量应控制在适宜的范围内，超过这个范围，反而对催化剂的加氢活性有负面影响[88,89]。

5.3.4 CoMo 基加氢脱硫催化剂

胡乃方等[90,91] 以内蒙古赤峰中温煤焦油为原料，研究了一系列 P 改性 Mo-Co/γ-Al_2O_3 催化剂上煤焦油的加氢脱硫。内蒙古赤峰中温煤焦油样品中 C 含量为 83.14%，H 含量为 8.34%，N 含量为 0.40%，S 含量为 0.66%，O 含量为 7.46%，H/C 原子比为 1.20。表 5-6 是该煤焦油的元素分析。

表 5-6 内蒙古赤峰中温煤焦油元素分析

	元素	C	H	N	S	O*	H/C
内蒙古煤焦油	质量分数/%	83.14	8.34	0.40	0.66	7.46	1.20

* 差减法得 O 元素的质量分数。

赤峰中温煤焦油的成分主要包括烷烃类、苯类、苯酚类、萘类和其他杂环化合物，其中，含硫化合物主要有噻吩、苯并噻吩、硫杂茚、硫芴等。虽然赤峰中温煤焦油中的 S 含量高于 N 含量，但由于含硫物质种类多、相对含量少，难对其进行精确测定。煤焦油中硫化物的脱除主要包括两步：杂环加氢饱和与 C—S 键断裂。煤焦油中"苯酚类→苯类→环烷烃类→烷烃类"的转化路线也会经过加氢饱和、化学键断裂（涉及不饱和化合物的加氢饱和与加氢裂解），因此，理论上可以利用 GC-MS 手段检测产物中环烷烃类与烷烃类的含量变化来反映催化剂的加氢脱硫性能。

他们探究了不同 P 负载量对赤峰中温煤焦油 HDS 性能的影响，表 5-7 为 GC-MS 对赤峰中温煤焦油和加氢产物的分析结果，图 5-4 是不同 P 负载量的 Co-Mo/γ-Al_2O_3 催化剂对赤峰中温煤焦油的 HDS 性能。研究表明，随磷酸浓度增大，不同 P 负载量的 Co-Mo/γ-Al_2O_3 催化剂 HDS 活性呈先增大后减小的趋势，在磷酸浓度为 4% 时催化剂 P4 的硫脱除率最大，为 96.98%。说明改性剂 P 对 Co-Mo/γ-Al_2O_3 催化剂的 HDS 活性不仅存在促进作用也存在抑制作用，主要取决于磷酸的浓度。他们还测定了产物的质量收率（不含水），发现 P 改性 Co-Mo/γ-Al_2O_3 催化剂均能获得较佳的产物收率，为 93.0% 左右。同时还对 HDS 性能最高的 P4 催化剂进行了产物的 N、O 含量测定，发现 P4 催化剂对赤峰中温煤焦油也有一定程度的 N、O 脱除能力。

表 5-7　煤焦油及加氢产物的 GC-MS 分析结果

组成	焦油馏分油	P0	P1	P2	P4	P6	P8
烷烃类	11.05	14.05	14.18	14.62	16.15	14.78	13.55
环烷烃类	0	24.04	23.93	24.96	25.71	24.36	19.54
苯类	25.67	21.04	22.92	24.07	23.10	24.58	25.04
萘类	16.10	22.91	23.55	22.43	21.27	23.37	25.46
苯酚类	28.93	0	0	0.09	0	0	0
茚类	4.81	10.56	9.69	9.28	8.66	8.88	10.23
芴类	3.67	2.15	1.6	1.78	1.43	1.43	1.48
有机酸类	0.11	0.67	0	0.39	0	0	0
酮类	0.93	0	0.46	0	0	0	0
烯、炔类	2.79	1.85	0.88	1.06	0.57	1.0	1.86
醛类	0	0	0	0	0.88	0.88	0
蒽类	0.35	0.52	0.92	0	0.56	0.56	0
菲类	0	1.73	1.57	1.31	1.16	1.66	1.34
呋喃类	1.59	0	0	0	0	0	0
其他	4	1.48	0.3	0.01	0.51	0.2	1.85
总计	100	100	100	100	100	100	100

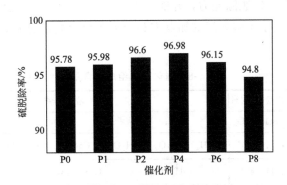

图 5-4　催化剂对煤焦油的 HDS 性能

Co-Mo/PX-γ-Al$_2$O$_3$ 催化剂（记作 PX，X 表示采用的磷酸质量分数）：P1、P2、P4、P6、P8

　　当用低浓度的磷酸对 γ-Al$_2$O$_3$ 改性时，载体表面的 Al—OH 与磷酸发生反应，一个 Al—OH 被两个 P—OH 取代（见图 5-5），提高了 γ-Al$_2$O$_3$ 的中强酸酸性。P 的引入减弱了活性组分与载体间的相互作用，使活性组分均匀分散于载体表面，利于活性组分氧化物的低温还原和 Co-Mo-S II 活性相的生成，提高了催化剂对赤峰中温煤焦油的 HDS 活性。当磷酸浓度为 4% 时，中强酸酸量最高，硫化度最高，催化剂的 HDS 活性达到最大；当磷酸浓度大于 4% 时，$\gamma\text{-}Al_2O_3$ 表面的 Al—P—OH 进一步发生脱水缩合反应，生成多键和重键结构，导致催化剂的酸量下降，活性组分氧化物低温还原温度升高。此外，生成的多键和重键结构还阻碍磷酸进入 $\gamma\text{-}Al_2O_3$ 微孔内部，引起 P 堆聚于 $\gamma\text{-}Al_2O_3$ 表面使载体比表面积和孔容减小，最终导致高负载量的 P 改性催化剂对赤峰中温煤焦油的 HDS 活性降低。

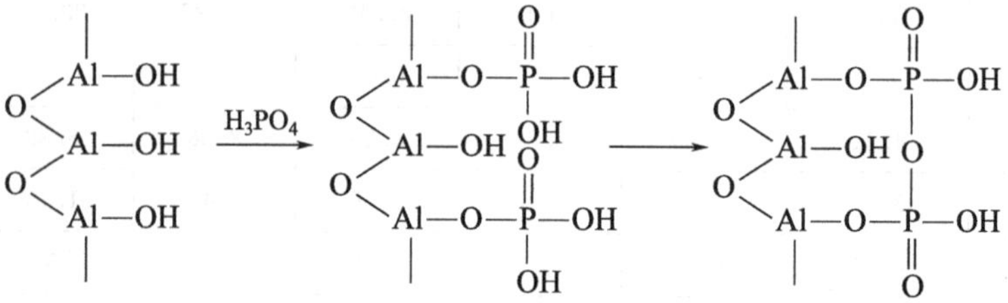

图 5-5　磷酸与 $\gamma\text{-}Al_2O_3$ 的表面反应

他们探究了不同的 P 改性方式对催化剂（表 5-8）活性组分的分散性、还原性、硫化性能和酸性分布产生的不同影响。表 5-9 是 GC-MS 对原料和加氢产物的分析结果，图 5-6 是催化剂对焦油馏分油的 HDS 活性，可知产物中苯酚类、苯类物质含量出现了不同程度的降低（发生了加氢饱和、开环等反应），而环烷烃类、烷烃类物质含量出现了不同程度的增加。研究表明改性剂 P 对 Mo-Co 的 HDS 活性既有促进作用也有抑制作用，这主要取决于 P 的改性方式。不同 P 改性方式制备的 $Mo\text{-}Co/\gamma\text{-}Al_2O_3$ 催化剂，在提高对内蒙古赤峰中温煤焦油 HDS 活性的同时也具有一定程度的 N、O 脱除能力，并能获得较佳的产物收率。此外，P 改性的 $Mo\text{-}Co/\gamma\text{-}Al_2O_3$ 也促进了不饱和烃的加氢饱和与多碳化合物的分解，有利于煤焦油的加氢轻质化。

表 5-8　催化剂的组成及含量

催化剂	活性组分质量分数/%			浸渍溶液		
	MoO_3	CoO	P_2O_5	a	b	c
Mo-Co	13.50	2.11	0	$(NH_4)_6Mo_7O_{24} \cdot 4H_2O$	$Co(NO_3)_2 \cdot 6H_2O$	—
P4-Mo-Co	13.50	2.11	4.16	H_3PO_4	$(NH_4)_6Mo_7O_{24} \cdot 4H_2O$	$Co(NO_3)_2 \cdot 6H_2O$
MoP4-Co	13.50	2.11	4.16	$H_3PO_4 + (NH_4)_6Mo_7O_{24} \cdot 4H_2O$	$Co(NO_3)_2 \cdot 6H_2O$	—
Mo-CoP4	13.50	2.11	4.16	$(NH_4)_6Mo_7O_{24} \cdot 4H_2O$	$H_3PO_4 + Co(NO_3)_2 \cdot 6H_2O$	—

注：1. 催化剂的载体为 $\gamma\text{-}Al_2O_3$。

2. a 表示第一步浸渍；b 表示第二步浸渍；c 表示第三步浸渍。

表 5-9　煤焦油原料和反应产物的 GC-MS 分析结果

组成	焦油馏分油	Mo-Co	P4-Mo-Co	MoP4-Co	Mo-CoP4
烷烃类	11.05	14.05	16.15	14.18	12.75
环烷烃类	0	24.04	25.71	21.36	20.58
苯类	25.67	21.04	23.10	24.26	24.44
萘类	16.10	22.91	21.27	24.14	23..92
苯酚类	28.93	0	0	0	0.61
茚类	4.81	10.56	8.66	8.67	9.57
芴类	3.67	2.15	1.43	1.52	1.46
有机酸类	0.11	0.67	0	0	0
酮类	0.93	0	0	0.21	0.15
烯、炔类	2.79	1.85	0.57	1.70	1.91
醛类	0	0	0.88	0.78	0
蒽类	0.35	0.52	0.56	0.76	0.1
菲类	0	1.73	1.16	1.46	1.75
呋喃类	1.59	0	0	0	0
其他	4	1.48	0.51	0.96	2.76
总计	100	100	100	100	100

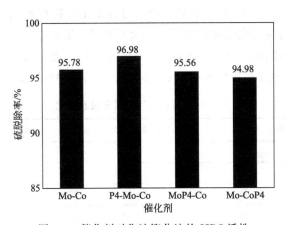

图 5-6　催化剂对焦油馏分油的 HDS 活性

　　对于催化剂 P4-Mo-Co，先用磷酸浸渍 γ-Al$_2$O$_3$，载体表面的 Al—OH 被 Al—P—OH 取代，提高了 γ-Al$_2$O$_3$ 的中强酸酸性；P 减弱了活性组分与载体间的相互作用，促进了活性组分氧化物的低温还原，进而有利于催化剂的硫化，故 P4-Mo-Co 的 HDS 活性最高，产物硫脱除率达到 96.98%。MoP4-Co、磷酸与钼酸铵在酸性环境中形成了磷钼杂多酸，浸渍 γ-Al$_2$O$_3$ 时其难以进入载体孔道内部，活性组分多聚集于载体的孔道外部，一方面不利于活性组分的低温还原，另一方面减弱了

P 对 γ-Al₂O₃ 的改性作用，无法增加催化剂的中强酸酸量，故导致 MoP4-Co 的 HDS 活性降低。对于 Mo-CoP4，在 Mo 组分已分散于 γ-Al₂O₃ 表面之后，再浸渍磷酸与硝酸钴的共浸渍液，Mo 组分阻碍了磷酸与 γ-Al₂O₃ 表面的直接反应，减弱了 P 对载体酸性的调变，此外共浸渍液中的 P 会降低 Co-Mo-O-P 相中 Co^{2+} 的还原性，减少了 Co-Mo-S 活性相的生成，使其硫化程度降低，导致了 Mo-CoP4 的 HDS 活性下降。

5.3.5　NiW 基加氢脱硫催化剂

孟欣欣等[92] 研究了金属含量对 Ni-W 催化剂（表 5-10）加氢脱硫、脱氮性能的影响。图 5-7 为催化剂 Ni-W/γ-Al₂O₃ 对煤焦油的 HDN 和 HDS 活性评价结果。由图可见，在实验考察范围内，随活性组分金属含量的增加，原料油的脱氮率和脱硫率均达到 90% 以上，说明催化剂 Ni-W/γ-Al₂O₃ 具有较高的 HDN 和 HDS 活性；在考察范围内，Ni/W 原子比一定，随着金属负载量的增加，HDN 活性先增强后减弱，在 WO₃ 含量为 24% 时达到最高值，而 HDS 活性逐渐增强，最高脱硫率达 99.55%。可见，HDN 和 HDS 性能的变化呈现不同趋势，这是因为催化剂硫化完成后，Ni 原子占据 WS₂ 物种的边角位置而形成 Ni-W-S 这种加氢脱硫和加氢脱氮的主要活性相。随着金属负载量的增加硫化度升高，生成的 WS₂ 物种越多，即生成的 Ni-W-S 活性相也越多，因而 HDS 活性逐渐增强。但 HDN 活性除了受活性相影响外，还受 HDS 作用影响。含硫化合物与含氮化合物在催化剂表面的酸活性位竞相吸附，且不同模型化合物的相互作用大小不同。随着金属负载量增加，催化剂的 HDS 活性逐渐增强，HDS 活性可能对 HDN 活性造成了限制。所以可能在硫化程度和 HDS 作用的双重影响下 HDN 呈现先增强后减弱的趋势。

表 5-10　催化剂的金属含量及配比

项目	WO₃ 质量分数/%	NiO 质量分数/%	Ni/W	Ni/(Ni+W)
Cat-W16	16	4.05	0.786	0.44
Cat-W20	20	5.06	0.786	0.44
Cat-W24	24	6.07	0.786	0.44
Cat-W28	28	7.09	0.786	0.44
Cat-W32	32	8.10	0.786	0.44

在氧化物负载量相同时，催化剂 HDS 活性总是高于 HDN 活性。煤焦油的组成较复杂，主要含有烷烃、苯酚类、萘类、蒽、菲、芘等杂环化合物。其中含氮化合物主要是吡啶、喹啉、吲哚、咔唑及苯胺等，含硫化合物主要是硫醇、硫醚、噻吩等。含氮杂环化合物的 HDN 反应主要包括两个步骤：杂环加氢和 C—N 键断裂，含硫化合物 HDS 反应主要包括加氢反应和 C—S 键断裂两个步骤。由于氮原

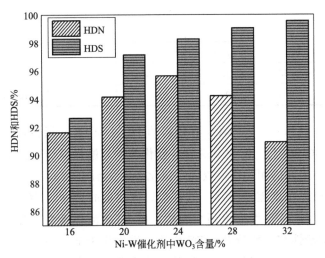

图 5-7　NiW 催化剂对煤焦油的 HDN 和 HDS 活性

反应条件：$t=380\text{℃}$，$p=8.0\text{ MPa}$，$\text{LHSV}=0.3\text{h}^{-1}$，$\text{H}_2/\text{Oil}=1500$

子上的孤立电子与苯环上的 π 电子形成共轭作用，使得 C—N 键的键能比 C—C 键和 C—S 键的键能大得多，这应是负载量相同时 HDS 总比 HDN 活性高的原因。

表 5-11 列出了 GC-MS 对煤焦油原料及加氢产物的分析结果。由表 5-11 可见，与煤焦油原料相比，催化加氢产物中环烷烃和苯类含量显著增加，烷烃、萘和茚类含量也出现小幅度增加，而酚类含量显著减少，接近全部转化，二苯并呋喃和蒽、菲、芘等杂环化合物含量也有不同程度减少。由各化合物含量变化可得煤焦油中化合物的转化途径可能为苯酚类（萘类等）→苯类→环烷烃类→烷烃类，所以烷烃和环烷烃的含量变化可以比较宏观地反映催化剂的加氢活性。此外，产物中烷烃和环烷烃类含量变化与 HDN 的反应活性变化趋势一致，验证了 HDN 的活性位与加氢脱芳烃（HDA）和轻质化活性一致。

表 5-11　GC-MS 对煤焦油原料及加氢产物的分析结果

组分	煤焦油	Cat-W16	Cat-W20	Cat-W24	Cat-W28	Cat-W32
烷烃	22.93	25.08	23.78	26.92	27.25	24.79
环烷烃	0.64	18.27	19.62	14.44	19.14	19.57
苯类	3.04	17.70	15.33	14.82	13.66	19.08
酚类	31.45	0.59	0.57	0.53	0.71	1.62
萘类	18.71	23.34	23.09	22.55	23.04	19.36
茚类	2.62	7.25	8.45	11.51	9.34	8.06
芴类	2.67	1.99	2.02	1.94	2.34	2.00
呋喃类	7.60	2.00	1.96	1.97	2.28	2.03

续表

组分	煤焦油	Cat-W16	Cat-W20	Cat-W24	Cat-W28	Cat-W32
蒽、菲、芘类	8.47	2.60	2.93	3.10	2.23	2.95
其他	1.83	1.18	2.25	2.22	0.05	0.54
总计	100.00	100.00	100.00	100.00	100.00	100.00

综上，催化剂 Ni-W/γ-Al$_2$O$_3$ 有较高的 HDN 和 HDS 活性，原料油的脱氮率和脱硫率均在 90% 以上。负载金属后，催化剂的总酸量减少，且酸性以中强酸为主。金属与载体之间的相互作用减弱，硫化态催化剂中 WS$_2$ 的层数和长度逐渐增加，催化剂的硫化程度逐渐增强。随着金属负载量的增加，HDN 和 HDS 呈现不同的变化趋势，HDN 活性先增强后减弱，而 HDS 活性逐渐增强，这可能是由于 HDN 受催化剂活性相、酸量及 HDS 作用多重因素影响。因此，同时考虑煤焦油的 HDN 和 HDS，即使在活性组分均基本获得均匀分布时，也并非金属负载量越高越好，而是存在一个最佳值。

参考文献

[1] Stanislaus A., Marafi A., Rana M. S.. Recent advances in the science and technology of ultra low sulfur diesel (ULSD) production [J]. Catalysis Today, 2010, 153 (1/2): 1-68.

[2] Liu Huan, Yin Changlong, Liu Bin, et al. Effect of calcination temperature of unsupported NiMo catalysts on the hydrodesulfurization of dibenzothiophene [J]. Energy and Fuels, 2014, 28 (4): 2429-2436.

[3] Nag N. K., Sapre A. V., Broderick D. H., et al. Hydrodesulfurization of polycyclic aromatics catalyzed by sulfided Co-Mo/Al$_2$O$_3$ [J]. Journal of Catalysis, 1979, 57 (3): 509-512.

[4] Houalla M., Nag N. K., Sapre A. V., et al. Hydrodesulfurization of dibenzothiophenes catalyzed by sulfided CoMo/γ-Al$_2$O$_3$ [J]. The reacton network, 1978, 24 (6): 1015-1021.

[5] Kasztelan S., Toulhoat H., Grimblot J., et al. A geometrical model of the active phase of hydrotreating catalysts [J]. Applied Catalysis A: General, 1984, 13 (1): 127-159.

[6] Tanaka K., Okuhara T.. Regulation of intermediates on sulfided nickel and MoS$_2$ catalysts [J]. Catal. Rev-sci. Eng., 1977, 15 (2): 249-292.

[7] Toshiaki K., Zhang Q.. Deep desulfurization of light oil. Part 2: hydrodesulfurization of dibenzothiophene, 4-methyldibenzothiophene and 4,6-dimethyldibenzothiophene [J]. Applied Catalysis A: General, 1993, 97 (1): L1-L9.

[8] Egorova M., Roel P.. Hydrodesulfurization of dibenzothiophene and 4,6-dimethyldibenzothiophene over sulfided NiMo/γ-Al$_2$O$_3$, CoMo/γ-Al$_2$O$_3$ and Mo/γ-Al$_2$O$_3$ catalysts [J]. Journal of catalysis, 2004, 225 (2): 417-427.

[9] Houalla M. , Nag N. K. , Space A. V. , et al. Hydrodesulfurzation of dibenzothiophene Catalyzed by sulfided CoO-MoO₃/Y-Al₂O₃ thereaction work [J]. Aiche. J. , 1978, 24 (6): 1009-1014.

[10] Broderick D. H. , Gates B. C. . Study on Hydrodesulfilrization Mechanism of 4,6-Dimethyldibenzothiophene [J]. Aiche. J. , 1981, 27 (4): 667-673.

[11] Vrinat M. L. . The kinetics of the hydrodesulfurizationprocesss-a review [J]. APPl Catal, 1983, 6 (2): 131-148.

[12] O'Brien W. S. , et al. Catalytic hydrodesulfurization of dibenzothiophene and a coal drived liquid [J]. Ind. Eng. Chem. Pro. Des. Dev. , 1986, 25 (4): 217-225.

[13] 李冬，李稳宏，杨小彦，等.煤焦油加氢脱硫动力学研究 [J].化学工程，2010，38 （06）: 50-52.

[14] Egorova M. , Prins R. . Competitive hydrodesulfurization of 4,6-dimethyldibenzothiophene, hydrodenitrogenation of 2-methyldibenzothiophene, and hydrogenation of naphthalene over sulfide NiMo/γ-Al₂O₃ [J]. Journal of Catalysis, 2004, 224 (2): 278-287.

[15] Egorova M. , Roel P. . Mutual influence of the HDS of dibenzothiophene and HDN of 2-methylpyridine [J]. Journal of Catalysis, 2004, 221 (1): 11-19.

[16] Satterfield C. N. , Modell M. , Mayer J. F. . Interactions between catalytic hydrodenitrogenation of Hydrodesulfurization thiopene and hydrodenitrogenation of Pyridine [J]. Aiche Jounral, 2005, 21 (6): 1100-1107.

[17] Laredo S. G. C. , Delosreyes H. J. A. , Luiscano D. J. . Inhibition effects of nitrogen compounds on the hydrodesulfurization of dibenzothiophene [J]. Applied Catalysis A: General, 2001, 207 (1-2): 103-112.

[18] Laredo S. G. C. , Montesinos A. , Antonio De Los Reyes J. . Inhibition effects observed between dibenzothiophene and carbazole during the hydrotreating process [J]. Applied Catalysis A: General, 2004, 265 (2): 171-183.

[19] Laredo G. C. , Altamirano E. , Antonio D. L. R. J. . Inhibition effects of nitrogen compounds on the hydrodesulfurization of dibenzothiophene [J]. Part 2, Applied Catalysis A: General, 2003, 243 (2): 207-214.

[20] Vopa V. L. , Satterfield C. N. . Poisoning of thiophene hydrodesulfurization by nitrogen compounds [J]. Journal of catalysis, 1988, 110 (2): 375-387.

[21] Zeuthen P. , Knudsen K. G. , Whitehurst D. D. . Organic nitrogen compounds in gas oil blends, their hytrotreated products and the importance to hydrotreatment [J]. Catalysis Today, 2001, 65 (2-4): 307-314.

[22] Miciukiewicz J. , Zmierczak W. , Massoth F. E. . Hydrodesulfurization and hydrocracking of Maya crude with P-modified NiMo/Al₂O₃ catalysts [J]. Fuel, 2012, 100 (3): 34-42.

[23] Schulz H. , et al. Catalytic Hydrogenation, a modem Approach (Cerveny L Ed). In Stud Surf Sci Catal, 1986, 27 (2): 204-207.

[24] Van Gestel J. , et al. Catalytic Hydroprocessing of petroleum and Distillates [J]. Miehael

Coballa，Stuart S Shih Ed. Marcel Dekker Inc，New York，1993，56（7）：352-365.

[25] Nagai M.，et al. Selectivity of molybdenum catalyst in hydrodesulfurization，Hydrodenitro genation and hydrodeoxygenation：Effeet of additives on Dibenzothiophene hydrodesulfuriza-tion [J]. J. Catal.，1983，81（3）：437-441.

[26] Choi K. H.，Knuisada N.，Korai Y.，et al. Facile ultra-deep desulfurization of gas oil through two-stage or layer catalyst bed [J]. Catalysis Today，2003，86（1-4）：277-286.

[27] Rozanska X.，Saintigny X.，van Santen R. A.，et al. A theoretical study of hydrodesulfu-rization and hydrogenation of dibenzothiophene catalyzed by small zeolitic cluster [J]. Jour-nal of catalysis，2002，208（10）：89-99.

[28] Rana M. S.，Navarro R，Leglise J. Competitive effects of nitrogen and sulfur content on ac-tivity of hydrotreating CoMo/Al$_2$O$_3$ catalyst [J]. Catalysis Today，2004，98（1-2）：67-74.

[29] Gigris M. J.，Gates B. C.. Reactivities，reaetion networks，and kinetics in high-pressure catalytic hydroprocessing [J]. Industrial and Engineering Chemistry Research，1991，30（9）：2021-2058.

[30] Hughes R.，Hutchings G. J.，Koon C. L.，et al. Deactivation of FCC catalysts using n-hexadecane feed with various additives [J]. Applied Catalysis，1996，144（1-2）：269-279.

[31] Furimsky E.. Deactivation of molybdate catalysts by nitrogen bases [J]. Erdor und kohle er-dgas，1982，35（2）：455-459.

[32] 段爱军，万国赋，赵震. 柴油催化加氢脱芳烃研究进展 [J]. 现代化工，2005，25（3）：16-18.

[33] Sumitomo Metal Mining co.，Ltd. Hydrogenation catalyst for aromatic hydrocarbons coni-ained in hydroearbon oils [P]. US 652499382，2003.

[34] 中国石油化工股份有限公司，中国石化大连（抚顺）石油化工研究院. 一种生产低硫、低芳烃清洁柴油的方法 [p]. CN 1415706A，2003.

[35] 任晓乾，余夕志，李凯等. 高温下工业 Ni、W/Al$_2$O$_3$ 催化剂上蔡的加氢饱和反应 [J]. 化学工程，2007，35（3）：30-33.

[36] Ding L. H.，Zheng Y.，Zhang Z. S.，et al. HDS，HDN，HAD and hydroeraeking of model compounds over Mo-Ni catalysts with various acidities [J]. Applied Catalysis A：General，2007，39（3）：27-35.

[37] 许杰，刘平，王立言. 蒽油加氢转化为轻质燃料油技术研究 [J]. 煤化工，2008，36（5）：22-24.

[38] 李斯琴. 中低馏分油加氢精制催化剂研究进展 [J]. 石化技术与应用，2001，19（1）：39-44.

[39] Oyama S. T.，Gott T.，Zhao H.，et al. Transition metal phosphide hydroprocessing cata-lysts：Areview [J]. Catalysis Today. 2009，143（1-2）：94-107.

[40] Vradraan L.，Landau M. V.，Herskowitz M.. Deep desulfurization of diesel fuels：kinetic modeling of model compounds in trickle-bed [J]. Catalysis Today. 1999，48（1）：41-48.

［41］　Kwak C.，Lee J. J.，Bae J. S.，et al. Hydrodesulfurization of DBT，4-DBT，and 4,6-DM-DBT on fluorinated CoMoS/Al$_2$O$_3$ catalysts ［J］. Applied Catalysis A：General. 2000，200 (1-2)：233-242.

［42］　Landau M. V.，Berger D.，Herskowitz M.. Hydrodesulfurization of Methyl-Substituted Dibenzothiophenes：Fundamental Study of Routes to Deep Desulfurization ［J］. Journal of Catalysis. 1996，159 (1)：236-245.

［43］　张登前，段爱军，赵震，等. 加氢脱氮催化剂及反应机理研究进展 ［J］. 现在化工，2007，27 (1)：54-59.

［44］　Walendziewski J.. Properties and hydrodesulfurization activity of cobalt molybdenum phosphorus alumina catalysts ［J］. React. Kinet. Chem. Lett.，1991，43：107-113.

［45］　Iwamoto R.，Grimblot J.. Genesis structural and catalytic properties of Ni-Mo-P/alumina based hydrotreating catalysts prepared by a solgel method ［J］. Stud. Surf. Sci. Catal.，1999，127：169-176.

［46］　Chao G. W.，Luo X. H.，Liu Z. H.. Preparation and characterization of hydrotreating catalysts I：Preparation of MoNiP/Al$_2$O$_3$ and effect of promoters ［J］. Chin. J. Catal.，2001，22 (2)：143-147.

［47］　Sajkowski D. J.，Miller J. T.，Zajac G. W.. Phosphorus promotion of Mo/Al$_2$O$_3$ hydrotreating catalysts ［J］. Appl. Catal.，1990，6：205-220.

［48］　胡大为，杨清河，孙淑玲，等. 磷对 MoCoNi/Al$_2$O$_3$ 催化剂性能及活性结构的影响 ［J］. 石油炼制与化工，2011，42 (5)：63-73.

［49］　Usman，Tomoya Yamamoto，Takeshi Kubota，et al. Effect of phosphorus addition on the active sites of a Co-Mo/Al$_2$O$_3$ catalyst for the hydrodesulfuri zation of thiophene ［J］. Appl. Catal. A：General，328 (2007)：219-225.

［50］　周慧波，张舜华，侯凯湖. P 和 NTA 对 Co-Mo 选择性加氢脱硫催化剂性能的影响 ［J］. 石油炼制与化工，2010，41 (1)：40-43.

［51］　Wang J.，Li Q.，Yao J.. The effect of metal-acid balance in Pt-loading dealuminated Y zeolite catalysts on the hydrogenation of benzene ［J］. Applied Catalysis A：General，1999，184 (2)：181-188.

［52］　Yasuda H.，Sato T.，Yoshimura Y.. Influence of the acidity of USY zeolite on the sulfur tolerance of Pd-Pt catalysts for aromatic hydrogenation ［J］. Catalysis Today，1999，50 (1)：63-71.

［53］　Petitto C.，Giordano G.，Fajula F.，et al. Influence of the source of sulfur on the hydroconversion of 1-methylnaphthalene over a Pt-Pd/USY catalyst ［J］. Catalysis Communications，2002，3 (1)：15-18.

［54］　Du M.，Qin Z.，Ge H.，et al. Enhancement of Pd-Pt/Al$_2$O$_3$ catalyst performance in naphthalene hydrogenation by mixing different molecular sieves in the support ［J］. Fuel Processing Technology，2010，91 (11)：1655-1661.

［55］　Pawelec B.，Parola V. L.，Thomas S.，et al. Enhancement of naphthalene hydrogenation over PtPd/SiO$_2$-Al$_2$O$_3$ catalyst modified by gold [J]. Journal of molecular Catalysis A: Chemical, 2006, 253 (1-2): 30-43.

[56] Grange P. , Vanhaeren X.. Hydrotreating catalysts, an old story with new challenges [J]. Catalysis Today, 1997, 36 (4): 375-391.

[57] Kameoka T. , Yanase H. , Nishijima A. , et al. Catalytic performance tests and deactivation behavior of Ni-W/Al$_2$O$_3$ catalysts developed for upgrading coal-derived liquids [J]. Applied Catalysis A: General, 1995, 123 (2): 217-228.

[58] Samuel P. , Butte B. K. , Mukherjee S. K. , et al. Middle distillates by catalytic hydrogenation [J]. Indian Journal of Technology, 1980, 18 (11): 458-460.

[59] Samuel P. , Butte B. K. , Mukherjee S. K. , et al. Hydrogenation of coal tar oil to middle distillates [J]. Indian Journal of Technology, 1984, 22 (1): 20-24.

[60] Maslyanskaya T. G. , Itskovich V. A. , Tsudikova L. P.. Hydrorefining of light-medium tar from rapid pyrolysis of KAU (kansk-Achink coal) [J]. Solid fuel Chemistry, 1986, 20 (2): 100-103.

[61] Wandas R. , Chrapek T.. Hydrotreating of middle distillates from destructive petroleum processing over high-activity catalysts to reduce nitrogen and improve the quality [J]. Fuel Processing Technology, 2004, 85 (11): 1333-1343.

[62] Wilson M. K. , Kriz J. F.. Upgrading of middle distillate fractions of a syncrude from Athabasca oil sands [J]. Fuel, 1984, 63 (2): 190-196.

[63] 柴永明. 预硫化型 NiMo 加氢催化剂的研究 [D]. 青岛: 中国石油大学 (华东), 2007.

[64] 徐东彦, 吴炜, 王光维, 等. 润滑油加氢脱氮 WMoNi/Al$_2$O$_3$ 催化剂的研究 [J]. 化学反应工程与工艺, 2002, 18 (2): 115-118.

[65] 王昭红. W-Mo-Ni-Gr/Al$_2$O$_3$ 新型加氢脱氮催化剂及其改性研究 [D]. 北京: 北京化工大学, 2005.

[66] 张建伟, 董群, 费春光. 载体对 FCC 汽油加氢脱硫催化剂性能的影响 [J]. 工业催化, 2005, 13 (12): 6-9.

[67] 徐如人, 庞文琴. 分子筛与多孔材料化学 [M]. 北京: 科学出版社, 2004.

[68] 朱洪法, 刘丽芝. 催化剂制备及应用技术 [M]. 北京: 中国石化出版社, 2011.

[69] 黎成勇, 黄华. 载体酸性对镍金属催化剂芳烃加氢抗硫性能的影响 [J]. 工业催化, 2006, 14 (6): 16-19.

[70] Topsøe H. , Clausen B. S.. Active sites and support effects in hydrodesulfurization catalysts [J]. Applied Catalysis B, 1986, 25 (1-2): 273-293.

[71] Muralidhar G. , Massoth F. E. , Joseph S. , et al. Catalytic functionalities of supported sulfides: I. Effect of support and additives on the CoMo catalyst [J]. Journal of Catalysis, 2004, 85 (1): 44-52.

[72] 魏昭彬, 辛勤, 郭燮贤. 加氢脱硫催化剂研究: TiO$_2$ 调变 Al$_2$O$_3$ 载体对 MoO$_3$ 物化行为的影响 [J]. 催化学报, 1991, 12 (4): 255-260.

[73] Okamoto Y. , Ochiai K. , Kawano M. , et al. Effects of support on the activity of Co-Mo

sulfide model catalyst [J]. Applied Catalysis A：General，2002，226 (1-2)：115.

[74] Okamoto Y.，Kubota T.. A model catalyst approach to the effects of the support on Co-Mo hydrodesulfurization catalysts [J]. Catalysis Today，2003，86 (1-4)：31-43.

[75] Stanislaus S. A.，Halabi M. A.，Dolama K. A.. Effect of Phosphorus on the Acidity of γ-Alumina and on the Thermal Stability of γ-Alumina Supported Nickel-Molybdenum Hydrotreating Catalysts [J]. Applied Catalysis，1988，39 (00)：239-253.

[76] Eijsbouts S.，Gestel J.，Veen J.，et al. The effect of phosphate on the hydrodenitrogenation activity and selectivity of alumina-supported sulfided Mo，Ni，and Ni-Mo catalysts [J]. Journal of Catalysis，1991，131 (2)：412-432.

[77] Jian M.，Cerda R.. The function of phosphorus，nickel and H_2S in the HDN of piperidine and pyridine over $NiMoP/Al_2O_3$ catalysts [J]. Bulletin des Societes Chimiques Belges，1995，104 (4-5)：225-230.

[78] Ramirez J.，Castillo P.，Cedeno L.，et al. Effect of boron addition on the activity and selectivity of hydrotreating $CoMo/Al_2O_3$ catalysts [J]. Applied Catalysis，2005，132 (2)：317-334.

[79] Lewandowski M.，Sarbak Z.. The effect of boron addition on hydrodesulfurization and hydrodenitrogenation activity of $NiMo/Al_2O_3$ catalysts [J]. Fuel，2000，79 (5)：487-495.

[80] Chen Y. W.，Tsai M. C.. Modelling of hydrotreating catalysis based on the remote control [J]. Catalysis Today，1997，127 (1-3)：163-190.

[81] 刘敬利，蒋建明，魏昭彬，等. $CoMo/TiO_2$ 和 $CoMo/γ-Al_2O_3$ 催化剂硫化行为的研究 [J]. 石油学报 (石油化工)，1994，10 (4)：18-24.

[82] 魏昭彬，魏成栋，辛勤. 原位拉曼技术研究 Mo 催化剂的还原和硫化 [J]. 物理化学学报，1994，2 (5)：402-408.

[83] 傅贤智，杨锡尧，庞礼. 加氢脱硫催化剂的研究-Ⅲ：TiO_2 对 Mo-Co 系加氢脱硫催化剂的助催化效应 [J]. 分子催化，1989，3 (3)：204-210.

[84] 傅贤智，杨锡尧，庞礼. 加氢脱硫催化剂的研究-Ⅱ：$Mo-Co-Ti/γ-Al_2O_3$ 催化剂硫化态的 XPS 表征 [J]. 分子催化，1989，3 (2)：155-158.

[85] Wei Z. B.，Yan W.，Zhang H.，et al. Hydrodesulfurization activity of $NiMo/TiO_2-Al_2O_3$ catalysts [J]. Applied Catalysis，1998，167 (1)：39-48.

[86] Veen J.，Colijn H.. On the formation of type-I and Type Ⅱ NiMoS phases in $NiMo/Al_2O_3$ hydrotreating catalysts and its catalytic implications [J]. Fuel Processing Technology，1993，35 (1-2)：137-157.

[87] 曲良龙，建谋，石亚华，等. 催化裂化原料油加氢脱硫催化剂研究 [J]. 催化学报，1998，19 (6)：608-609.

[88] Kwak C.，Lee J. J.，Bae J. S.，et al. Hydrodesulfurization of DBT，4-MDBT，and 4,6-MDBT on fluorinated $CoMoS/Al_2O_3$ catalysts [J]. Applied Catalysis A，2000，200 (1-2)：233-242.

［89］ Song C. J. ，Kwak C. ，Moon S. H. . Effect of fluorine addition on the formation of active species and hydrotreating avtivity of NiWS/Al_2O_3 catalysts ［J］. Catalysis Today，2002，74 (3-4)：193-200.

［90］ 胡乃方，崔海涛，邱泽刚，等. 不同 P 负载量对 Co-Mo/γ-Al_2O_3 煤焦油加氢脱硫性能影响的研究 ［J］. 燃料化学学报，2016，44（6）：745-753.

［91］ 胡乃方，崔海涛，邱泽刚，等. 不同 P 改性方式对 Mo-Co/γ-Al_2O_3 煤焦油加氢脱硫性能的影响，［J］石油炼制与化工，2016，47（9）：67-74.

［92］ 孟欣欣，邱泽刚，郭兴梅，等. 不同金属含量 Ni-W 催化剂的煤焦油加氢脱硫脱氮性能研究 ［J］. 燃料化学学报，2016，44（5）：570-578.

第6章

煤焦油加氢脱氧

煤焦油经过加氢轻质化将大幅提高煤焦油的利用价值。但是，煤焦油中氧含量极高，在生产清洁燃料油品之前必须将氧脱除。煤焦油加氢脱氧（HDO）是煤液化油生产燃料产品中最重要的反应之一。因此，对煤焦油进行加氢脱氧研究具有重要的经济、环保和战略意义[1,2]。中低温煤焦油中的氧主要以酚类（苯酚、甲酚、二甲苯酚和萘酚等）的形式存在。

6.1 煤焦油的加氢脱氧

6.1.1 煤焦油中含氧化合物

氧在传统原油里含量基本低于 2%，但在煤液化油、煤焦油、油页岩和生物质油中的含量一般比较高（表 6-1）。氧化物在化石燃料中常见的结构如图 6-1。氧在同一种原料各馏分中的含量会跟着馏程增大而增大，氧在渣油中的含量也许比 8%（质量分数）高。实现较高的加氢脱氧（HDO）转化率时，氢耗和操作难度是由原料中氧含量和氧化物的类型决定的。加氢脱氧（HDO）在轻馏分加氢中不是那么重要，但对于重质油加氢催化改质是很重要的[3]。到目前为止，在重油中对高分子量含氧化合物结构的研究比较少，对低分子量含氧化合物（主要是羧酸类和酚类）研究较多。

表 6-1 由各种化石燃料和生物质油得到的平均化学组成

元素	原油	煤	中低温煤焦油	油页岩	生物质油	
					液化	热解
碳	86.5	86.0	83.5	84.5	74.8	45.3
氢	12.3	8.6	8.3	11.5	8.0	7.5
氧	0.5	3.8	6.7	1.4	16.6	46.9
M	0.2	1.2	1.2	1.7	<0.1	<0.1
硫	1.0	0.5	0.3	0.7	<0.1	<0.1

　　煤液化油生产燃料产品最重要的反应是加氢脱氧（HDO）。氧化物的类型是由液化方法和煤的结构决定的。Gates 等[4~11] 对溶剂精炼煤法（SRC）生成的煤液化油做了一系列表征来研究加氢脱氧（HDO）反应。这些学者运用液相层析法由SRC 生成的液体里分出了九个馏分段：5,6,7,8-四氢-1-萘酚、2-羟苯基苯、4-环己基苯基苯酚等酚类化合物一般在弱酸馏分段集中；呋喃类、醚类和酮类等其他的含氧化合物在中性油馏分段集中；羟基吡啶和羟基吲哚在碱性馏分段集中。

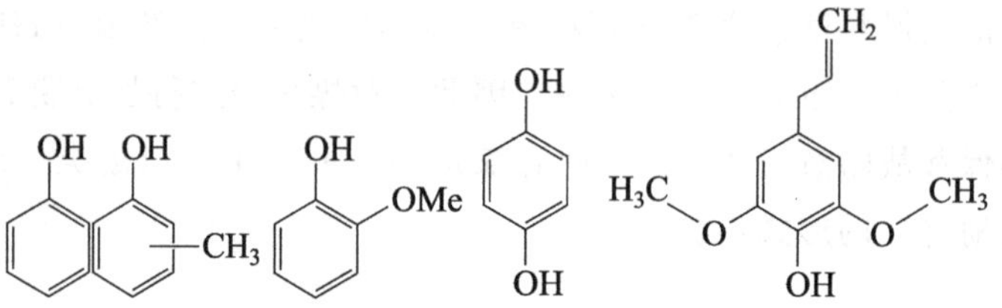

酚类化合物

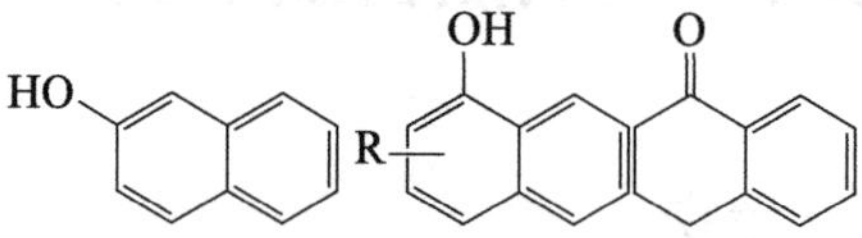

萘酚类化合物

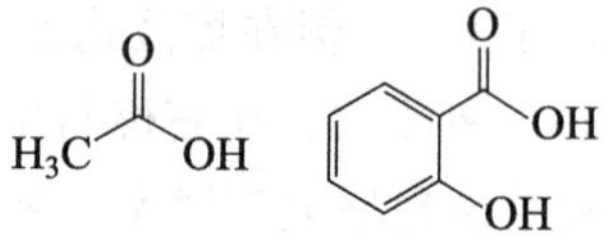

酸类化合物

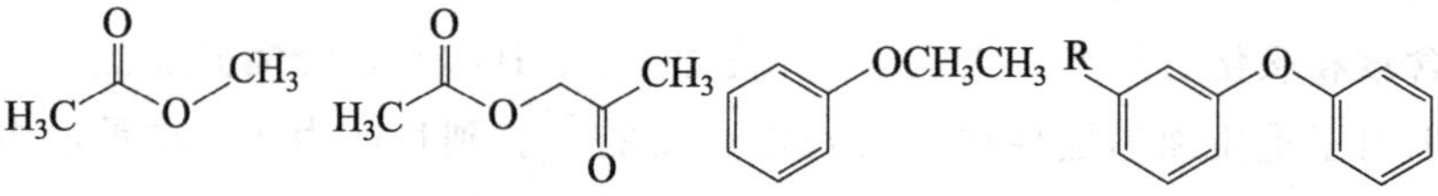

酯类化合物

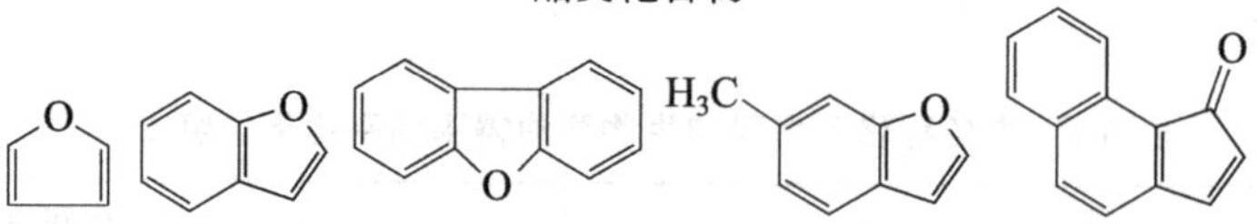

呋喃类化合物

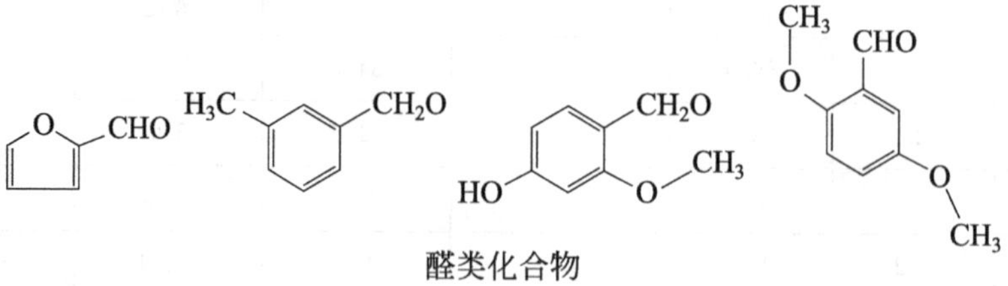

醛类化合物

图 6-1　含氧化合物结构

　　Bett 等[12]、Rovere 等[13] 鉴定了油页岩里的单环酚（除了萘酚和茚满）。Afonso 等[14] 发现了 1.2%（质量分数）的羧酸在油页岩里。Novotny 等[15]、Boduszynski 等[16,17] 分别对含有羧基和醌类的物质进行了鉴定。

　　高压液化以及热解所生产的生物质油组成范围差距比较大，氧在热解油中含量近乎 50%，而在液化油中含量低于 25%。Maggi 等[18] 对木质纤维素热解油进行了大量的表征研究，发现的典型含氧结构如图 6-2。其中，约占 1/4 的是酚类物质，其他的氧化物包括酮、醛、羧酸、酯、醇和醚。

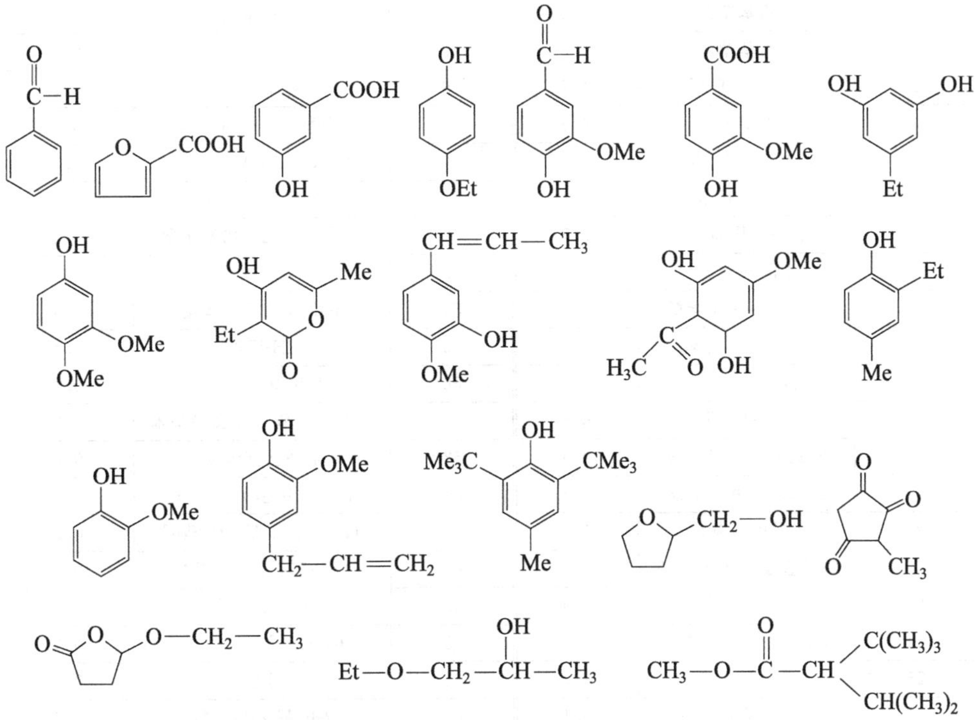

图 6-2　热解生物质油中含氧化合物的典型结构

　　耿层层、李术元等[19] 分析鉴定了低温煤焦油中的含氧化合物。结果显示低温煤焦油酸性组分主要是苯酚、茚满酚、萘酚、联苯酚、芴酚、菲酚和其衍生物，以及微量的苯二酚及其衍生物。其中苯酚及其衍生物的相对含量达 33.43%。吴婷、凌凤香等[20] 运用 GC-MS 和元素分析仪定性、定量分析了低温煤焦油中酸性组分的化学组成和结构，分析结果如表 6-2。其中，有 74 种化合物质量分数大于 0.1%，全部是含氧化合物（一般是以酚类、酮类、醚类等为主的含有 1~2 个氧原子的烃类化合物），其质量分数是 95.4%。在酸性组分中酚类化合物种类最多、含量最高，总共有 62 种，占酸性组分总质量分数的 91.2%，其他种类的含氧化合物质量分数之和仅占 3.9%，由此可见酚类化合物是煤焦油酸性组分的主要组成物质。

表 6-2　低温煤焦油酸性组分分布

序号	化合物	w	序号	化合物	w
1	5-甲基环戊酮	0.1	40	2-甲基-6-丙烯基苯酚	2.0
2	苯酚	2.8	41	4-异戊烯基苯酚	1.9
3	邻甲基苯酚	3.2	42	4H-2-萘酚	0.6
4	对甲基苯酚	8.5	43	4,7-二甲基苯并呋喃酮	0.5
5	间甲基苯酚	4.9	44	5-羟基-3-甲基茚酮	0.7
6	2,6-二甲基苯酚	0.1	45	4,5-二甲基苯并呋喃酮	1.3
7	4-乙基苯酚	0.8	46	苯基苯酚	2.3
8	2-乙基苯酚	0.6	47	2-萘酚	0.9
9	2,5-二甲基苯酚	4.7	48	4-环戊基苯酚	0.7
10	2-乙基苯酚	9.9	49	4-甲基-2-异戊烯基苯酚	0.7
11	2,3-二甲基苯酚	1.2	50	2,3,4-三甲基苯乙酮	0.2
12	3,4-二甲基苯酚	1.7	51	3-环乙基苯酚	0.1
13	2,3,6-三甲基苯酚	0.5	52	1-甲基-4-戊二烯基苯醚	0.3
14	2-丙基苯酚	0.7	53	2-环己基苯酚	2.0
15	3-乙基-5-甲基苯酚	2.7	54	4-甲基-2-苯基苯酚	0.4
16	2-乙基-6-甲基苯酚	1.5	55	6H-菲酮	0.4
17	4-乙基-2-甲基苯酚	0.9	56	2-甲基-1-萘酚	0.7
18	3-丙基苯酚	6.3	57	3,6-二甲基-2-异戊烯基苯	0.2
19	2,3,5-三甲基苯酚	0.6	58	4-环己基苯酚	0.2
20	2,4,6-三甲基苯酚	0.5	59	5,8-二甲基-4H-苯酚	0.5
21	2-异丙基苯酚	1.0	60	4,5,6-三甲基-2H-萘酮	0.2
22	2-甲基-5-异丙基苯酚	0.5	61	2-环己基-4-甲基苯酚	0.3
23	2,5-二乙基苯酚	0.3	62	8-甲基-2H-萘酚	0.5
24	3,4-二乙基苯酚	0.8	63	6,7-二甲基-1-萘酚	0.2
25	5-茚酚	2.7	64	蒄酚	0.2
26	2-丁基苯酚	0.1	65	2-甲基-2,2-二酚	0.3
27	3-甲基-4-异丙基苯酚	0.2	66	2-羟基二苯并呋喃	0.1
28	2-甲基-6-丙基苯酚	0.8	67	2-羟基芴酚	0.4
29	3-甲基-6-丙基苯酚	0.5	68	4H-菲酚	0.2
30	2-茚酚	4.5	69	3-甲基-2,2-二酚	0.1
31	3,5-二乙基苯酚	1.3	70	萘苯醚	0.2
32	2-异丁烯基苯酚	0.6	71	邻萘基酚	0.1
33	4-异丁基苯酚	0.7	72	苯并氧芴酚	0.1
34	4-甲基-2-丙烯基苯酚	1.2	73	十八烯基酰胺	0.2
35	异戊基苯酚	0.1	74	十八烷基酰胺	0.1
36	4-异丁烯基苯酚	5.1	75	未知物	4.6
37	2-乙基-5-丙基苯酚	0.7			
38	6-甲基-4-茚酚	2.1			
39	4-异丙基苯异丙酮	0.2			

6.1.2 含氧化合物的加氢反应活性

对不同温度下含氧化合物加氢反应活性的研究，对油品改质过程的调控至关重要。热力学数据能预测含氧官能团的相对稳定性，但是也只能得出反应活性的相对趋势，有时还会受到动力学的限制。依据含氧化合物在 400℃脱氧的难易程度把含氧化合物大致分成三类：第一类是醇、羧酸、醚等，它们的反应活性是最大的，在无还原剂以及活性催化剂的条件下，这些不稳定的官能团能够通过热分解反应来脱氧；第二类是酮、酰胺等，这些化合物至少要在还原剂存在的情况下才能进行脱氧；第三类是呋喃、酚、醌、苯基醚等，反应活性是最小的，尽管在有还原剂存在的情况下，这些稳定的含氧化合物依然难以进行加氢脱氧（HDO）反应，只有在高活性催化剂存在的情况下 HDO 才能进行完全。

Cronauer[21] 在有四氢化萘的条件下，在 400～450℃范围内进行了一系列含氧化合物反应活性的研究，结果发现苯甲基醚的温度比 400℃低时就有了很高的反应活性，但有取代基的酚类在 450℃时依然没有反应。由此得出了含氧化合物反应活性的顺序为呋喃环类＜酚类＜酮类＜醛类＜烷基醚类。Kamiya[22] 在有四氢化萘的条件下研究了一些含氧化合物的反应活性，结果表明在 450℃时二苯基醚比二苯并呋喃更稳定，芳环取代醚类的稳定性是由芳环的数目决定的。例如，在同样反应条件下二苯基醚未转化，而二萘基醚转化 23%，苯基菲基醚转化 45%。

酚类的反应活性大部分是由其结构决定的，在 400℃时，1-萘基酚大部分转化成二苯并呋喃，在同样条件下邻-甲酚以及 2,4-二甲基苯酚可以转化成其他酚类。反应时间加长并且在更高温度时，酚类能发生裂化反应，产物有二苯基醚、苯并呋喃、二苯并呋喃以及苯基二苯并呋喃。Weigold[23] 研究了解到酚的反应活性低于被取代酚的反应活性。Gevert 等[24] 研究发现甲基取代酚的反应活性顺序如下：对甲基苯酚＞邻甲基苯酚＞2,4-二甲酚＞2,6-二甲酚＞2,4,6-三甲基苯酚。Odebunmi 和 Ollis[25] 在连续系统中发现反应活性顺序：间甲基苯酚＞对甲基苯酚＞邻甲基苯酚。Moreau 等[26] 运用 Ni-Mo/Al$_2$O$_3$ 催化剂，在 340℃、氢压 7MPa 条件下对联苯和未被取代酚的 HDO 进行了比较，了解到后者的活性比联苯约高 5 倍。Furimsky[27] 建立了多种含氧化合物的 HDO 反应活性顺序：醇类＞酮类＞烷基醚类＞羧酸类≈间（或对）甲基苯酚类＞萘酚＞苯酚＞二芳基醚类≈邻甲基苯酚类＞烷基呋喃类＞苯并呋喃类＞二苯并呋喃类。

6.1.3 煤焦油的加氢脱氧

煤焦油的组分很复杂，迄今为止，关于以煤焦油为原料的加氢反应的研究主要集中在加氢脱氮（HDN）、加氢脱硫（HDS）、加氢脱金属（HDM）等方面。而且，传统原油馏分含氧量低，对以煤焦油为原料的加氢脱氧（HDO）的研究报道相对较少。近年来，对模型含氧化合物加氢脱氧的机理等进行了大量的研究，为实际油品的 HDO 反应提供依据。模型含氧化合物加氢脱氧反应采用的催化剂类型不同，反应途径和产物的选择性也不同，但是没有人能够指出采用不同类型的催化剂所得产物选择性有较大差异的本质原因。

加氢脱氧（HDO）研究最早的实际油品是重油热加氢裂化生成的瓦斯油，原料里 S、N、O 含量分别为 3.69%、0.39%、0.44%（质量分数），实验过程中使用的催化剂为硫化态 Co-Mo/Al$_2$O$_3$，温度是 400℃，氢压是 13.7MPa。研究表明，瓦斯油的酸值随催化剂 Mo 含量的增大而增大（如图 6-3、图 6-4）。之后，他们又进行了 S、N 和 O 原子同时脱除试验，并且建立了杂原子脱除的难易顺序：HDS＞HDN＞HDO。

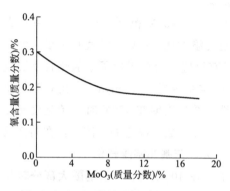

图 6-3　MoO$_3$ 含量对氧脱除量的影响

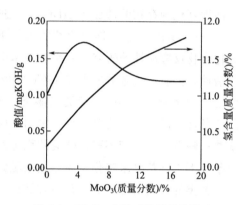

图 6-4　MoO$_3$ 含量对油酸值的影响

Dalling 等[28] 在半连续反应器中，在硫化态 Co-Mo/Al$_2$O$_3$ 和 Ni-W/Al$_2$O$_3$ 催化剂、氢压 12MPa 的条件下，进行了温度对 SRC 馏分（230～455℃）改质影响的研究。结果表明原料里 S、N、O 含量分别为 0.4%、2.2%、3.0%（质量分数），杂原子脱除的难易顺序是 HDS＞HDN＞HDO。在间歇式反应器中，在硫化 Ni-Mo/Al$_2$O$_3$ 催化剂、400℃条件下，研究了煤液化油中正己烷可溶油的改质。结果表明该原料的 S、N、O 含量分别为 0.27%、0.61%、2.8%（质量分数）；在同样的条件下，虽然氧的脱除量比氮大很多，但是整个 HDO 转化率低于 HDN。他们还对煤液化石脑油的加氢精制进行了研究，得到的活化能数据如表 6-3。通过表 6-3 可得，HDN、HDO 以及 HDS 的反应活化能变化比较大，且催化剂类型以及原料来源对杂原子脱除有较大影响。

表 6-3　煤液化石脑油 HDN、HDS 和 HDO 的活化能

原料	催化剂	E_{HDN}	E_{HDS}	E_{HDO}
伊利诺伊州	Co-Mo	49	31	48
伊利诺伊州	Ni-W	50	36	35

续表

原料	催化剂	E_{HDN}	E_{HDS}	E_{HDO}
伊利诺伊州	Ni-Mo	48	42	38
黑雷	Co-Mo	33	45	19
黑雷	Ni-W	40	41	20

Landau[29] 在硫化态 Ni-Mo/Al$_2$O$_3$ 催化剂、400℃条件下,对各种油页岩原料的加氢处理进行了研究,结果表明原料里 S、O、N 的含量分别为 0.7%、2.0%、2.2%(质量分数);在实验条件下,实现了对 S 的完全脱除,O、N 的脱除率分别为 95%、80%,建立了杂原子脱除顺序:HDS>HDO>HDN。

获取生物质油的两种主要方法是高压液化和热解,热解得到的生物质油的氧含量很高,并且没有高压液化的稳定。原因是 S、N 含量特别低(一般低于 0.1%),在大部分情况下,HDS、HDN 不是生物质油改质的主要反应。

热解油的加氢运用了两段加氢的工艺,一段加氢温度是 300℃,二段加氢温度是 353℃,油品的氧含量从 52.6%(质量分数)下降到 2.3%(质量分数)。液化生物质油的加氢则运用一段加氢工艺,在硫化 Co-Mo/Al$_2$O$_3$ 催化剂、400℃的条件下,原料里的氧基本被脱除完全,实现了液化生物质油的实质性改质。

对从橄榄油工业的废料热解获取的生物质油的改质进行了研究,结果表明原料里氧、氮含量分别为 15.3%、3.3%(质量分数);一段加氢在 300℃、12MPa 下进行,使用 Co-Mo/Al$_2$O$_3$ 催化剂,脱除 64%O 和 24%N;二段加氢在 400℃下进行,使用 Ni-Mo/Al$_2$O$_3$ 催化剂,脱除 69%O 和 58%N。

6.1.4　加氢脱氧的反应途径

(1) 呋喃类

Furimsky[30~32] 使用 Co-Mo/Al$_2$O$_3$ 催化剂对呋喃的加氢脱氧(HDO)反应进行了研究,反应途径有三条(见图 6-5):一是在一定的反应条件下氧从环中脱出;二是在活化氢浓度较高的情况下,发生开环反应之前呋喃环发生部分加氢反应,在后续的反应中生成丙烯或丁烯;三是在较高氢分压下,催化剂表面被活化氢覆盖,呋喃环可以完全加氢,主要反应产物为丁烷和 H$_2$O。

Bunch 等[33,34] 使用硫化态和还原态 Ni-Mo/Al$_2$O$_3$ 催化剂对苯并呋喃的 HDO反应进行了研究,反应网络见图 6-6。

结果表明,使用硫化态 Ni-Mo/Al$_2$O$_3$ 催化剂,生成约 50%的乙基苯酚及少量的乙苯和乙基环己烷,并且只发现一种加氢含氧中间产物 2,3-二氢苯并呋喃;使用还原态 Ni-Mo/Al$_2$O$_3$ 催化剂,苯并呋喃经 HDO 反应生成含氧中间产物的类型较多(如六氢苯并呋喃、2-乙基环己醇和八氢苯并呋喃),中间产物再脱氧生成乙

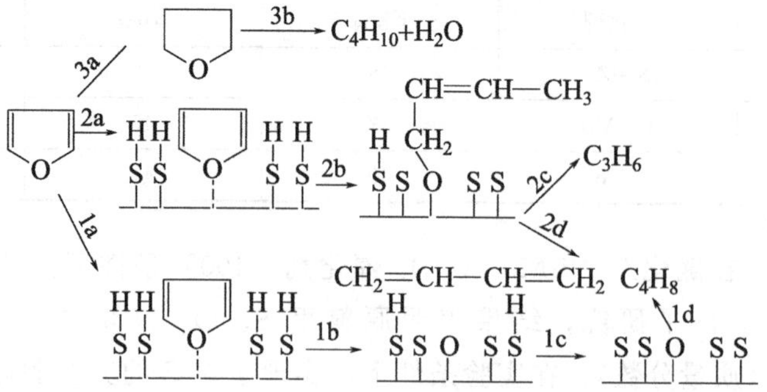

图 6-5　呋喃 HDO 反应途径

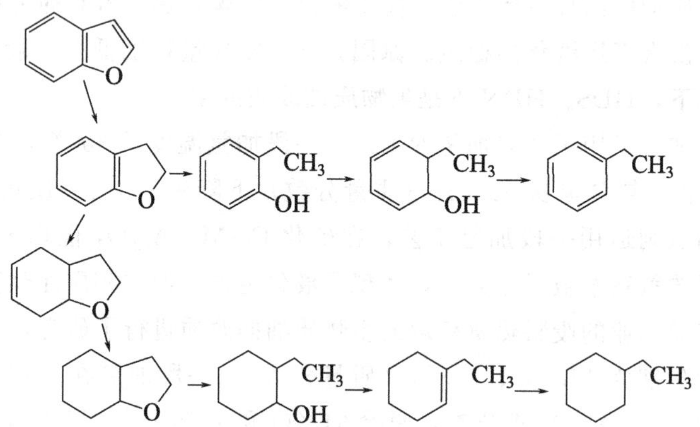

图 6-6　苯并呋喃的 HDO 反应网络

基环己烯和乙基环己烷，产物中并没有发现乙基苯酚和乙苯。Satterfield 等[35] 对苯并呋喃的 HDO 进行了研究，发现反应条件对产物分布的影响非常显著。Lavopa 等[35] 研究了硫化态和氧化态 Ni-Mo/Al$_2$O$_3$ 催化剂对苯并呋喃的加氢脱氧反应，结果表明使用硫化态催化剂催化反应，产物中单环烃类占 75%，环己烷为主要部分，还有一些重要但含量少的物质如甲基环戊烷、环戊烷、苯、甲基环己烷和环己烯等；使用氧化态催化剂催化反应，单环化合物收率为 25%。

Krishnamurthy 等[36] 研究了二苯并呋喃的 HDO 反应机理，反应网络见图 6-7。加氢途径：芳环加氢饱和生成含氧中间产物，然后 C—O 键断裂生成单环烃；氢解途径：C—O 键断裂生成苯基苯酚，再加氢生成单环产物；直接脱氧途径：二苯并呋喃直接脱氧生成联苯。在较高的氢分压下，在杂环开环以前，先进行芳环的加氢反应，生成邻-环乙基苯酚中间产物，进一步脱氧生成二环己烷或苯基环己烷。

（2）醚类

醚在原料中的含量相对较少，且在含羟基物质的加氢脱氧反应中也可能生成。

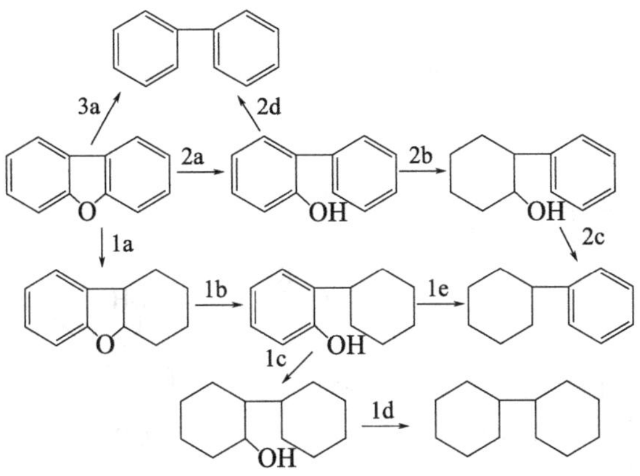

图 6-7　二苯并呋喃 HDO 反应网络

Petrocelli 和 Klein[37] 使用硫化态 Co-Mo/Al$_2$O$_3$ 催化剂对二苯醚的 HDO 反应进行了研究，反应机理见图 6-8。

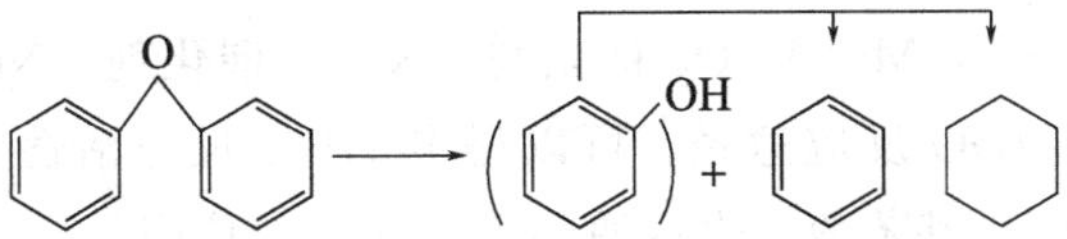

图 6-8　二苯醚的 HDO 反应机理

（3）酮类

通过对二苯甲酮的 HDO 反应进行研究，发现其反应途径有两条（见图 6-9）：一是直接氢解生成烃类化合物；二是先加氢生成醇，再氢解生成烃类化合物。

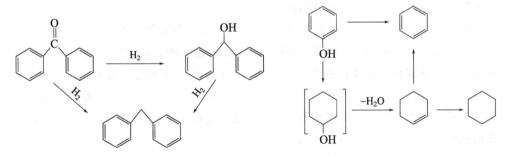

图 6-9　二苯甲酮的 HDO 反应途径　　　　图 6-10　苯酚的 HDO 反应途径

（4）酚类

酚类的 HDO 反应主要有两条途径：一是氢化-氢解途径，芳环先加氢生成中间产物环己醇，然后发生消除反应脱除氧；二是直接氢解途径，C—O 键直接断裂以脱除氧。Wang 等[38] 研究发现了苯酚的 HDO 反应途径，见图 6-10。

Furimsky 等[39] 研究发现了邻位取代苯酚和对甲基苯酚的 HDO 反应网络，见图

6-11 和图 6-12。

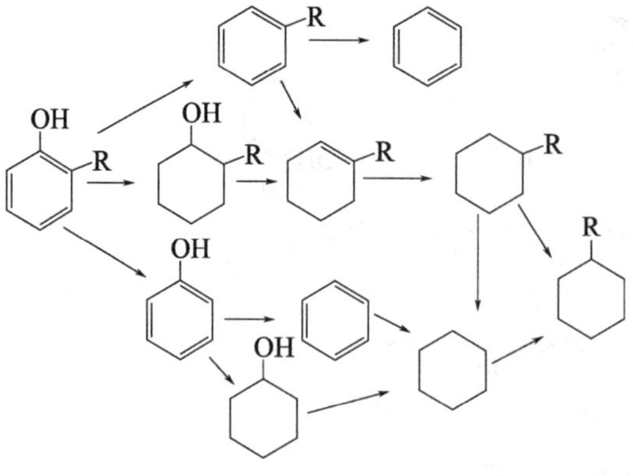

图 6-11 邻位取代苯酚的 HDO 反应网络 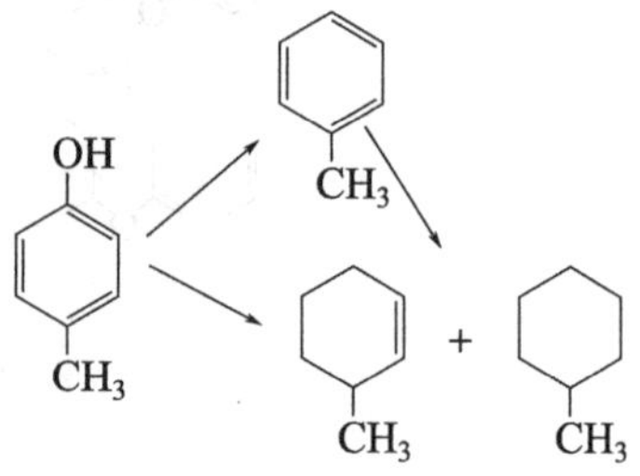   图 6-12 对甲基苯酚的 HDO 反应网络

结果表明低级酚在较低的反应温度下（＜360℃）HDO 反应以直接脱氧为主，当温度升高时（＞360℃）HDO 反应以氢化-氢解途径为主。

分别使用硫化态 Co-Mo/Al$_2$O$_3$ 催化剂、Ni/Cr 催化剂、Ni/SiO$_2$ 催化剂研究苯酚和甲基苯酚的 HDO 反应途径。可以得出 HDO 反应活性：苯酚≈间甲基苯酚＞对甲基苯酚＞邻甲基苯酚，也说明邻位取代酚的位阻效应影响很大[40]。使用 Co-Mo/Al$_2$O$_3$ 催化剂进行甲酚的 HDO 反应，甲酚直接脱氧生成了许多种化合物，且甲基环己烷、甲苯和乙基环戊烷是主要的加氢脱氧产物。

使用硫化态 Co-Mo/Al$_2$O$_3$ 催化剂，对邻位和对位取代苯酚的 HDO 反应进行研究，可以得出邻位取代苯酚的 HDO 反应活性最弱，苯酚、对乙基苯酚和对叔丁基苯酚 HDO 反应的转化率基本相同。

Vogelzang 等[41] 使用硫化态 Ni-Mo/Al$_2$O$_3$ 催化剂对萘酚的 HDO 反应进行研究，反应网络见图 6-13，结果表明四氢萘酮生成速率最大，该反应的最终产物大部分由四氢萘酮转化而来。在 200℃时，芳香环的加氢饱和比萘酚的直接 HDO 更容易进行，因此，四氢化萘和 5,6,7,8-四氢-1-萘酚占萘酚 HDO 产物很大一部分比例。然而，在高温条件下萘酚的直接 HDO 速率超过了芳环的加氢饱和，并且顺式和反式十氢化萘的生成速率非常低。

在不同反应温度和压力下使用硫化态 Co-Mo/Al$_2$O$_3$ 催化剂对邻甲酚的 HDO 反应进行研究，发现反应中直接脱氧产物甲苯的选择性达 90%。使用 Rh 基催化剂对邻甲氧基苯酚的 HDO 反应进行研究，反应网络见图 6-14，发现邻甲氧基苯酚在 Rh 基催化剂上是按先加氢后脱氧的途径进行反应的。

使用非晶态催化剂 La-Ni-Mo-B 对 4-甲基苯酚的 HDO 反应进行研究，反应网络见图 6-15，发现在 La-Ni-Mo-B 催化下，4-甲基苯酚没有发生直接脱氧反应，而是先加氢生成环己醇，再脱氧生成甲基环己烷，即按照氢化-氢解途径进行反应。

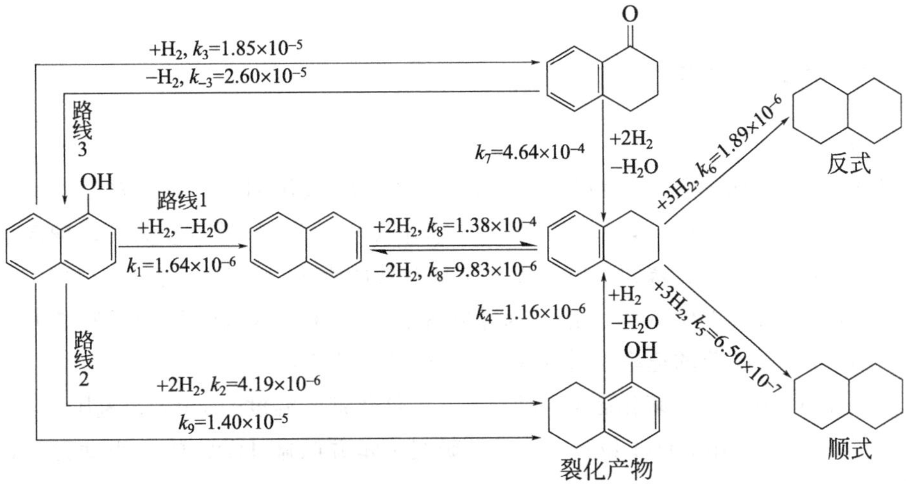

图 6-13　萘酚的 HDO 反应网络

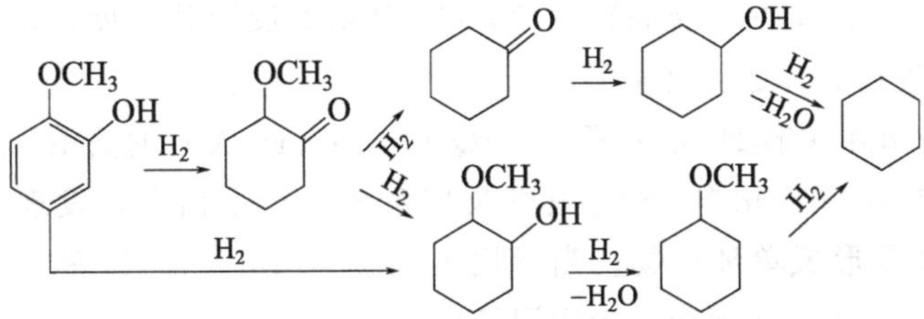

图 6-14　邻甲氧基苯酚在 Rh 基催化剂上的 HDO 反应网络

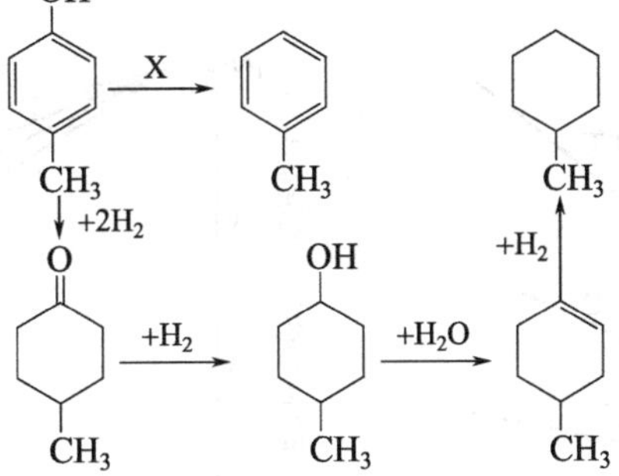

图 6-15　非晶态催化剂 La-Ni-Mo-B 催化 4-甲基苯酚的 HDO 反应网络

　　使用硫化态 Co-Mo/γ-Al$_2$O$_3$ 催化剂对 3 种甲氧基苯酚异构体的 HDO 反应进行研究，可以得出 3 种异构体的反应活性顺序为对甲氧基苯酚＞邻甲氧基苯酚＞间甲氧基苯酚。使用 Mo-Ni/Al$_2$O$_3$ 催化剂对二羟基苯异构体的 HDO 反应进行研究，可以得出间苯二酚活性较弱，邻苯二酚和对苯二酚的活性比苯酚强，催化脱除一个羟基得到苯酚的收率为 60%。

6.1.5 加氢脱氧反应动力学

(1) 呋喃类

Krishnamurthy 等[42] 在硫化态 Ni-Mo/Al$_2$O$_3$ 催化剂、343～376℃、氢分压 6.9～13.8 MPa 的条件下，仔细研究了二苯并呋喃的 HDO 反应动力学，确定了氢分压、温度以及初始二苯并呋喃浓度对速率常数的影响，结果发现，全部反应物的反应均符合一级动力学方程，且二苯并呋喃转化的速率常数随氢分压的增大而增大，但其转化为联苯的速率常数对氢分压的变化不敏感。

Lee 和 Ollis[43] 在硫化态 Co-Mo/Al$_2$O$_3$ 催化剂、温度<350℃、氢压 6.9MPa 条件下，用 Langmuir-Hinshelwood 模型研究了苯并呋喃 HDO 的一级动力学，得出了反应动力学方程：

$$-\ln(1-X_{HDO}) = kC_R^0\left(\frac{\omega}{F}\right) = k\left(\frac{\omega}{Q}\right)$$

式中，X_{HDO} 是苯并呋喃的转化率；C_R^0 是初始反应物浓度；ω 是催化剂的质量；F 是进料速度；k 是反应速率。

图 6-16 是苯并呋喃 HDO 过程中 ω/Q 和$-\ln$（1$-X$）的关系。

Lavopa 和 Satterfield[44] 对连续的反应系统进行了研究，发现二苯并呋喃在 HDO 过程中主要形成单环产物。当运用硫化态 Ni-Mo/Al$_2$O$_3$ 催化剂时，二苯并呋喃的 HDO 反应为一级反应；当运用氧化态催化剂时，二苯并呋喃的 HDO 反应为零级反应。研究确定了温度对速率常数的影响，HDO 反应速率常数随着温度升高逐渐增大，见图 6-17。

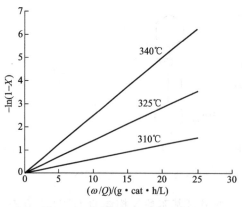

图 6-16　苯并呋喃 HDO 过程中
ω/Q 和$-\ln$（1$-X$）的关系

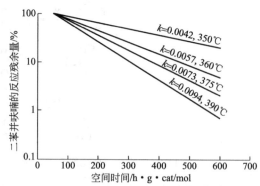

图 6-17　温度对二苯并呋喃 HDO 反应
速率常数的影响

Gates 等[45~47] 对含有芘、菲、荧蒽、5,6,7,8-四氢化-1-萘酚以及二苯并呋喃的煤液化油模型化合物的 HDO 过程进行了研究。Furimsky[48] 在硫化态 Co-Mo/Al$_2$O$_3$ 催化剂、氢分压接近常压的条件下，研究了四氢呋喃的 HDO 反应动力学，结果发现 HDO 反应速率随反应温度升高而渐渐增大。温度对四氢呋喃 HDO 产率以及产物分布的影响如表 6-4。

表 6-4　温度对四氢呋喃 HDO 产率和产物分布的影响

产物/%	反应温度/℃			
	340	375	400	430
丙烯	0.4	2.8	12.4	17.0
丁烷	0.4	1.5	1.0	0.2
邻丁烯	2.4	7.2	17.0	20.7
反式丁烯	5.9	14.5	11.0	10.2
顺式丁烯	4.4	11.8	10.4	9.6
丁炔	痕量	痕量	7.8	16.5
总计	13.5	37.8	59.6	74.2

（2）酚类

许多研究者在滴流床反应器和间歇式反应器上研究了单酚类和混合酚的 HDO 动力学。硫化态 Co-Mo/Al$_2$O$_3$、Ni-Mo/Al$_2$O$_3$ 为最常用的催化剂。运用间歇式反应器研究了 2,4-取代酚和 2,6-取代酚 HDO 反应的动力学。

研究表明酚浓度（X_A）、芳香族化合物浓度（X_B）、环己烷+环己烯（X_C）以及假一级速率常数之间的关系是：

$$X_B = \frac{k_1}{k_1+k_2}(1-X_A) \quad X_C = \frac{k_2}{k_1}X_B$$

式中，X 为浓度；k_1 为对甲基苯酚到甲苯的假一级速率常数；k_2 为对甲基苯酚到环己烷+环己烯的假一级速率常数。

假一级速率常数计算公式：$\dfrac{dX_B}{df(t/V)} = k_1 W X_A$

式中，W 是催化剂的质量；V 是反应器体积；t 是反应时间。

表 6-5 是各种酚类化合物加氢反应的速率常数（包括在 NH$_3$ 和 H$_2$S 存在时的速率常数）。在整个 HDO 过程中，随着反应物浓度的减小，速率常数增大，说明酚类化合物在 HDO 过程中有自我抑制作用。Gevert[49] 对 3,5-二甲酚、2,6-二甲酚做了详细的对比，发现 3,5 二甲酸的 k_1 为 2,6-二甲酚的 10 倍，但是 k_2 的区别不是很突出。

表 6-5   各种酚 HDO 的假一级反应速率常数[①]

苯酚的种类	$k_1/g^{-1}\times10^5$	$k_2/g^{-1}\times10^5$
4-甲基酚	4.0	0.9
4-甲基酚[②]	6.5	1.3
2-甲基酚	2.1	0.3
2,4-二甲基酚	2.5	0.3
2,6-二甲基酚	0.5	0.2
2,4,6-三甲基酚	0.8	0.1
4-甲基酚+氨气(8.5)[③]	0.8	0.1
4-甲基酚+氨气(43)	0.2	0.03
4-甲基酚+硫化氢(36)	0.5	0.8
4-甲基酚+硫化氢(72)	0.2	0.6
苯酚	1.1	
2-乙基酚	1.1[d]	
3-甲基酚	1.6	

① 所用催化剂是硫化态的 Co-Mo/Al$_2$O$_3$、反应温度是 300℃；

② 起始浓度是 70mmol/L,其他所有浓度是 142mol/L；

③ 括号里的数值说明其浓度(mmol/L)。

d 是根据阿仑尼乌斯曲线图外推所得的。

　　Allen[50] 用间歇式反应器在硫化态 Ni-Mo/Al$_2$O$_3$ 催化剂上,对氯酚类、苯酚的 HDO 动力学进行了研究。结果发现,脱氯反应的速率常数比 HDO 的速率常数高两个数量级,所以在氯酚类的 HDO 过程中以脱氯反应为主。他们还对酚类 HDO 的速率常数做了研究 (表 6-6),苯酚的假一级反应速率常数是在低温下评估的速率常数值。Odebunmi 等[51] 用硫化态 Co-Mo/Al$_2$O$_3$ 催化剂在滴流床反应器内对甲酚的 HDO 动力学进行了研究,依据 $\ln(1-X_C)$ 和 p_{H_2},$\ln(1-X_C)$ 和 W/F 的关系得出了反应的速率常数。研究表明,该速率常数比 Gevert 等、Laurent 等[52] 的结果低两个数量级。Odebunmi 等[51] 还在 300℃ 下计算得出间甲酚、邻甲酚 HDO 的假一级速率常数,分别为 $1.6\times10^{-5}g^{-1}$、$1.1\times10^{-5}g^{-1}$。

　　Odebunmi 等[51] 对甲酚类物质的 HDO 动力学进行了研究,邻甲酚、对甲酚、间甲酚的阿仑尼乌斯曲线如图 6-18,计算得出邻甲酚、间甲酚、对甲酚的 HDO 活化能分别为 96kJ/mol、113kJ/mol、156kJ/mol。苯酚在间歇式反应器中的活化能为 125kJ/mol。

　　Li 等[53] 在硫化态 Ni-Mo/Al$_2$O$_3$ 催化剂上对萘酚的 HDO 动力学进行了研究。表 6-5 数据是在 154℃ 时计算得到的假一级速率常数。在这个温度下,萘酚直接脱

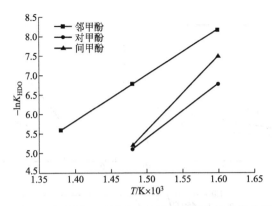

图 6-18　邻甲酚、对甲酚、间甲酚的阿仑尼乌斯曲线

氧速率常数低于先加氢再脱氧。但是，当反应温度高于 277℃时，直接脱氧的速率常数比先加氢后脱氧的高，表 6-6 中活化能也与这一结果一致。

表 6-6　萘酚 HDO 的反应活化能

反应	活化能/(kJ/mol)	反应	活化能/(kJ/mol)
1	139±32	4	132±38
2	100±23	5	77±23
3	44±20		

Ternan 等[54] 在 Co-Mo/Al$_2$O$_3$ 催化剂、300～500℃、氢分压 1～30MPa 条件下，对煤直接液化产物石脑油的 HDO 反应动力学进行了研究。他们觉得石脑油的 HDO 反应满足一级反应动力学。反应温度、氢分压对 HDO 转化率的影响如图 6-19。HDO 转化率随反应温度升高、氢分压增大、停留时间延长而增大。

White[55] 在 Ni-Mo/Al$_2$O$_3$ 催化剂、400～500℃、氢分压 20.6MPa 的条件下，对煤热解液体产物的 HDO 反应动力学进行了研究。在硫化态 Co-Mo/Al$_2$O$_3$ 催化剂上对苯甲醚的 HDO 动力学进行了研究，其假一级速率常数（s^{-1}·g^{-1}cat）在 250℃、275℃、325℃时分别为 0.0763×10^{-3}、0.603×10^{-3}、2.78×10^{-3}。结果表明，苯酚为苯甲醚加氢的主要产物，苯甲醚加氢过程的控制步骤是苯酚的 HDO 反应，在此温度范围内取得的活化能是 124kJ/mol。二萘醚的 HDO 反应快于二苯醚，原因也许是苯氧基的共振能力低于萘氧基。

Laurent 等[56,57] 于间歇式反应器中，在 250～300℃，氢压为 7MPa、催化剂硫化态 Co-Mo/Al$_2$O$_3$、Ni-Mo/Al$_2$O$_3$ 条件下，研究了生物质油含氧模型化合物的 HDO 动力学，获得加氢脱氧反应的一级动力学方程：

$$-\ln X_i = kWt$$

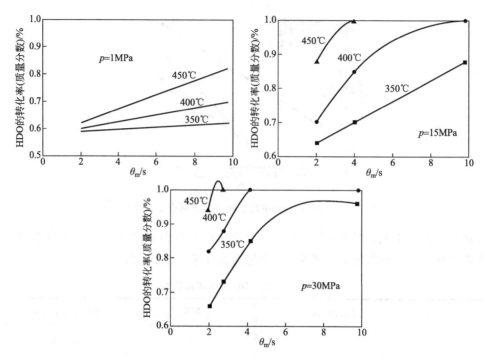

图 6-19 反应温度、氢分压和停留时间对石脑油 HDO 转化率的影响

式中，X_i 是样品（C_i）与初始样品（C_0）的浓度之比；k 是假一级速率常数，$mol^{-1} \cdot g^{-1}$cat；W 是催化剂重量；t 是时间。

实验拟合了甲基苯乙酮、癸二酸二乙酯和邻甲氧基苯酚的假一级反应数据。结果表明，在大部分情况下，实验数据都没有很好地遵从反应速率方程。反应物转化率比较高的时候，实验数据、假一级反应速率方程有很大的偏差，也许是实验早期反应物在催化剂上的快速结焦导致的。如果苯环上有多种含氧取代基时，它的生焦能力比苯环上仅有一种含氧取代基的大。

6.1.6 煤焦油加氢脱氧的影响因素

在小型固定床加氢装置上，以酚类为目标化合物，对全馏分中低温煤焦油HDO 反应的工艺条件进行了研究，考察反应温度、反应压力、液态空速和氢油体积比（氢油比）对 HDO 效果的影响，并采用响应面法对工艺条件进行了优化，旨在为煤焦油加氢改质工艺的深入研究提供一定的理论基础和参考。

原料煤焦油取自陕北的中低温煤焦油，其性质见表 6-7。

表 6-7　中低温煤焦油的性质

项目	值		项目	值
氧含量(质量分数)/%	6.86		IBP	214
残炭(质量分数)/%	7.62		10%	268
密度(20℃)/(g/mL)	1.0411		30%	315
黏度(50℃)/(mm²/s)	14.23	馏程/℃	50%	351
组成(质量分数)/%			70%	414
饱和烃	44.38		90%	462
芳香烃	18.49		95%	488
胶质	27.51		EBP	510
沥青质	9.62			

HDO 催化剂是自行研发的中低温煤焦油加氢催化剂,其物理、化学性质见表 6-8。

表 6-8　HDO 催化剂的物理、化学性质

比表面积/(m²/g)	孔体积/(mL/g)	堆密度/(g/mL)	$w(MoO_3)$/%	$w(NiO)$/%
185	0.45	0.74	17.56	5.14

在反应压力为 14MPa、液态空速为 $1.5h^{-1}$、氢油比为 1600:1 的情况下进行预硫化处理(在 250℃下硫化 8h,然后升温至 360℃硫化 8h)。预硫化完毕后,在 320～400℃、氢分压 6～14MPa、液态空速 $0.3～1.5h^{-1}$ 的条件下进行煤焦油的 HDO 实验,之后再进行总酚含量的测定。

(1) 反应温度的影响

反应温度对中低温煤焦油加氢脱氧率的影响见表 6-9。

表 6-9　反应温度对中低温煤焦油加氢脱氧率的影响

T/℃	加氢脱氧率/%	T/℃	加氢脱氧率/%
320	52.5	380	86.7
340	71.2	400	86.1
360	84.6		

反应条件:12MPa,LHSV=$0.6h^{-1}$,氢油体积比为 1100:1。

由表 6-9 可知,随反应温度升高,加氢脱氧率增大;当反应温度达到 360℃后加氢脱氧率增幅变缓,达到 380℃时加氢脱氧率基本稳定。因此,中低温煤焦油 HDO 反应在较高的温度下进行才能达到较好的效果,当反应温度低于 380℃时酚类化合物的 HDO 反应主要受反应动力学规律影响。因为煤焦油加氢的最终目的是得到不含杂原子的清洁燃料,所以 HDO 反应必须在相对较高的温度下进行,以确保产品中氧含量较低。

（2）反应压力的影响

反应压力对中低温煤焦油加氢脱氧率的影响见表6-10。

表6-10　反应压力对中低温煤焦油加氢脱氧率的影响

压力/MPa	加氢脱氧率/%	压力/MPa	加氢脱氧率/%
6	55.6	12	96.5
8	75.3	14	96.6
10	93.8		

反应条件：380℃，LHSV=0.6h^{-1}，氢油体积比为1100:1。

由表6-10可知，反应压力升高时加氢脱氧率迅速增加；当反应压力高于10MPa后，加氢脱氧率增大的趋势变缓，可能是因为一些不稳定的含氧官能团被脱除或转化为稳定的含氧官能团，进一步脱氧变得困难。HDO在较低的反应压力（6～8MPa）下低级酚模型化合物即可达到较高的加氢脱氧率（>90%），但煤焦油却需要在10～12MPa下才能达到较高的加氢脱氧率。升高反应压力有助于促进酚类化合物中的不饱和基团加氢饱和，降低芳香烃的含量，有利于更加彻底地进行HDO精制。另外，HDO反应在高温高压下主要受热力学平衡的影响，为了保证催化剂表面保持一定的活化氢浓度，保证较高的氢分压尤其重要。

（3）液态空速的影响

液态空速对中低温煤焦油加氢脱氧率的影响见表6-11。

表6-11　液态空速对中低温煤焦油加氢脱氧率的影响

LHSV/h^{-1}	加氢脱氧率/%	LHSV/h^{-1}	加氢脱氧率/%
0.3	96.5	1.2	65.6
0.6	86.7	1.5	60.1
0.9	71.6		

反应条件：380℃，12MPa，氢油体积比为1100:1。

由表6-11可知，当液态空速从1.5h^{-1}降至0.9h^{-1}时，加氢脱氧率从60.1%增至71.6%，增幅不大；当液态空速从0.9h^{-1}降至0.3h^{-1}时，加氢脱氧率从71.6%增至96.5%，增幅较大。说明中低温煤焦油HDO反应必须在较低的空速下才能达到较高的加氢脱氧率。

（4）氢油比的影响

氢油比对中低温煤焦油加氢脱氧率的影响见表6-12。

表 6-12　氢油比对中低温煤焦油加氢脱氧率的影响

氢油比	加氢脱氧率/%	氢油比	加氢脱氧率/%
800 : 1	84.5	1700 : 1	86.1
1100 : 1	86.7	2000 : 1	85.8
1400 : 1	86.3		

反应条件：380℃,12MPa,LHSV$=0.6h^{-1}$。

由表 6-12 可知，随氢油比增大，加氢脱氧率先增大后降低，但增幅和降幅均很小。较高的氢油比虽然能抑制催化剂表面积炭，但如果氢油比过高则会使能耗增大，同时还会导致反应物与催化剂接触时间缩短，降低反应速率，不利于加氢脱氧反应进行。

反应温度、反应压力和液态空速对加氢脱氧率的响应曲面图见图 6-20。

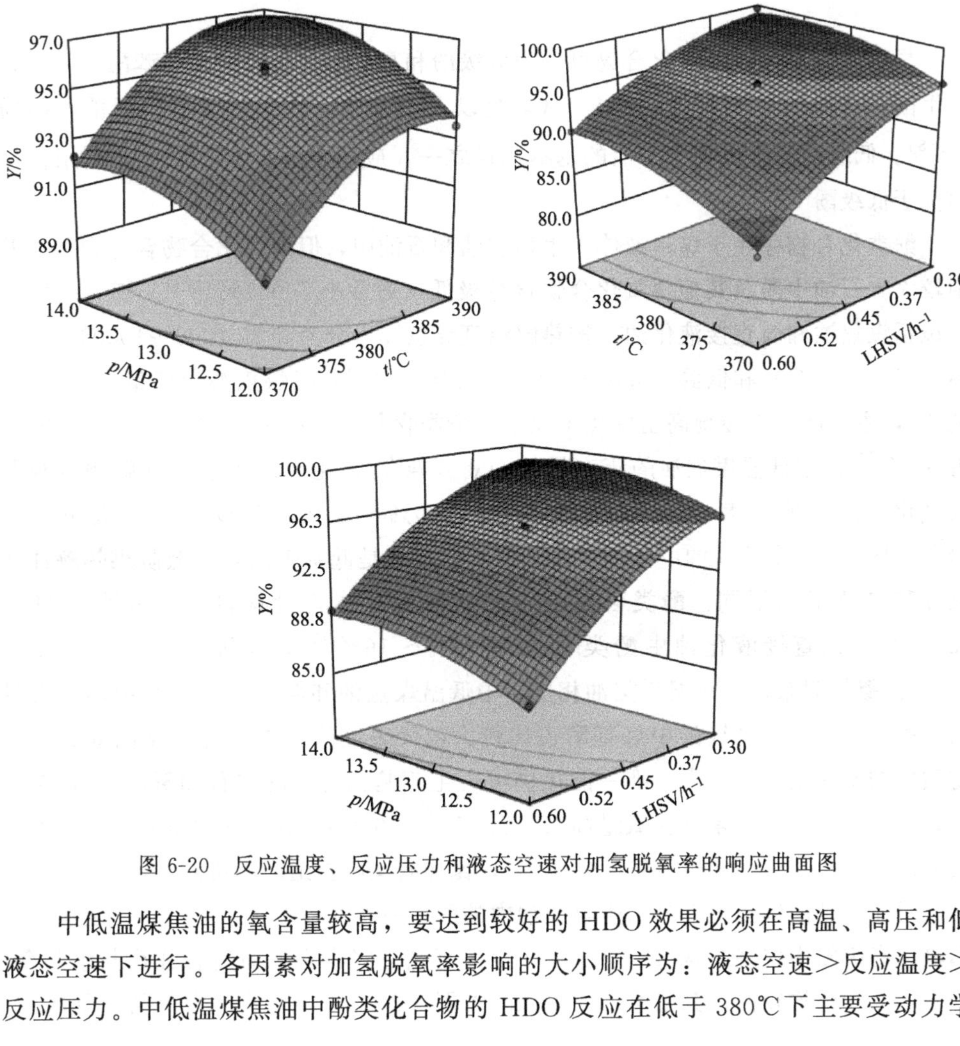

图 6-20　反应温度、反应压力和液态空速对加氢脱氧率的响应曲面图

中低温煤焦油的氧含量较高，要达到较好的 HDO 效果必须在高温、高压和低液态空速下进行。各因素对加氢脱氧率影响的大小顺序为：液态空速＞反应温度＞反应压力。中低温煤焦油中酚类化合物的 HDO 反应在低于 380℃下主要受动力学

规律影响，所以必须保证较高的氢分压。因此，得到了中低温煤焦油 HDO 反应的优化工艺条件：反应温度 385.17℃，反应压力 13.51MPa，液态空速 0.30h^{-1}，氢油比 1100∶1。在此工艺条件下，催化剂的加氢脱硫活性更好、更稳定，加氢脱氧活性也比较稳定。加氢反应前后催化剂的晶相结构基本相同，没有高温导致的活性相烧结现象。但是反应后催化剂的比表面积、总孔容和平均孔径下降，催化剂上出现 C 元素，随着反应时间延长，C 元素含量增加。因此，催化剂在反应初期快速失活是其表面生成积炭所致。反应后催化剂除了其本身含有的物质，还有较多的 C 元素和少量的 S、N 元素。催化剂表面生成的积炭主要含有芳香烃，还含有少量脂肪烃，其中部分烃类有 S 和 N 杂原子。

6.2 酚类化合物的加氢脱氧

根据沸点不同，酚类化合物可分为低级酚和高级酚。低级酚是指苯酚、甲酚和二甲酚，高级酚主要是指三甲酚，C_2 及以上烷基酚，二元及以上多元酚，萘酚等[58]。低级酚是有机化学工业的基本原料之一，应用十分广泛，高级酚利用价值远低于低级酚[59]。

酚类化合物存在于煤基液体、生物质油和石油中，但酚类化合物含量和种类差别较大。石油中酚及其他含氧化合物含量极低（通常小于 0.1%）[60]。煤基液体主要包括煤焦油和煤直接液化油。按热解温度煤焦油可分为高温（900～1000℃）、中温（700～900℃）和低温（500～700℃）三类。我国高温煤焦油年产量约 1700 万吨[61]，主要产生于传统高温炼焦工业中，酚类含量为 1%～2.5%，其中低级酚约占 60%[59]。中低温煤焦油的年产量约 600 万吨[61]，主要产生于煤热解制兰炭及煤气化（鲁奇炉技术）过程，酚类含量为 20%～30%，高级酚中含大量烷基酚[62~64]。另一个巨大的中低温煤焦油的潜在来源是低阶煤热解。低阶煤热解油随煤种和热解工艺不同，酚类含量变化较大，但总体含量均较高，可达 20%～30[65~66]。煤直接液化油中酚类含量为 14%～16%[67]，高级酚中以烷基酚为主[68]。概括起来，与高温煤焦油相比，中低温煤焦油和煤直接液化油中均含大量低级酚和高级酚，高级酚中烷基酚占比较大，代表性的酚类化合物见图 6-21。生物质中的木质素是自然界中唯一能提供可再生芳基化合物的非石油资源[69]，结构单元见图 6-21。木质素油含氧量高（一般 35%～40%），其中酚含量和种类随木质素来源及转化技术不同也有较大差别[70]，比如有文献报道酚类可达 38.1%[71~72]。

对比煤基液体含酚馏分和生物质油中的酚，前者基本不含水，但含一定量的硫和氮，高级酚中烷基酚含量高，氧大多以酚羟基形式存在，而后者往往与水共存，且硫、氮含量均较低，其酚类结构单元（见图 6-21）与煤基液体中的酚差别较大，

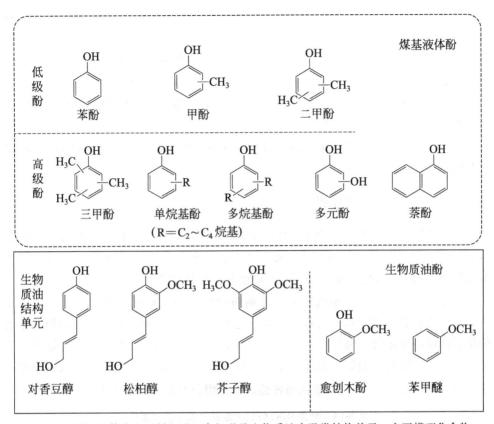

图 6-21　煤基液体中主要低级酚、高级酚及生物质油中酚类结构单元、主要模型化合物

酚类中除酚羟基外还含有大量的与芳环相连的—OCH_3基团。

　　石油中的酚类含量极低，不具利用价值。煤基液体中，高温煤焦油主要通过酚馏分的分离与精制获取低级酚，已形成较为成熟的生产技术，仍是目前高价值酚类化合物的主要来源之一[58]。中低温煤焦油中酚类的工业利用与转化主要有两个途径：

　　① 通过精馏或萃取分离获取低级酚，这是低级酚利用的有效、必然途径，但提酚的单一工业经济效益有限，需与其他技术比如煤焦油加氢制燃料油技术结合。

　　② 利用煤焦油加氢技术，酚类不经分离与其他焦油馏分一同进行加氢，最终转化为烃类燃料。这实际上是目前中低温焦油中酚类的主要转化方式。

　　近年来国际关于煤基液体中酚类利用的研究并不多见，这可能与国外发达国家非煤为主的能源结构及无大规模煤基液体产生有关。国内学术界关注到了煤基液体中酚类的组成和分离利用，对酚类的组成进行了较多研究[64]，也研究了低级酚的萃取分离，但关于酚类转化利用的研究难以见到。随着中低温焦油加氢产业逐渐向精细化方向发展以及低阶煤热解技术的不断进展，煤基液体中酚类的转化利用将越来越受重视。相比而言，作为可再生资源的生物质油的转化利用一直是国际、国内的研究热点。由于生物质油中的酚类组成复杂、具有不稳定性且升温易结焦，生物质油中的酚难以通过精馏这种热分离方法进行分离利用，相关研究主要集中于脱氧制烃类燃料和制芳烃类化合物。虽然生物质油中酚和煤基液体中酚组成有较大差异，但前者通过脱氧进行转化的研究仍可为后者提供极具价值的参考。

酚类通过脱氧进行转化利用主要涉及 C—O 键的断裂。酚类化合物中 C—O 键的断裂主要包括加氢脱氧（HDO）和还原裂解[73]，其中 HDO 是研究最广泛、最受关注的方法。本文对近年来的研究进行梳理和分析，以期为酚类通过 HDO 转化获取高价值产品提供参考。

6.2.1 加氢脱氧的催化剂

对生物质油中酚类的 HDO 研究涵盖了催化剂、催化反应机理、热力学、动力学等方面[69~71,74~81]，使用的主要模型化合物是愈创木酚、苯甲醚、苯酚、烷基酚（见图 6-21）。催化剂研究以非均相为主，虽然均相催化剂也显示出极高的 C—O 键断裂性能[82,83]，但处理复杂原料时分离是一个难以解决的问题。从相关研究中反应物在反应状态下的相态来看，主要是气相和液相，对应的非均相催化剂催化下的反应则是气、固反应和气、液、固反应。使用单独溶剂比如正构烷烃、甲醇和水等，或混合溶剂如正构烷烃和水的混合物，对应的则是有机相、水相和有机相-水相反应。所涉及的主要催化剂种类、活性组分及载体见表 6-13。

表 6-13 酚类 HDO 研究所涉及的催化剂及载体

催化剂类别	催化剂或载体
过渡金属硫化物	负载或非负载的 MoS_2、Ni-Mo-S、Co-Mo-S、Ni-W-S、ReS_2
贵金属	负载的 Pt、Ru、Rh、Pd、Re、Pt-Rh、Pt-Re、Pt-Fe、Pt-Sn、Ru-Mo、Pd-Rh、Pd-Cu、Pd-Fe
非贵金属	负载的 Ni、Co、Fe、Cu、Mo、Ni-Mo、Ni-Cu、Ni-Fe、Ni-W、Ni-La、Ni-Co、Co-Mo；非负载的 Ni-Mo-B、Co-Mo-B、Ni-W-B
磷化物	负载的 Ni_2P、Co-P、Mo-P、W-P、Ni-Mo-P、Co-Mo-P、Fe_2P、Ru-P、Ru_2P
碳化物	负载的 Mo_2C、W-C、V-C、Ni-Mo-C、Co-Mo-C
氮化物	负载的 Mo_2N、W-N、V-N、Ti-N
氧化物	负载的 MoO_3、MoO_2
载体	氧化物（Al_2O_3、SiO_2、ZrO_2、TiO_2、CeO_2、MgO 和 Nb_2O_5 等）、分子筛（SBA-15、MCM-41、HY、HZSM-5 等）、无定形硅铝（SiO_2-Al_2O_3）、活性炭和碳纳米管等

为了便于理解催化剂对不同反应途径的选择性，先说明在酚类模型化合物 HDO 中普遍存在的两条反应途径：一是先芳环加氢，再加氢脱氧（HYD）；二是直接加氢脱氧（DDO）。以苯酚为例，这两条转化途径见图 6-22。DDO 途径中，加氢脱氧后是否继续进行芳环饱和反应取决于催化剂及反应条件。当然，愈创木酚

（含—OCH$_3$）反应要复杂一些，还发生脱烷基、烷基转移等反应。显然，若要获得芳烃产品，应使反应最大可能地经 DDO 途径进行。

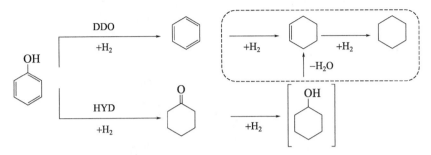

图 6-22　苯酚 HDO 反应中 DDO 和 HYD 两条反应途径

6.2.1.1　过渡金属硫化物催化剂

过渡金属硫化物是酚类 HDO 反应研究中最为经典的催化剂[84,85]，这类催化剂在石油加氢中被大量使用，国内广泛应用于煤焦油加氢工业，国内外均已形成了大规模的工业催化剂生产体系，同时也已建立了与其使用条件相适应的总体规模巨大的工业反应装置。使用这类催化剂处理含酚类原料可以更容易与现有巨大的工业体系实现对接。

（1）负载的 Co（Ni）Mo-S 催化剂

美国西北太平洋国家实验室经过催化剂筛选，认为 Co-Mo-S 对生物质油加氢脱氧具有最好的催化活性[74]，后续对 Co-Mo-S 的研究也最多见。近年来对反应途径、反应网络和动力学的研究更加深入。ROMERO 等[86] 研究了 Co-Mo-S/γ-Al$_2$O$_3$ 和 Ni-Mo-S/γ-Al$_2$O$_3$ 催化剂上 2-乙基酚的 HDO，重点是 Ni 和 Co 对反应性能的促进作用和对反应途径的影响。在 340℃、7MPa 下，Ni 的促进作用略高于Co。两种催化剂上 HYD 是主要反应途径。Ni 主要促进催化剂的加氢活性，而 Co 主要促进 C—O 键直接断裂。他们认为，反应分子在催化剂上的吸附模式很大程度上决定了反应途径。HYD 反应途径首先是芳环平面吸附在催化剂表面上，而 DDO 途径首先需要通过氧原子吸附。两种吸附均可发生在 S 空位上。反应过程中还发生歧化和异构化反应，主要与氧化铝载体的酸性有关。

Jongerius 等[87] 以芳烃产物为目标，研究了 Co-Mo-S/γ-Al$_2$O$_3$ 催化剂上多种木质素模型化合物（包括单体分子和二聚物）的加氢脱氧反应网络。HDO、脱甲基和加氢反应同时发生。甲氧基加氢脱氧反应是先脱甲基而后脱氧。二聚模型化合物加氢反应表明，在 5MPa、340℃下，β-O-4 和 β-5 连接可被打断。在 5 MPa、300℃下反应 4h，苯酚和甲酚均比较稳定，几乎观察不到二者完全加氢的产物。更大分子单体模型化合物（见图 6-23）HDO 反应主要的最终产物是苯酚和甲酚。

Rahimpour 等[88] 研究了 Co-Mo-S/γ-Al$_2$O$_3$ 催化剂上苯甲醚加氢脱氧反应的

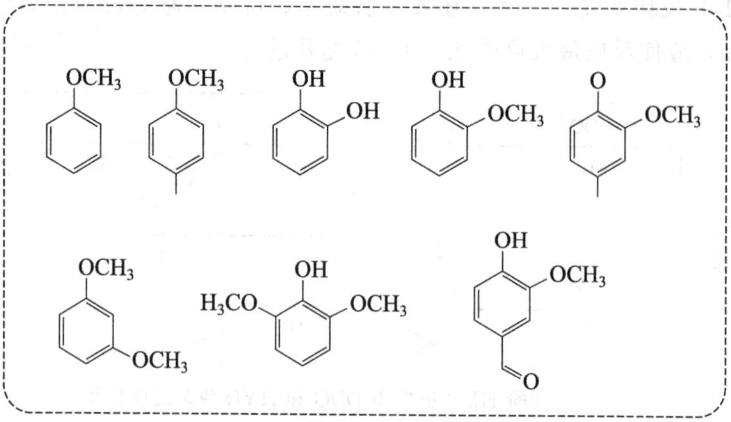

图 6-23　Co-Mo-S/γ-Al₂O₃ 催化剂上使用的多种木质素模型化合物[84]

动力学，反应温度为 300～400℃，压力为 5 MPa，主要反应为脱氧、氢解和烷基化反应，而不是加氢（主要指苯环加氢饱和），反应网络见图 6-24。Co-Mo 促进脱氧和氢解反应，而 γ-Al₂O₃ 载体依靠其酸性位促进烷基化反应，主要产物是苯酚、苯、2-甲基酚和 2,6-二甲基苯酚。苯甲醚氢解生成苯酚具有最高的速率常数。高温和低压力（0.8～2MPa）有利于酚类中氧的脱除，而压力的提高有利于苯甲醚转化率的提高。

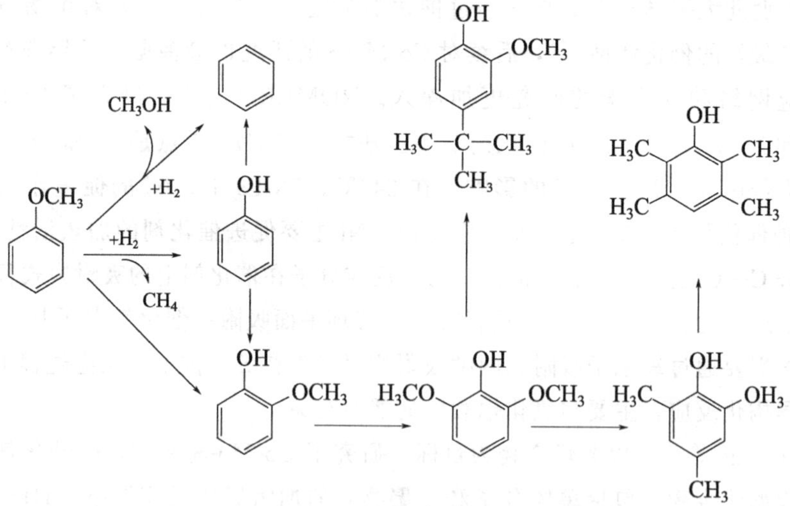

图 6-24　Co-Mo-S/γ-Al₂O₃ 催化剂上苯甲醚加氢脱氧反应网络[88]

　　苯酚、邻甲酚和 4-乙基酚转化率分别为 84.0%、73.0% 和 92.5%，主要产物为芳环类化合物。MoS₂ 催化剂的结构和催化活性主要受制备过程中 pH 值的影响，催化活性主要依赖于片层形状和薄层长度。Itthibenchapong 等[89] 使用简单、廉价的方法合成了 MoS₂、Ni 掺杂 MoS₂、γ-Al₂O₃ 负载的 Ni 掺杂 MoS₂ 催化剂，与前述 Jongerius 等[87] 和 Rahimpour 等[88] 的研究相比,虽然使用反应器不同,但在类似的反应温度和压力下,均倾向于直接加氢脱氧的途径,而 Romero 等[86] 使用的压力较高,呈现出 HYD 途径,说明反应途径在一定程度上受反应条件的影响。与 Ni 相比,Co 更有利于 C—O 键直接断裂,若目标产物是芳烃类化合物,则 Co 更有利。载体对 Co-Mo-S 催化剂也具有较大影响。Bui 等[90] 研究了 ZrO_2、TiO_2 和 Al_2O_3 等不同载体对 Co-Mo-S 催化剂催化性能的影响。

与工业 Al_2O_3 载体相比,ZrO_2 载体显示了高效的催化活性和较高的 C—O 键断裂选择性,这意味着对芳烃类产物具有高选择性和较低的氢耗。

(2) 晶态非负载的 MoS_2 催化剂

随着过渡金属硫化物催化剂的不断发展,更加注重对活性相、活性位的构建和控制。MoS_2 本身具备一定加氢脱氧的活性,其结构通常被作为研究 Co(Ni)Mo-S 催化剂结构的基础。较近的研究表明,通过对活性相和活性位的控制,可以大幅提升催化剂的加氢脱氧性能。

Zhang 等[91] 制备了不同形貌、不同比表面积的多孔 MoS_2,在该催化剂上,当压力为 4MPa,温度为 300℃,反应时间为 6h 时,苯酚转化率接近 100%,环己烷选择性高达 99.63%。Liu 等[92] 研究了隔离 Co 原子掺杂的单层 MoS_2 催化剂上的加氢脱氧反应。他们用化学剥离法制备了单层 MoS_2,随后与硫脲类 Co 源混合制得催化剂,Co 原子位于 MoS_2 的基面上。Co 原子与单层 MoS_2 之间强的共价连接大幅增加了基面上 Co-S-Mo 界面点位。使用 H_2 高温处理制造大量基面硫空位这一策略,提供了充足的 Co-S-Mo 活性位,使得 HDO 可在较低的反应温度下进行。例如,在 180℃、3.0MPa、催化剂存在下 4-甲基酚加氢脱氧反应 8h,转化率为 97.6%,甲苯选择性高达 98.4%,且催化剂重复使用 7 次未见明显失活和硫的流失。与传统 Co-Mo/γ-Al_2O_3 相比,通过对活性相、活性位更精准的控制,大幅提高了催化性能。这为过渡金属硫化物催化剂性能的提升提供了新的视角和方法。

(3) 非负载无定形 Co(Ni)Mo-S 催化剂

Yoosuk 等[93] 使用四硫代钼酸铵以一步水热法合成了无定形 Ni-Mo-S 催化剂,制备过程没有焙烧步骤,使用时不需硫化。在最优 Ni 含量的 Ni-Mo 硫催化剂上,当氢初压为 2.8MPa,温度为 350℃,反应时间为 1h 时,苯酚转化率可达 96.2%。Ni-Mo-S 催化剂有利于 HYD 途径。Ni-Mo 协同作用主要源于活性位质量的提升而不是活性位数量的增多。Ni/(Mo+Ni)为 0.3 的催化剂比表面积为 $268m^2/g$,孔容积为 $0.72cm^3/g$,具有最佳的协同作用,主要源于活性物种的高分散和更高活性的 Ni-Mo-S 相。Ni-Mo-S 催化剂上具有大量的 "brim" 位(与硫化钼催化剂顶部片层边缘相邻的位置),他们认为这些位置是加氢的活性位。

Wu 等[94] 使用微波辅助水热法制备了无定形 MoS_2 催化剂,比表面积为 13.0~57.0m^2/g,制备过程没有焙烧步骤。在该催化剂上,当氢初压为 4MPa,温度为

300℃，反应时间为 6h 时，对甲酚最高转化率为 95.4%，甲苯选择性硫脲作为有机硫源进行硫化，结合浸渍法和水热法，适用于多种载体材料和金属硫化物。将制备的催化剂用于苯酚加氢，其中 Ni 掺杂的无定形 MoS_2 具有较好的催化活性，当温度为 300℃，压力为 3MPa，反应时间为 2h 时，苯酚转化率大于 70%，环己烷选择性接近 90%。

与传统负载型硫化态催化剂相比，非负载型的催化剂显示出更加优异的催化活性和选择性，使用前不需预硫化。但非负载型催化剂在大规模制备和储存方面存在较大的问题，其可成型性、机械强度、可再生性仍有待验证。

(4) 过渡金属硫化物催化剂稳定性

稳定性（包括可再生性）是工业催化剂的关键指标，尤其是对固定床反应器而言。石油加氢工业中使用的固定床（或称滴流床）主催化剂（大多为硫化态）寿命大多可达 2 年以上，有的甚至可达数年。煤焦油加氢工业固定床（或称滴流床）主催化剂（均为硫化态）寿命大多也可达 2 年。从现有大型加氢工业反应器来看，悬浮床反应器和沸腾床（三相流化床）反应器也可能用于生物质油和煤基液体酚油馏分的加氢脱氧。对于这两类反应器，首选当然也是寿命长的催化剂，但与固定床反应器不同的是，也可以使用寿命短一些，但是可再生性必须好的催化剂，或者是可再生次数少或甚至不需再生的极其廉价的可弃催化剂。显然，极其廉价的可弃催化剂是极难寻找的。因此，研究稳定性好的催化剂是主要的方向和趋势，这就使得加氢脱氧催化剂研究中必须注意稳定性问题。

硫化态催化剂的稳定性已被证明可以达到石油和煤焦油加氢的要求，尤其是在含氧量高达 8% 的煤焦油馏分加氢处理中，稳定性仍可以达到要求。但对于生物质油的加氢脱氧，其稳定性受到较大挑战。Badawi 等[95] 以 2-乙基酚作为模型化合物使用固定床反应器研究了水对 Mo 和 Co-Mo 硫化态催化剂稳定性的影响，设定总压为 7MPa，温度为 350℃。在反应温度下，水导致催化剂额外的失活，对 Co-Mo 催化剂造成的失活是可逆的，但对 Mo 催化剂造成的失活部分不可逆。在反应温度下 MoS_2 对水高度敏感，大量水的存在导致边缘硫原子重要部分与氧发生交换，进而改变了活性位性质。而对于 Co 促进的 Co-Mo 催化剂，Co 原子阻止了硫-氧交换，水的影响大大降低并且可逆。因此，在加氢脱氧反应条件下，Co 不仅增加了催化剂的本征活性，水存在时，还使得活性相能够保持稳定。这个结果与高含氧量煤焦油加氢中催化剂可以保持稳定是一致的。

Mortensen 等[96] 以苯酚和 1-辛醇为模型化合物使用固定床反应器研究了生物质油杂质（Cl，S 和 K）和水存在时 $Ni\text{-}MoS_2/ZrO_2$ 的失活情况，设定压力为 10MPa，温度为 300℃。Cl、S 和 K 会竞争活性位而使 MoS_2 类催化剂失活。在 HDO 过程中，MoS_2 基催化剂会使产品中产生含硫的烃类（主要是硫醇），但是如果停留时间充分（WHSV<4.9 h^{-1}），这些含硫物可被脱除至微量。与 H_2O 和

H_2S 相比，Cl 与 MoS_2 基催化剂具有更强的键合作用。Cl 造成的失活是可逆的，K 会严重毒化催化剂，使催化剂不可逆失活。需说明的是，石油和煤焦油馏分中也存在 S、Cl 和 K 等杂质，还存在氮、其他金属（Fe、V、Ni、Mg 等）和机械杂质，工业中采用原料预处理与保护催化剂相结合的方法处理，在达到主催化剂之前，硫和氮无法除掉，但 Cl、金属和机械杂质均基本被处理掉。对于生物质油，也应多关注预处理方法，并且更多注意经预处理也不易除掉的杂质对催化剂性能的影响。

由上述水对硫化态催化剂性能影响的研究和高含氧量煤焦油加氢中催化剂可以保持稳定的事实来看，一定量的水，并不会对硫化态催化剂产生不可逆的影响。但对于高含氧量、高含水量的生物质油，催化剂稳定性还需提升。

6.2.1.2　过渡金属氧化物催化剂

在传统石油馏分加氢过程中，已证实硫化态过渡金属催化剂活性高于氧化态。氧化态催化剂因在使用前不需要进行预硫化，且关于它们对生物质油和酚类加氢脱氧的研究不充分，仍获得一定的关注[97~100]。

Zhang 等[98] 在低氢压下研究了 MoO_3 催化的木质素酚类加氢脱氧，MoO_3 对芳烃化合物显示出了高的选择性，MoO_3 表面的氧空穴（Mo^{5+}）被认为是主要的活性中心。当氢压为 0.5MPa，温度为 360℃时，苯酚转化率为 62.4%，苯选择性为 96.8%。当氢压为 0.5MPa，温度为 340℃时，反应体系中加入 N_2（N_2 压力为 3MPa），苯酚转化率为 98.1%，苯选择性为 99.5%。N_2 的加入抑制了 MoO_3 过度还原，保持了催化剂表面高 Mo^{5+} 含量。MoO_3 具有较好的重复利用性，重复利用第三次苯酚转化率仍可达 95.8%，选择性达 97.6%。

Aqsha 等[99] 研究了 $Ni-Mo/TiO_2$ 催化的愈创木酚加氢脱氧反应。当反应温度为 300℃，氢压为 0.7MPa，反应时间为 5h 时，活性：$Ni-Mo/TiO_2$＞Mo/TiO_2＞Ni/TiO_2。TiO_2、Al_2O_3、ZrO_2、Fe_2O_3 和 SiO_2 负载的 Ni-Mo 催化剂中，$Ni-Mo/TiO_2$ 具有最好的催化性能。反应温度升高有利于愈创木酚转化。当氢压为 0.7MPa，反应时间为 5h，反应温度为 350℃时，愈创木酚转化率可达 95%，主要产物为苯酚、甲酚、二甲酚等。加入水会导致催化剂活性降低，$Ni-Mo/TiO_2$ 降低的幅度较为明显。

氧化物催化剂在较低氢压和较高温度下，具有一定的 C—O 键断裂、脱—OCH_3 基团能力。但水对氧化物催化剂影响较大，氧化物在长期的氢气气氛和复杂原料体系中的稳定性也有待深入研究。

6.2.1.3　还原态金属催化剂

还原态金属催化剂包括单金属催化剂和双金属催化剂。单金属催化剂包括非贵金属（主要是 Ni、Mo、Co）催化剂和贵金属（主要是 Rh、Ru、Pd、Pt 和 Re）催化剂；双金属催化剂包括非贵金属-非贵金属催化剂，非贵金属-贵金属催化剂，贵金属-贵金属催化剂等，其中有些双金属还可以形成合金。金属催化剂因其高的活性和选择性成为近年来研究的热点[101~129]。

（1）还原态非贵金属催化剂

① 还原态 Ni 催化剂。还原态 Ni 因其价格相对低，且具有比其他非贵金属更高的催化活性，成为了近年的研究热点。目前对 Ni 的颗粒尺寸、载体性质及载体颗粒尺寸进行了研究。

Shu 等[102] 用分步沉淀法制备了多孔球状（200~400 nm）Ni/SiO$_2$，该催化剂具有高比表面积（450.75m^2/g）和较大孔容积（1.06cm^3/g），且 Ni（纳米级）高分散。在 120℃、氢压 2MPa 下，反应 2h，Ni/SiO$_2$（Ni 20%）催化剂可使愈创木酚完全转化，主要产物是环己醇，选择性达 99.9%。此催化剂可重复利用 3 次。其可以 99.9% 的选择性将苯酚、对甲酚、苯甲醇转化为相应的饱和醇。该研究表明，载体性质对 Ni 催化剂具有明显影响。

Taghvaei 等[103] 使用等离子体对载体表面进行改性，获得 Ni 纳米颗粒催化剂。等离子体可以改变载体表面特性和孔结构，使 Ni-O 颗粒更小且分散性更好，进而提高加氢脱氧活性和选择性。在反应温度 400℃、常压下，在 Ni/SiO$_2$-Al$_2$O$_3$（Ni 颗粒 1~10nm）上苯甲醚转化率为 75.5%，远远高于在 Ni/SiO$_2$-Al$_2$O$_3$（17nm）上的转化率（61.1%），显示了 Ni 颗粒尺寸对催化剂性能的显著影响。

Mortensena 等[104] 研究了 Ni/SiO$_2$ 催化剂上 Ni 颗粒尺寸（5~22 nm）对 HDO 性能的影响。在反应温度 275℃、氢压 10MPa 下，22nm Ni 颗粒催化加氢的 TOF 比 5nm 催化剂快 85 倍，但 5nm Ni 颗粒催化剂环己醇脱氧的 TOF 比 22nm 催化剂增加 20 倍。当 Ni 颗粒尺寸在 9~10nm 以下时，苯酚加氢脱氧决速步从脱氧变为加氢。Ni/SiO$_2$ 催化剂上台阶位和角位（二十面体模型）利于脱氧反应，小颗粒具有更高的脱氧率，但过小的颗粒会使加氢活性降低。颗粒尺寸对加氢速率的影响与 Ni 颗粒平面的大小有关。

Yang 等[105] 以间甲酚为模型研究了 Ni/SiO$_2$ 催化剂（Ni 质量分数为 5%）Ni 颗粒尺寸（2~22nm）对间甲酚加氢脱氧性能的影响。在反应温度 300℃、氢压 0.1MPa 下，Ni 颗粒尺寸从 22nm 降到 2nm，可使本征反应速率提高 24 倍，TOF 提高 3 倍。不同表面位的比例与 Ni 颗粒大小的关系见图 6-25。具有更多缺陷位（"角位"和"台阶位"）且更小的颗粒有助于脱氧和加氢，具有更多"平台位"且更大的颗粒有利于 C—C 键的氢解。密度泛函理论计算表明，在 Ni（111）、Ni（211）和缺陷 Ni（211）面上，苯酚脱羟基的能垒依次降低，分别为 175.6kJ/mol、145.6kJ/mol 和 120.5kJ/mol。配位不饱和的表面 Ni 位点通过吸附和稳定过渡态的—OH 使 C—O 键断裂形成甲苯。

上述研究表明，Ni 颗粒集中于纳米尺度，颗粒的尺度不仅与活性有关，还与选择性有关，显示了酚类加氢对金属催化剂结构的敏感性。SiO$_2$ 是较有潜力的载体。

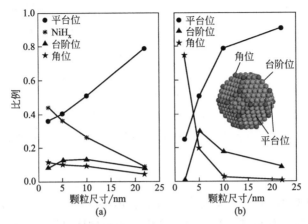

图 6-25　由 H_2-TPD 获得的不同表面位的比例与 Ni 颗粒大小的关系（a）和基于立方

八面体结构理论计算获得的不同表面位的比例与 Ni 颗粒大小的关系[105]（b）

② 还原态 Co、Mo 催化剂。还原态 Co、Mo 催化剂主要围绕载体种类、金属颗粒尺寸展开[106~109]。Ghampson 等[106] 研究了不同载体负载的 Co 催化剂，并研究了 Re 的助催化作用。苯酚通过三条主要路径进行转化，反应路径受载体的支配。在 Co/Al_2O_3 和 Co/SiO_2-Al_2O_3 催化剂上主要进行加氢-脱水-加氢（或脱氢）途径，而在 Co/ZrO_2 上主要进行苯酚异构化途径，然后进行加氢和脱水途径。催化活性取决于金属位与金属-载体界面酸性的结合，活性顺序为 Co/Al_2O_3＞Co/SiO_2-Al_2O_3＞Co/ZrO_2＞Co/TiO_2。Re 的加入改善了催化剂的还原性，使更多加氢点位暴露，有助于提高催化活性。在反应温度 300℃、压力 3MPa 下，反应 4h，Co/Al_2O_3 和 Co/SiO_2-Al_2O_3 均可使苯酚转化率达 100％，主要产物为环己烷、苯、环己烯等。

Saidi 等[108] 研究了 Mo/纳米 γ-Al_2O_3 对苯甲醚 HDO 的影响，发现在各个温度下的转化率均高于常规 γ-Al_2O_3；20％ Mo 纳米/γ-Al_2O_3 具有最高的活性，在 450℃下转化率约为 70％，主要产物是苯酚，其含量接近 75％，苯含量接近 25％。

Rahzani 等[109] 对碳纳米管负载的钼催化剂（Mo/CNT）在苯甲醚加氢脱氧中的作用进行了研究，在反应温度 300~400℃、压力 0.8 MPa、重时空速（WHSV）$6h^{-1}$ 的条件下，在负载量为 20％的 Mo/CNT 催化剂上，苯甲醚最高转化率约 75％，主要产物是苯酚和苯，其他为烷基化和烷基转移产物。

可见，还原态 Co、Mo 催化剂与载体的相互作用和对产物的选择性与 Ni 催化剂有较大区别。

（2）还原态贵金属催化剂

贵金属催化剂因其突出的高活性而备受重视。近年对载体的研究较多，涉及载体种类、性质和形貌，非常注重反应途径的选择性，也涉及反应网络[110]。

催化剂的酸性在贵金属加氢脱氧中发挥重要作用，载体本身的酸性往往决定了催化剂的酸性。Deepa 等[111] 研究了金属（Pd、Pt、Ru）和载体（酸性、中性和碱性）对 HDO 性能的影响。在反应温度为 300℃、压力 3MPa、反应时间 1h 的条件下，酸性 SiO_2-Al_2O_3（SA）负载的 Pd 催化剂（Pd/SA）使苯酚产生完全加氢产物，转化率约 99%，主要产物为环己烷（99%），显示出断裂 C—O 键的 HDO 活性。弱酸性 γ-Al_2O_3 载体上，产物分布复杂。中性和碱性载体加氢活性有限，但是具有高的选择性。比如，在 Pt/C 催化剂上苯酚转化率约 99%，主要产物（99%）为环己醇。贵金属的作用主要是加氢饱和，进一步反应主要受载体控制，而氧原子脱除主要发生在酸性载体上。

Zhu 研究组[112,113] 详细研究了 Pt/HBeta 双功能催化剂。以 4-甲基酚为模型，在常压、反应温度 400℃下，对比了 HBeta、Pt/SiO_2 和 Pt/HBeta[112] 的催化性能。HBeta 酸性位催化甲基转移反应，产生甲酚异构体对甲酚、间甲酚，二甲酚和苯酚，转化率约 80%。Pt 单独催化加氢脱氧和加氢反应，产物主要是甲苯和少量甲基环己烷。Pt/HBeta 同时催化甲基化反应和加氢脱氧反应，产生甲苯、苯和二甲苯。Pt/HBeta 活性是 Pt/SiO_2 的 10 倍，TOF 是 Pt/SiO_2 的 3 倍。Pt/HBeta 和 Pt/SiO_2 积炭情况相近，但相同反应条件下 Pt/HBeta 具有更高的稳定性。二者活性随运行时间延长迅速下将，运行 5h 时，Pt/SiO_2 和 Pt/HBeta 上转化率下降约 50%。还研究了 Pt/HBeta 催化剂上愈创木酚气相加氢脱氧转化为芳烃的过程[113]，重点是催化剂酸性位、金属位与反应途径的关系。在常压、温度 350℃下，酸性位（HBeta）催化烷基转移反应和脱羟基反应，产生的最终产物为单羟基酚类（苯酚、甲酚和二甲酚）。Pt 活性位催化脱甲基反应，初级产物为邻苯二酚，邻苯二酚可以加氢脱氧产生苯酚进而形成甲苯，或脱羧基产生环戊酮进而形成丁烷。Pt 和酸性位紧密相邻的双功能催化剂 Pt/HBeta 促进了烷基转移反应和脱氧（或脱羟基）反应，明显抑制了脱甲基和脱羧基反应，生成以芳烃为主的产物（见图 6-26），总产率大于 85%，展示了贵金属定向催化酚类转化为芳烃的潜力。稳定性评价表明，Pt/HBeta 活性达到最高后会迅速下降，运行时间 5h 转化率已下降至约 10%。

目前，对某些载体的研究已深入到形貌、晶相。Souza 等[114] 研究了负载 Pd 的 ZrO_2 形貌、晶相（单斜晶系 m-ZrO_2 和四方晶系 t-ZrO_2）对苯酚 HDO 的影响。在常压、反应温度 300℃下，与 Pd/m-ZrO_2（Pd 颗粒 1.8nm）相比，Pd/t-ZrO_2（Pd 颗粒 1.6nm）具有高活性和苯选择性，转化率接近 90%，苯选择性约 80%。研究表明 Pd/t-ZrO_2 具有更高的亲氧位密度，这促进了脱氧反应。Pd/ZrO_2 随反应进行逐渐失活，20h 显著失活，主要原因可能是 Pd 颗粒长大，引起金属-载体界面损失，导致亲氧位密度降低。

寻找或制备新的载体是 HDO 的重要方向。Barrios 等[115] 制备了 Pd/Nb_2O_5 催化剂，并研究了其对苯酚的 HDO 性能。使用 X 射线吸收近边结构（XANES）、扩展 X 射线吸收谱精细结构（EXAFS）、漫反射傅里叶变换红外光谱（DRIFTS）、

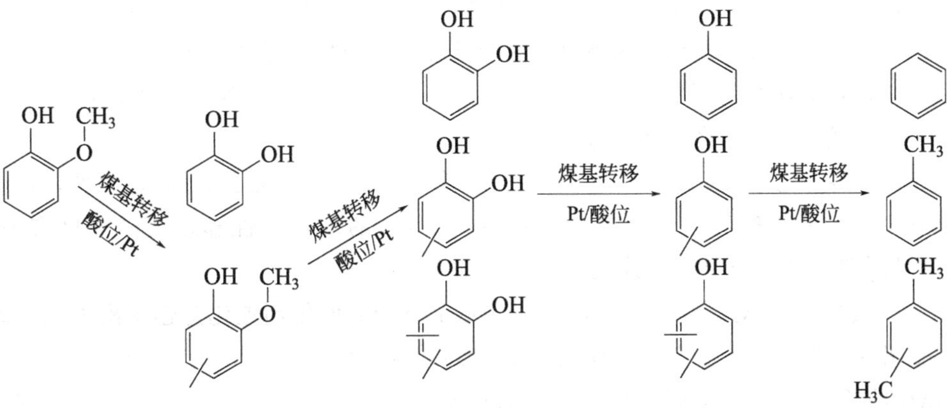

图 6-26　Pt/HBeta 催化剂上愈创木酚 HDO 途径[59]

原位 X 射线粉末衍射（in situ XRD）、原位 X 射线光谱（in situ XAS）等技术对催化剂进行了表征。在反应温度 300～400℃、压力 0.1MPa 下，发现载体显著影响催化剂活性和产品分布。Pd/Nb$_2$O$_5$（Pd 颗粒 1.7nm）催化反应速率是 Pd/SiO$_2$（Pd 颗粒 8.3nm）的 90 倍。Pd/Nb$_2$O$_5$ 催化生成的主要产物是苯，400℃时苯的选择性可达 99.6%，Pd/SiO$_2$ 催化生成的主要产物则是环己酮。Nb^{5+}/Nb^{4+} 亲氧活性位和苯酚分子之间的强相互作用是高活性和选择性产生的原因。

除了 Pd、Pt、Ru 和 Rh 外，研究者还关注其他金属如 Re[116] 和 Au[117,118]。Nguyen 等[117] 首次报道了有效催化生物质衍生物转化的 Au 催化剂。Au/TiO$_2$ 在较宽的温度和转化率范围内显示出活性、稳定性和选择性。在 300℃、4 MPa 条件下，愈创木酚转化率可达 91.7%，主要产物是部分脱氧产物苯酚（约 70%）、甲酚和二甲酚。Mao 等[118] 制备了不同颗粒尺寸（20nm、40nm）的锐钛矿型 TiO$_2$ 负载的 Au 纳米颗粒（19nm）催化剂，并研究了其对愈创木酚的加氢脱氧性能。在 0.4Au-19nm/TiO$_2$-A-40nm 催化下愈创木酚转化率约 43.1%时，酚类产物选择性达 87.1%，无芳环类和饱和烃类产物。0.4Au-19nm/TiO$_2$-A-40nm 催化的加氢脱氧有两条主要反应途径：

① 愈创木酚直接加氢生成苯酚和甲醇。

② 愈创木酚和苯酚发生甲基转移生成的邻苯二酚加氢脱羟基。

可见，Au 催化剂可使愈创木酚转化为低级酚类，但加氢脱氧能力不强。

由前述的结果来看，贵金属具有强的加氢能力，同时具有脱氧能力。在一定氢压（比如 3 MPa）下，贵金属加氢饱和能力突出，而在低氢压（比如常压）、高反应温度下，其加氢能力受到限制，脱氧反应可成为主要途径。

（3）双金属（含合金）催化剂

双金属的协同作用往往可以提升催化剂的性能。Valdés-Martínez 等[119] 研究了 HDO 反应中 Ni-Ru 催化剂（Ni、Ru 和 Ni-Ru）载体（Al_2O_3、TiO_2 和 ZrO_2）和金属的相互作用。以苯酚为模型，在反应温度 320℃、压力 5.4MPa 下，Ni-Ru/Al_2O_3 具有最好的初活性，比 TiO_2 和 ZrO_2 高出约 80%。Ni-Ru/Al_2O_3 活性比 Al_2O_3 负载的单金属高出约 35%，显示了 Ni-Ru 的协同作用。Ni-Ru/Al_2O_3 作催化剂，原料转化率接近 100%，主要产物为环己烷。Ru 增强了 Ni 的还原性，这可能与 Ru^0 的氢解离和氢溢流有关。另外，Ni-Ru 的催化活性和表面酸强度有关。弱酸和中强酸有利于 HYD 途径。

Fang 等[120] 对碳纳米管（CNT）负载的 Ni-Fe 催化剂催化愈创木酚加氢脱氧产品调变行为进行了研究，在反应温度 300℃、压力 3MPa 下，Ni-Fe/CNT 对愈创木酚的加氢脱氧活性远高于单金属。通过调整 Ni/Fe 原子比可以调变对环己烷或苯酚的选择性。高催化性能归因于 Ni-Fe 合金中 Ni 和 Fe 的协同作用。Ni-Fe/CNT 选择性的转换归因于可活化氢气的 Ni 区域协同作用和 Fe 区域的强亲氧性。双金属催化剂稳定性增强但并未出现金属纳米颗粒的烧结，而单金属催化剂由于金属纳米颗粒团聚而失活。

Liu 等[121] 研究了 Ni-Fe 合金催化剂上间甲酚 HDO 动力学和热力学反应机理，并使用密度泛函理论计算了 Ni（111）和 Ni-Fe（111）面。表面上亲氧的 Fe 原子可以促进间甲酚和酚类中间体的 C—O 键活化，这是高效脱氧反应的前提条件。

He 等[122] 研究了 Mg 和 Mo 对 Pt/TiO_2 催化剂 HDO 性能的影响，发现 Mg 和 Mo 促进了 Pt 分散，降低了 Pt/TiO_2 表面酸性。Mg 物种降低了 Pt/TiO_2 的氢解活性，而 Mo 物种活化了更多的氢。Mg 和 Mo 均使愈创木酚转化率从 70% 升至 94%，催化剂不易失活。Mg 未提升环己烷产率，反应完成后更多的碳物种沉积，甚至观察到石墨焦产生。Mo 使环己烷产率从 23.5% 升至 57.7%。Mo 有助于氢解，同时可抑制脱水生成环己烷。

Resende 等[123] 制备了 ZrO_2 负载的 Pd 和 X（Cu、Ag、Zn 和 Sn）双金属催化剂。金属的掺入形成了 Pd-X（Cu、Ag、Zn）合金，使反应速率降低，但增加了加氢产物环己酮和环己醇的选择性。在 Pd-Sn/ZrO_2 中观察到了金属合金，但是 Sn 氧化物仍存在。亲氧的 Sn 显著提高了苯的选择性。反应时间达 6h，所有反应中催化剂均明显失活，Pd 分散性显著降低，Pd 颗粒烧结可能是失活的原因之一。

一定条件下，双金属催化剂活性远高于单金属，辅助金属对亲氧位的调节是双金属催化剂的优势之一。

（4）不同金属的比较

不同的反应器、反应条件、溶剂和模型物都会对催化剂性能产生影响，不同文献的条件难以完全一致，在同样条件下对不同金属进行比较，更易显示出其差异。

Mortensen 等[104] 在 275℃，氢压 0.8MPa 条件下，以苯酚为模型物研究了 23

种催化剂（含不同载体）的加氢脱氧性能。这些催化剂包括氧化物、甲醇合成催化剂、还原态的贵金属和非贵金属催化剂四类。结果表明，在实验条件下氧化物和甲醇合成催化剂对苯酚加氢脱氧无明显活性，因为它们对苯酚芳环的加氢能力不足。在还原态金属上苯酚的加氢脱氧可使用两步动力学模型进行有效的描述，即苯酚先加氢生成环己醇，而后脱氧形成环己烷。还原态贵金属 Ru、Pd 和 Pt 具有活性，且三者活性依次降低。在 Fe、Co、Ni 和 Cu 中，Ni 是唯一具有较好活性的非贵金属。对 ZrO_2、Al_2O_3、SiO_2、CeO_2-ZrO_2、V_2O_5-ZrO_2 和 V_2O_5/SiO_2 等载体的研究表明，ZrO_2 载体具有最好的性能。总体而言，催化剂活性：Ni/ZrO_2＞ Ni-V_2O_5/ZrO_2＞ Ni-V_2O_5/SiO_2＞ Ru/C ＞ Ni/Al_2O_3＞ Ni/SiO_2≫Pd/C ＞ Pt/C。需注意的是，在这个排序中，贵金属是负载在 C 载体上的，它们的活性均远高于 Ni/C。

Kordouli 等[124] 比较了介孔炭负载的 Rh、Ni 和 Mo-Ni 催化剂对苯酚加氢脱氧的活性，并与硫化态 Ni-Mo-P/-Al_2O_3 进行了比较。在反应温度 310℃、压力 3MPa、重时空速（WHSV）107.5h^{-1} 下，转化苯酚的能力（初活性）：Ni/AC＞Mo-Ni/AC＞Ru（S）/C＞Ru/C＞Ni-Mo-S/-Al_2O_3，运行 4h 后，活性顺序变为 Mo-Ni/AC ＞Ni-Mo-S/-Al_2O_3＞Ni/AC＞Ru/C＞Ru（S）/C。在这种条件下，Rh 并未显示出突出的活性。在选择性上，Ni/AC 和 Ru/C 可促进苯酚芳环加氢产物生成，而 Ni-Mo-S/-Al_2O_3 则促进脱氧产物生成。

Teles 等[125] 比较了 SiO_2 负载的 Pt、Pd、Rh、Ru、Cu、Ni 和 Co 催化剂。在反应温度 300℃、常压下，在 Pt、Pd 和 Rh 催化剂上苯酚先进行异构反应而后加氢，而在 Ru、Co 和 Ni 催化剂上则是先脱羟基而后氢解，TOF 顺序为 Pd/SiO_2≈Ni/SiO_2≈Co/SiO_2＜Pt/SiO_2＜Rh/SiO_2≈Ru/SiO_2。TELES 等[126] 还研究了 ZrO_2 负载的 Pt、Pd、Rh、Ru、Cu、Ni 和 Co 催化剂，在 Pt/ZrO_2 和 Pd/ZrO_2 催化下苯酚先异构，异构中间体 C ═C 加氢，进而产生环己酮和环己醇；在 Rh、Ru、Co 和 Ni 上则是先脱羟基而后氢解。催化剂活性和加氢产品分布明显受金属种类的影响。金属颗粒周边的 Zr^{4+} 和 Zr^{3+}（缺氧的）增强了脱氧产品的选择性。实验中观察到催化剂明显失活，主要归因于金属颗粒的长大和亲氧活性位密度降低。在运行 23min 时，反应速率：Rh/ZrO_2＞Pt/ZrO_2＞Pd/ZrO_2≈Ni/ZrO_2≈Ru/ZrO_2＞Co/ZrO_2。载体影响也极大，Rh/ZrO_2 催化的反应速率比 Rh/SiO_2 高 28 倍。

Gamliel 等[127] 以苯甲醚、4-乙基酚和苯并呋喃为模型物研究了 USY 负载的 Ni、Ru 和 Pd 催化剂的加氢脱氧性能。在反应温度 200℃、压力 5.2MPa 下，Pd/USY 是最高效的催化剂，对三种模型物都具有最高的 TOF。三种催化剂都不利于直接加氢脱氧。

在上述关于金属催化剂的研究中，对于非贵金属，Ni 的活性最好。对于贵金属，Rh、Pt、Pd 和 Ru 均显示出较好的性能。由于载体和反应底物的影响，贵金属的活性顺序并不固定。贵金属活性总体高于非贵金属。

（5）金属催化剂的稳定性

如前所述，稳定性是催化剂研究中的关键之一，但关于金属催化剂稳定性的研究仍较少。关于失活原因，Boscagli 等[128] 研究了热解油组分对 Ni 基催化剂活性和选择性的影响。在温度 250～340℃、压力 8MPa 下，加氢处理生物质油后再生的 Ni-Cu/Al$_2$O$_3$ 的 HDO 活性比新鲜催化剂略有降低。生物质油处理过程中或处理后，一些反应途径比如苯酚转化为环己烷、酮类的进一步加氢被阻止了。Ni 基催化剂活性、选择性和稳定性的破坏或降低主要源于硫。这与通常对生物质油加氢过程的认知不同，通常认为生物质油中是无硫的，低硫含量也常被视为无硫，因而硫对金属催化剂活性的影响并未被足够重视。这项研究表明，生物质油中的硫加氢脱氧处理过程中对催化剂的影响不可以被忽略，在用金属催化剂催化生物质油加氢时，应对硫含量进行准确分析，避免催化剂因硫而失活。

Yang 等[129] 研究了添加 Re 的 Ni/SiO$_2$ 催化剂催化对甲酚加氢脱氧的反应网络和失活情况。在反应温度 300℃、氢压 0.1MPa 下，Ni 会造成 C—C 断裂形成 CH$_4$。添加 Re 的 Ni/SiO$_2$ 催化剂在反应 5h 以后开始迅速失活，积炭是失活的主要原因。

另如前文所述，Nie 等[113] 发现 Pt/HBeta 催化剂运行 5h 后，愈创木酚转化率已下降至约 10%。Noronha 等[114] 的结果显示 Pd/ZrO$_2$ 随反应进行失活速率很快，20h 时显著失活，Pd 颗粒长大可能是主要原因。Resende 等[123] 发现 Pd-X（Cu、Ag、Zn）/ZrO$_2$ 催化剂运行时间至 6h，均明显失活，Pd 颗粒的烧结可能是失活原因之一。Teles[125] 发现 ZrO$_2$ 负载的 Pt、Pd、Rh、Ru、Cu、Ni 和 Co 催化剂随运行时间延长出现明显失活现象，主要原因是金属颗粒的长大和亲氧活性位密度降低。

可见，现有研究中，给定条件下金属催化剂寿命均较短，其稳定性受到原料中杂质的影响，也受到积炭、颗粒烧结团聚以及活性位性质变化的影响。因此，对于金属催化剂，一方面要对原料进行预处理，除去杂质；另一方面要提高催化剂本身的稳定性，避免颗粒长大和活性位变化，并尽量减少积炭。提高催化剂稳定性需从催化剂制备策略和方法入手。

6.2.2　磷化物、碳化物和氮化物

（1）磷化物

磷化物催化剂主要是单金属催化物，也可以是双金属催化物。单金属催化剂中 Ni 磷化物具有突出的催化性能，相关研究较多，载体主要是 SiO$_2$。

Li 等[130] 研究了 SiO$_2$ 负载的 Ni$_2$P、Mo-P 和 Ni-Mo-P 催化的苯甲醚 HDO 反

应。在反应温度 300℃、氢压 1.5MPa 下，催化剂上主要发生三类反应：苯甲醚脱甲基、苯酚氢解和苯的加氢。HDO 活性顺序：$Ni_2P/SiO_2 > Ni-Mo-P/SiO_2 > Mo-P/SiO_2$。$Ni_2P$ 活性远高于 Mo-P，归因于其更高的电子密度。PO—H 基团是 B 酸位，提供活性氢物种，活性低于金属位。Ni 磷化物催化剂活性远高于 Ni-Mo/γ-Al_2O_3。除 Ni_2P/SiO_2 外，其他催化剂在反应 4 h 后活性显著下降。被水氧化形成金属氧化物或磷酸盐可能是催化剂失活的主要原因。Ni_2P/SiO_2 高稳定性（10h 未见失活）可能与 P 配体效应有关，这种效应降低了 Ni 电子密度并阻止了 Ni 与 O 的结合。

Li 等[131] 以苯甲醚、苯酚和愈创木酚为模型物，研究了 Ni_2P/SiO_2 的 HDO 性能。在反应温度 400℃、空速 $1.8h^{-1}$ 下，发现低温高氢压有利于生成环己烷；高温低氢压有利于生成苯；苯甲醚转化率接近 100%，苯选择性为 96.4%；运行 36h 未见积炭和活性降低。

Lan 等[132] 对 Ni_2P/SiO_2 上愈创木酚加氢脱氧中反应机理和催化剂失活进行了研究，愈创木酚通过脱甲氧基和脱羟基，经中间产物苯酚和苯甲醚，主要转化为苯。积炭、团聚、Ni 和 P 物种性质的改变是失活的原因，但没有发现表面氧化的迹象。Ni_2P 催化剂表面 $Ni^{\delta+}$ 和 Ni^0 的增加以及 B 酸位的降低是产品分布改变的主要原因。在常压、350℃ 下运行 45h，愈创木酚转化率从 98% 逐渐降低至 78%，苯选择性由 95% 降至 30%，苯酚选择性则由 3% 升至 68%。

Rodríguez-Aguado 等[133] 研究了 CoP/SiO_2 对苯酚和二苯并呋喃的 HDO 性能。在反应温度 300℃、压力 3.0MPa 时，P/Co-1.5 催化剂（颗粒 3~10nm）上苯酚转化率约 99%，主要产物是环己烷，还有少量苯，环己烷选择性约 90%。不同化学计量比的 Co_xP_y 催化性能不同，活性：$CoP > CoP_2 > Co_2P$。

Rensel 等[134] 制备了双金属磷化物 $Fe_xMo_{2-x}P$ 催化剂，并研究了其对苯酚 HDO 性能。在反应温度 400℃ 下、考察不同 Fe、Mo 比例，发现 Fe0.99 和 Fe1.14 显示出高的 C—O 断裂选择性：苯酚加氢产生苯，具有最好 C—O 键断裂选择性的催化剂具有最高的酸性。催化剂高的酸性产生于金属物种和 P 物种之间的电荷分离。DFT 计算和苯甲腈毒化试验表明，这些组成提供了苯酚在催化剂表面所需的配位环境，产生了高的苯选择性。该研究显示出金属组成对增强双金属磷化物活性和 C—O 键断裂具有重要作用。

可见，Ni 磷化物催化剂活性远高于 Ni-Mo/γ-Al_2O_3，可通过调整反应参数控制反应途径，但其稳定性仍有待提升。双金属磷化物则需要更加深入研究。

（2）碳化物

碳化物对芳烃具有较突出的选择性。Chen 等[135] 研究了 Mo_2C 上间甲酚、苯甲醚、1,2-二甲氧基苯、愈创木酚混合物的 HDO 反应。在反应温度 260~280℃、常压下，进料转化率可达 95%，且苯和甲苯选择性均大于 90%。

Cao 等[136] 研究了 MoC_x/C 催化剂对多种生物质酚类的 HDO 性能，发现其具有极高 C—O 键（ArO—CH_3）断裂选择性，可高选择性获得芳环类产物。比如，在反应釜中，有溶剂存在下，在反应温度 300℃、压力 0.5MPa 下，反应 2h，愈创木酚转化率可达到 99%，苯酚选择性为 76%，邻甲基苯酚选择性为 8%，苯选择性为 3%。该研究组在系统研究基础上基于 MoC_x/C 催化剂对芳环类产物高的选择性，提出了选择性产生和非热分离高价值烷基酚的策略并使用真实原料进行了验证，该策略由生物质热解产生油品，所得油品低压选择性加氢获得酚（苯酚和烷基酚）和烃类混合物（SHDO），再使用正己烷和乙酸乙酯经短程柱层析方法进行分离获得高价值酚类和烃类产物。该研究显示出 MoC_x/C 催化剂在生物质转化和利用中的良好潜力。

（3）氮化物

Sepúlveda 等[137] 对活性炭负载的 Mo_2N 催化剂上 2-甲氧基苯酚加氢脱氧进行了研究，在反应温度 300℃、氢压 5MPa 下，反应物转化率不到 12%，活性仍有待提升。Boullosa-Eiras 等[138] 以苯酚为模型物比较了 TiO_2 负载的 Mo 的碳化物、氮化物、磷化物和氧化物的 HDO 性能。在反应温度 350℃、压力 2.5MPa 下，发现 15%（质量分数）Mo_2C/TiO_2（颗粒大小：24nm）具有最好的催化活性。所有催化剂具有高的苯选择性。Mo-P 具有较高的加氢活性，产生了较多的甲基环己烷。

可见，在磷化物、碳化物和氮化物中，磷化镍和碳化钼均显示了较大的 HDO 潜力，关于其活性相、活性位、稳定性的研究仍有待深入。

综上所述，无论对生物质油，还是对煤基液体，酚类加氢脱氧均是一个重要的过程，而催化剂是其中的关键。

① 负载的硫化态 Co-Mo-S 催化剂易与现有大规模工业加氢装置和催化剂生产装置对接，对于处理含硫、低含水、高含氧的煤基液体油具有较大优势，但其性能仍有提升空间，需要对催化剂活性相和活性位进行继续研究。对于含硫、高含水、高含氧的生物质油，不需考虑引入硫的问题，主要是提高催化剂对水的稳定性，也仍有继续深入研究的必要。而对于不含硫、高含水、高含氧的生物质油，则需慎重考虑其会引入硫的问题。

② 氧化物催化剂易于制备，高温低压有利于芳环类产物生成，但存在总体活性不高、高温下对水稳定性差的问题，其发展方向应是尽量降低反应温度，提高对水的稳定性。

③ 在还原态的非贵金属催化剂中，Ni 和 Ni 双金属催化剂具有较大的潜力，具有一定的芳环饱和能力，可以持续关注新出现的催化材料是否可作为 Ni 催化剂的载体，同时对 Ni 颗粒尺度的控制、稳定和活性位的研究也应随催化手段的进步不断深入。对于还原态贵金属催化剂，Rh、Ru、Pt 和 Pd 均具有潜力，应注重金

属颗粒尺度的控制，研究如何防止其在反应条件下团聚烧结，同时考虑如何提高其亲氧活性位。对于还原态的非贵金属和贵金属，必须重视杂质尤其是 S 的中毒问题，可考虑与脱硫催化剂组合使用。同时，金属催化剂都面临如何提高寿命的问题。

④ 在磷化物、碳化物和氮化物中，磷化镍和碳化钼具有较大的潜力，对其制备条件、活性相和活性位的研究应继续深入，并关注其稳定性、可再生性的研究。

⑤ 研究中使用的几乎全为小型固定床和反应釜，除了负载的 Co-Mo-S 催化剂，其他各类催化剂整体性能均与实际工业过程中常用的固定床、悬浮床或沸腾床反应器的要求相去甚远。

6.2.3　溶剂和反应参数对 HDO 的影响

现有研究表明，溶剂可对酚类 HDO 反应产生重要影响。煤基液体主要由烃类组成，水含量较低，经过预处理后，水含量可以降到很低。而生物质油中含有大量水，也含有烃类，同时生物质可在醇体系中进行降解。因此，研究水、烃类和醇为溶剂时的酚类 HDO 对生物质尤为必要。

Chen 等[139] 在水-正十二烷两相体系中，研究了碳纳米管负载的 Ru 催化剂催化生物质酚类加氢脱氧生成烷烃的反应。在氢初压 5.0MPa 下，Ru/CNT（Ru 颗粒直径约 5nm）显示出最高的活性，两相体系中，丁香酚转化率大于 99%，烷烃选择性为 98%，远高于纯水相中的烷烃产率（56.5%）。对于有机相溶剂，不含氧的正构烷烃比较适合。

Liu 等[140] 的研究结果显示，在水相中，反应温度 170℃下，在中孔 ZSM-5（12～17 μm）和 Al_2O_3 复合载体负载的 Ni/Al-HMZSM-5 催化剂上，苯酚转化率为 99.6%，环己烷选择性达 98.3%。较大的中孔表面积和中孔孔容积使得 Ni 更容易接近反应物和中间体，强酸性和 B 酸、L 酸的协同作用也提升了催化活性。催化剂重复使用三次，第四次活性选择性明显下降，苯酚选择性降至 79.7%，环己烷选择性降至 90.5%，积炭 1%（质量分数），Ni 流失 8.0%～5.9%（质量分数）。Ni 的流失是活性降低的主要原因。

Huang 等[141] 在水相中研究了 Ru-WOx/SiO_2-Al_2O_3 催化剂上苯酚和苯基醚类 C—O 键断裂选择性氢解成芳烃的反应。在反应温度 270℃、反应时间 2h、压力 2.0 MPa 下，4-叔丁基苯酚的转化率为 100%，4-叔丁基苯选择性为 81%，4-叔丁基环己烷选择性为 10%。在反应温度 220℃、反应时间 1.5h、压力 1.0 MPa 下，苯酚转化率为 100%，苯选择性为 77%，环己烷选择性为 10%。Ru 和 W 颗粒的协同作用是氢解反应的关键因素。

Roldugina 等[142] 在甲醇溶剂中研究了 Al-HMS（X）（铝硅酸盐）、中孔 m-ZrO_2-SiO_2 载体负载的贵金属（Pt、Pd 和 Ru）催化剂上愈创木酚加氢脱氧情况。

在反应温度 200～400℃、反应时间 3～6h、H_2 初压 5MPa 下，Ru 比 Pt 和 Pd 活性高。在 200℃、5MPa 下，在 $Ru/m-ZrO_2-SiO_2$ 和 Ru/Al-HMS（10）催化剂上，环己烷类选择性分别为 63% 和 77%。Ru 基催化剂对完全加氢产物显示出非同寻常的选择性（环己烷和甲基环己烷）。

在酚类加氢脱氧反应中，反应参数尤其是反应温度和氢气压力对反应具有较大的影响。高温和低氢压有利于含芳环类产物生成，而高氢压则有利于芳烃饱和产物的生成。以现代大型加氢装置为参照，高温运转会使催化剂寿命缩短。同时，生物质高温下结焦的趋势非常明显。因此，在催化剂研究中，应关注反应温度较温和的催化剂体系，或采取方法尽量使反应先在较低温度下进行，而后逐渐升高温度，比如采取低温和高温组合的工艺。

经过多年积累，各类酚类加氢脱氧催化剂的研究越来越深入和全面，但是目前仍难以见到用于大规模生物质油加氢脱氧的高效、稳定的工业催化剂的报道，这与生物质油本身来源多变、组成复杂、性质不稳定有关，更与大多数催化剂性能无法达到要求有关。应加强真实体系下对催化剂性能的研究，应用现代迅速发展的各种催化剂制备、表征手段尤其是各种原位技术，全面发现真实体系中催化剂面临的问题，进而针对性寻求解决方案。同时，应考虑催化剂可能适用的现代反应器。化学反应工程和反应器发展至今，已形成若干可用于工业的大型反应器类型。为某种催化剂开发一种全新的、不同于任何现代反应器类型的专用反应器，难度很大。而各种已发展起来的现代工业反应器对催化剂的形状、强度、颗粒度、稳定性、可再生性等要求并不相同，催化剂总要与一种反应器相适应，否则催化剂整体性能的优化和提升将没有明确的指向性。酚加氢脱氧催化剂发展至今，对若干催化体系已有了系统和较深入的认识，除了持续关注催化剂本征活性、选择性外，也应针对真实原料围绕若干催化体系，并结合先进的现代反应器的要求，进行目标指向性更加明确的整体性能的改进和提升。

参考文献

[1] 许人军，胡薇月，崔文岗，等.煤焦油加氢脱氧精制研究进展 [J].广州化工，2016，44（15）：39-42+48.

[2] 朱永红，王娜，淡勇，等.中低温煤焦油加氢脱氧工艺条件的优化 [J].石油化工，2015，44（03）：345-350.

[3] 白建明，李冬，李稳宏.煤焦油深加工技术 [J].化学工业，2016，17（04）：263-280.

[4] Grandy D. W., Petrakis L., Young D. C.. Determination of oxygen functionalities in synthetic fuels by NMR of naturally abundant[17]O [J]. Nature Y, 1984, 308 (5955): 175-177.

[5] Petrakis L., Young D. C., Ruberto R. G.. Catalytic hydroprocessing of SRC-I heavy ditil-

late fractions. 2. Detailed structural characterizations of the fractions [J]. Industrial and Engineering Chemistry Process Design and Development Y, 1983, 22 (2): 298-305.

[6]　Petrakis L. . Ruberto R. G. , Young D. C. , et al. Catalytic hydroprocessing of SRC-Ⅱ heavy dstillate frac-tions. 1. Preparation of the fractions by liquid chromatography [J]. Industrial and Engineering Chemis-try Process Design and Development Y, 1983, 22 (2): 292-298.

[7]　Grandy D. W. , Petrakis L. , Li C. L. , et al. Catalytic hydroprocessing of SRC-Ⅰ heavy distillate fractions. 5. Coversion of the acidic fractions characterized by gas chromatography/mass spectrometry [J]. Indus-trial and Engineering Chemistry Process Design and Development A, 1986, 25 (1): 40-48.

[8]　KattiS S. , Westerman D. W. B. , Gates B. C. , et al. Catalytic hydroprocessing of SRC-Ⅱ heavy distillate fractions. 3. Hydrodesulfurization of the neutral oils [J]. Industrial and Engineering Chemistry Process Design and Development A, 1984, 23 (4): 773-778.

[9]　Li C. L. , Xu Z. , Gates B. C. , et al. Catalytic hydroprocessing of SRC-Ⅱ heavy distillate fractions, 4. Hydrodeoxygenation of phenolic compounds in the acidic fractions [J]. Industrial and Engineering Chemistry Process Design and Development A, 1985. 24 (1): 92-97.

[10]　Mcclennen W. H. , Meuzelaar H. L. C. , Metcalf G. S. , et al. Characterization of phenols and indanols in coal-derived liquids. Use of Curie-point vaporization gas chromatography/ mass spectrometry [J]. Fuel, 1983, 62 (12): 1422-1429.

[11]　Furimsky E. . Characterization of deposits formed on catalyst surfaces during hydrotreatment of coal-derived liquids [J]. Fuel processing Technology A, 1982, 6 (1): 1-8.

[12]　Bett G, Harvey T G, Matheson T W, et al. Determination of polar compounds in Rundle shale oil [J]. Fuel, 1983, 62 (12): 1445-1454.

[13]　Rovere C. E. , Crips P. T. , Ellis J. . Chemical class separation of shale oils by low pressure liquid chromatography on thermally-modified absorbants [J]. Fuel, 1990, 69 (9): 1099-1104.

[14]　Afonso J. C. , Schmal M. , Cardoso J. N. . Acidic oxygen compounds in the irati shale oil [J]. Industrial and engineering chemistry research A, 1992, 31 (4): 1045-1050.

[15]　Novotny M. , Strand J. W. , Smith S. L. , et al. Compositional studies of coal tar by capillary gas chromatography mass spectrometry [J]. Fuel A, 1981, 60 (3): 213-220.

[16]　Boduszynski M. M. . Hurtubise R. J. , Silver H. F. . Separation of solvent-refined coal into solvent-derived fractions [J]. Analytical Chemistry A, 1982, 54 (3): 372-375.

[17]　Boduszynski M. M. , Hurtubise R. J. , Silver H. F. . Separation of solvent refined coal into compound-class fractions [J]. Analytical Chemistry A, 1982, 54 (3): 375-381.

[18]　Maggi R. , Delmon B. . Characterization and upgrading of bio-oils produced by rapid themal processing [J]. Biomass and Bioenergy A, 1994, 7 (1-6): 245-249.

[19]　耿层层，李术元，岳长涛，等. 神木低温煤焦油中含氧化合物的分析与鉴定 [J]. 石油学报，2013. 29 (1): 130-136.

[20] 吴婷，凌凤香，马波，等. GC-MS 分析低温煤焦油酸性组分及碱性组分 [J]. 石油化工离等学校学报，2013，26（3）：44-52.

[21] Cronauer D. C. , Jewell D. M. , Shah Y. T. . Mechanism and kinetics of selected hydrogen transfer reactions typical of coal liquefaction [J]. Industrial and Engineering Chemistry Fundamentals，1979，18（2）：153-162.

[22] Kamiya Y. , Yao T. . Thermal treatment of coal-related aromatic ethers in tetralin solution [J]. ACS Di-vision of Fuel Chemistry Preprints A，1979，24（1-2）：116-124.

[23] Weigold H. . Behaviour of Co-Mo-Al$_2$O$_3$ catalysts in the hydrodeoxygenation of phenols [J]. Fuel A，1982，61（10）：1021-1026.

[24] Gevert B. S. , Otterstedt J. E. , Massoth F. E. . Kinetics of the HDO of methyl-substituted phenols [J]. Applied catalysis A，1987，31（1）：119-131.

[25] Odebunmi E. O. , Ollis D. F. . Catalytic hydrodeoxygenation. 1. Conversions of o-, p-. and m-cresols [J]. Journal of Catalysis，1983，80（1）：56-64.

[26] Moreau C. , Aubert C. , Durand R. , et al, Structure-activity relationships in hydroprocessing of aromatic and heteroaromatic model compounds over sulphided NiO-MoO$_2$/Y-Al$_2$O$_3$ and NiO-WO$_3$/Y-Al$_2$O$_3$ catalysts：chemical evidence for the existence of two types of catalytic sites [J]. Catalysis Today，1988，4（1）：117-131.

[27] Furimsky E. . Catalytic hydro deoxygenation [J]. Applied Catalysis A：General A，2000，199（2）：147-190.

[28] Dalling D. K. , Haider G. , Pugmire R. J. . et al. Application of new[13]C n. m. r. techniques to the study of products from catalytic hydrodeoxygenation of SRC-Ⅱ liquids [J]. Fuel （Guildford） A，1984，63（4）：525-529.

[29] Landau M. V. . Deep hydrotreating of middle distillates from crude and shale oils [J]. Catalysis today A，1997，36（4）：393-429.

[30] Furimsky E. . Mechanism of catalytic hydrodeoxygenation of tetrahydrofuran [J]. Industrial and Engineering Chemistry Product Research and Development A，1983，22（1）：31-34.

[31] Furimsky E. . Deactivation of molybdate catalyst during hydrodeoxygenation of tetrahydrofuran [J]. Industrial and Engineering Chemistry Product Research and Development A，1983，22（1）：34-38.

[32] Furimsky E. . The mechanism of catalytic hydrodeoxygenation of furan [J]. Applied Catalysis A，1983，6（2）：159-164.

[33] Bunch A. Y. , Ozkan U. S. . Investigation of the reaction network of benzofuran hydrodeoxygenation over sulfided and reduced Ni -Mo/Al$_2$O$_3$ catalysts [J]. Journal of Ctalysis （Print） A，2002，206（2）：177-187.

[34] Bunch A. Y. , Wang X. Q. , Ozkan U. S. . Hydrodeoxygenation of benzofuran over sulfided and reduced Ni-Mo/γ-Al$_2$O$_3$ catalysts：effect of H$_2$S [J]. Journal of Molecular Catalysis A，Chemical A，2007，270（1-2）：264-272.

［35］　Lavopa V. , Satterfield. C. N. Some effects of vapor-liquid equlliria on performance of a trickle-bed reactor ［J］. Chemical Engineering Science，1988，43（8）：2175-2180.

［36］　Krishnamurthy S. , Panvelker S. , Shah Y. T. . Hydrodeoxygenation of dibenzofuran and related compounds ［J］. AIChE Journal A，1981，27（6）：994-1001.

［37］　Petrocelli F. P. , Klein M. T. . Modeling lignin liquefaction. I：Catalytic hydroprocessing of lignin-related methoxyphenols and interaromatic unit linkages ［J］. Fuel Science and Technology International A，1987，5（1）：25-62.

［38］　Wang H. , Male J. , Wang Y. . Recent Advances in Hydrotreating of Pyrolysis Bio-Oil and Its Oxygen-Containing Model Compounds ［J］. ACS Catal，2013，3（5）：1047 -1070.

［39］　Furimsky E. . Catalytic hydrodeoxygenation ［J］. Applied Catalysis A：General A，2000，199（2）：147-190.

［40］　Weigold H. . Behaviour of Co-Mo-Al$_2$O$_3$ catalysts in the hydrodeoxygenation of phenols ［J］. Fuel A，1982，61（10）：1021-1026.

［41］　Vogelzang M. W. , Li C. L. , Schuit G. C. A. , et al. Hydrodeoxygenation of 1-naphthol：activities and stabilities of molybdena and related catalysts ［J］. Journal of catalysis（Print）A，1983，84（1）：170-177.

［42］　Krishnamurthy S. , Panvelker S. , Shah Y. T. . Hydrodeoxygenation of dibenzofuran and related compounds ［J］. AIChE Journal A，1981. 27（6）：994-1001.

［43］　Lee C. L. , Ollis D. F. . Catalytic hydrodeoxygenation of benzofuran and o-ethylphenol ［J］. Journal of Catalysis（Print）A，1984. 87（2）：325-331.

［44］　Lavopa V. , Satterfield C. N. . Catalytic hydrodeoxygenation of dibenzofuran ［J］. Energy and fuels A，1987，1（4）：323-331.

［45］　Girgis M. J. , Gates B. C. . Reactivities, reaction networks, and kinetics in high-pressure catalytic hydro-processing ［J］. Industrial and Engineering Chemistry Research A，1991，30（9）：2021-2058.

［46］　Girgis M. J. , Gates B. C. . Catalytic hydroprocessing of simulated heavy coal liquids. I：Reactivities of aromatic hydrocarbons and sulfur and oxygen heterocyelic compounds ［J］. Industrial and Engineering Chemistry Research A. 1994，33（5）：1098-1106.

［47］　Girgis M. J. , Gates B. C. . Catalytic hydroprocessing of simulated heavy coal liquids. Ⅱ：Reaction networks of aromatic hydrocarbons and sulfur and oxygen heterocyclic compounds ［J］. Industrial and Engineering Chemistry Research A，1994，33（10）：2301-2313.

［48］　Furimsky E. . Mechanism of catalytic hydro deoxygenation of tetrahydrofuran ［J］. Industrial and Engineering Chemistry Product Research and Development A，1983，22（1）：31-34.

［49］　Gevert S. B. , Eriksson M. , Eriksson P. . Direct hydrodeoxygenation and hydrogenation of 2. 6-and 3. 5-dimethylphenol over sulphided CoMo catalyst ［J］. Applied Catalysis A：General，1994，117（2）：151-162.

［50］　Chon S. . Allen D. T. . Catalytic hydroprocessing of chlorophenols ［J］. AIChE Journal A，

1991，37（11）：1730-1732.

[51] Odebunmi E. O. ，Ollis D. F. . Catalytic hydrodeoxygenation. II. Interactions between cata-lytic hydrodeoxygenation of m-cresol and hydrodesulfurization of benzothiophene and dibenzothiophene [J]. Journal ofCatalysis A，1983，80（1）：65-75.

[52] Laurent E. ，Delmon B. . Influence of oxygen-nitrogen，and sulfur -containing compounds on the hydrodeoxygenation of phenols over sulfided CoMo/γ-Al$_2$O$_3$ and NiMo/γ-Al$_2$O$_3$ cat-alysts [J]. Industrial and Engineering Chemistry Research A，1993，32（11）：2516-2524.

[53] Li C. L. ，Xu Z. R. . Cao Z. A. ，et al. hydrodeoxygenation of l-naphthol catalyzed by sulfid-ed Ni-Mo/γ-Al$_2$O$_3$：reaction network [J]. AIChE Journal A，1985，31（1）：170-174.

[54] Ternan M. . Brown J. R. . Hydrotreating a distillate liquid derived from subbituminous coal using a sulphided CoO-MoO$_3$-Al$_2$O$_3$ catalyst [J]. Fuel A，1982，61（11）：1110-1118.

[55] White P. J. ，Jones J. F. ，Eddinger R. T. . To treat and crack oil from coal [J]. Hydrocarbon Processing A，1968，47（12）：97.

[56] Centeno A. ，Laurent E. ，Delmon B. . Influence of the support of CoMo sulfide catalyts and of the addition of potassium and platinum on the catalytic performances for the hydroeoxy-genation of carbonyl. carbox-yl，and guaiacol-type molecules [J]. Journal of Catalysis（Print）A，1995，154（2）：288-298.

[57] Laurent E. ，Delmon B. . Study of the hydrodeoxygenation of carbonyl，carboxylic and guai-acyl groups over sulfided CoMo/Y-Al$_2$O$_3$ and NiMo/Y-Al$_2$O$_3$ catalysts. I：Catalytic reac-tion schemes [J]. Applied catalysis A：General A，1994，109（1）：77-96.

[58] 高晋生.煤的热解、炼焦和煤焦油加工 [M].北京：化学工业出版社，2010.

[59] 水恒福，张德祥，张超群.煤焦油分离与精制 [M].北京：化学工业出版社，2007.

[60] 韩崇仁.加氢裂化工艺与工程 [M].北京：中国石化出版社，2001.

[61] 张俊丽，王芳，陈瑛，等.中国煤焦油环境管理现状及建议 [J].洁净煤技术，2015，21（1）：103-106.

[62] 王汝成，孙鸣，刘巧霞，等.陕北中低温煤焦油中酚类化合物的提取与 GC/MS 分析 [J].煤炭学报，2011，36（4）：664-669.

[63] Wang P. F. ，Jin L. J. ，Liu J. H. ，et al. Analysis of coal tar derived from pyrolysis at dif-ferent atmospheres [J].Fuel，2013，104（2）：14-21.

[64] 张生娟，高亚男，陈刚，等.煤焦油中酚类化合物的分离及其组成结构鉴定研究进展 [J].化工进展，2018，37（7）：2588-2596.

[65] 李青松.褐煤化工技术 [M].北京：化学工业出版社，2014：177.

[66] 曲思建，关北锋，王燕芳，等.我国煤温和气化（热解）焦油性质及其加工利用现状与进展 [J].煤炭转化，1998，21（1）：15-20.

[67] 毛学锋，李文博，高振楠，等.工艺条件对煤液化油中酚类化合物的影响研究 [J].煤炭转化，2010，33（1）：26-30.

[68] 李培霖，赵鹏，赵渊，等.煤基油中酚类化合物分布特征的研究 [J].煤炭转化，2013，36

(3)：65-67.

[69] 孔劼琛，骆治成，李博龙，等.木质素解聚和加氢脱氧的进展 [J].中国科学：化学，2015，45（5）：510-525.

[70] Saidi M.，Samimi F.，Karimipourfard D.，et al. Upgrading of lignin-derived bio-oils by catalytic hydrodeoxygenation [J].Energy & Environmental Science，2013，7（1）：103-129.

[71] 桑小义，李会峰，李明丰，等.含氧化合物加氢脱氧的研究进展 [J].石油化工，2014，43（4）：466-473.

[72] Zhang X.，Zhang Q.，Long J.，et al. Phenolics Production through Catalytic Depolymerization of Alkali Lignin with Metal Chlorides [J].Bioresources，2014，9（2）：3347-3360.

[73] Xu H.，Yu B.，Zhang H.，et al. Reductive cleavage of inert aryl C—O bonds to produce arenes [J].Chemical Communications，2016，46（48）：12212-12215.

[74] Elliott D. C.. Historical Developments in Hydroprocessing Bio-oils [J].Energy & Fuels，2007，21（3）：1792--1815.

[75] Zakzeski J.，Bruijnincx P. C.，Jongerius A. L.，et al. The catalytic valorization of lignin for the production of renewable chemicals [J].Chemical Reviews，2013，110（6）：3552-3599.

[76] Hicks J. C.. Advances in C—O Bond Transformations in Lignin-Derived Compounds for Biofuels Production [J].Journal of Physical Chemistry Letters，2011，2（18）：2280-2287.

[77] Gallezot P.. ChemInform Abstract：Conversion of Biomass to Selected Chemical Products [J].Chemical Society Reviews，2012，41（4）：1538-1558.

[78] He Z.，Wang X.. Hydrodeoxygenation of model compounds and catalytic systems for pyrolysis bio-oils upgrading [J].Catalysis for Sustainable Energy，2012，1：28-52.

[79] Wang H.，Male J.，Wang Y.. Recent Advances in Hydrotreating of Pyrolysis Bio-Oil and Its Oxygen-Containing Model Compounds [J].Acs. Catalysis，2013，3（5）：1047-1070.

[80] 王威燕，杨运泉，童刚生，等.生物油加氢脱氧研究进展 [J].工业催化，2009，17（5）：7-14.

[81] 张琦，马隆龙，张兴华.生物质转化为高品位烃类燃料研究进展 [J].农业机械学报，2015，46（1）：170-179.

[82] Sergeev A. G.，Hartwig J. F.. Selective，nickel-catalyzed hydrogenolysis of aryl ethers [J].Cheminform，2011，42（33）：439-443.

[83] Sergeev A. G.，Webb J. D.，Hartwig J. F.. A heterogeneous nickel catalyst for the hydrogenolysis of aryl ethers without arene hydrogenation [J].Journal of the American Chemical Society，2012，134（50）：20226-20229.

[84] Furimsky E.. Catalytic hydrodeoxygenation [J].Applied Catalysis A General，2000，199（2）：147-190.

[85] Sun M.，Adjaye J.，Nelson A. E.. Theoretical investigations of the structures and proper-

ties of molybdenum-based sulfide catalysts [J]. Applied Catalysis A General, 2004, 263 (2): 131-143.

[86] Romero Y. , Richard F. , Brunet S. . Hydrodeoxygenation of 2-ethylphenol as a model compound of bio-crude over sulfided Mo-based catalysts: Promoting effect and reaction mechanism [J]. Applied Catalysis B Environmental, 2010, 98 (3): 213-223.

[87] Jongerius A. L. , JASTRZEBSKI R, BRUIJNINCX P C A, et al. CoMo sulfide-catalyzed hydrodeoxygenation of lignin model compounds: An extended reaction network for the conversion of monomeric and dimeric substrates [J]. Journal of Catalysis, 2012, 285 (1): 315-323.

[88] Rahimpour H. R. , Saidi M. , Rostami P. , et al. Experimental Investigation on Upgrading of Lignin-Derived Bio-Oils: Kinetic Analysis of Anisole Conversion on Sulfided CoMo/ Al_2O_3 Catalyst [J]. International Journal of Chemical Kinetics, 2016, 48 (11): 702-713.

[89] Itthibenchapong V. , Ratanatawanate C. , Oura M. , et al. A facile and low-cost synthesis of MoS_2 for hydrodeoxygenation of phenol [J]. Catalysis Communications, 2015, 68 (3): 31-35.

[90] Bui V. N. , Laurenti D. , Delichère P. , et al. Hydrodeoxygenation of guaiacol: Part Ⅱ: Support effect for CoMoS catalysts on HDO activity and selectivity [J]. Applied Catalysis B Environmental, 2011, 101 (3-4): 246-255.

[91] Zhang Z. , Yue C. , Hu J. . Fabrication of Porous MoS_2 with Controllable Morphology and Specific Surface Area for Hydrodeoxygenation [J]. Nano Brief Reports & Reviews, 2017, 12 (9): 1750116.

[92] Liu G. , Robertson A. W. , Li M. M. , et al. MoS_2 monolayer catalyst doped with isolated Co atoms for the hydrodeoxygenation reaction [J]. Nature Chemistry, 2017, 9 (8): 810-816.

[93] Yoosuk B. , Tumnantong D. , Prasassarakich P. . Amorphous unsupported Ni-Mo sulfide prepared by one step hydrothermal method for phenol hydrodeoxygenation [J]. Fuel, 2012, 91 (1): 246-252.

[94] Wu K. , Wang W. , Tan S. , et al. Microwave-assisted hydrothermal synthesis of amorphous MoS_2 catalysts and their activities in the hydrodeoxygenation of p-cresol [J]. Rsc. Advances, 2016, 6 (84): 80641-80648.

[95] Badawi M. , Paul J. F. , Cristol S. , et al. Effect of water on the stability of Mo and CoMo hydrodeoxygenation catalysts: A combined experimental and DFT study [J]. Journal of Catalysis, 2011, 282 (1): 155-164.

[96] Mortensen P. M. , Gardini D. , Damsgaard C. D. , et al. Deactivation of Ni-MoS_2 by bio-oil impurities during hydrodeoxygenation of phenol and octanol [J]. Applied Catalysis A General, 2016, 523, 159-170.

[97] Prasomsri T. , Shetty M. , Murugappan K. , et al. Insights into the catalytic activity and

surface modification of MoO₃ during the hydrodeoxygenation of lignin-derived model compounds into aromatic hydrocarbons under low hydrogen pressures [J]. Energy & Environmental Science, 2014, 7 (8): 2660-2669.

[98]　Zhang X., Tang J., Zhang Q., et al. Catalysis Today (2018), https: //doi. org/ 10. 1016/j. cattod. 2018. 03. 068.

[99]　Aqsha A., Katta L., Mahinpey N.. Catalytic Hydrodeoxygenation of Guaiacol as Lignin Model Component Using Ni-Mo/TiO₂ and Ni-V/TiO₂ Catalysts [J]. Catalysis Letters, 2015, 145 (6): 1351-1363.

[100]　Otyuskaya D., Thybaut J. W., Løstdeng R., et al. Anisole Hydrotreatment Kinetics on CoMo Catalyst in the Absence of Sulfur: Experimental Investigation and Model Construction [J]. Energy & Fuels, 2017, 31 (7): 7082-7092.

[101]　Mortensen P. M., Grunwaldt J. D., Jensen P. A., et al. Screening of Catalysts for Hydrodeoxygenation of Phenol as a Model Compound for Bio-oil [J]. Acs. Catalysis, 2013, 3 (8): 1774-1785.

[102]　Shu R, Zhang Q., Xu Y., et al. Hydrogenation of Lignin-derived Phenolic Compounds over Step by Step Precipitated Ni/SiO₂ [J]. Rsc. Advances, 2016, 6 (7): 5214-5222.

[103]　Taghvaei H., Rahimpour M. R., Bruggeman P.. Catalytic hydrodeoxygenation of anisole over nickel supported on plasma treated alumina-silica mixed oxides [J]. Rsc. Advances, 2017, 7 (49): 30990-30998.

[104]　Mortensen P. M., Grunwaldt J. D., Jensen P. A., et al. Influence on nickel particle size on the hydrodeoxygenation of phenol over Ni/SiO₂ [J]. Catalysis Today, 2016, 259, 277-284.

[105]　Yang F., Liu D., Zhao Y., et al. Size dependence of vapor phase hydrodeoxygenation of m-cresol on Ni/SiO₂ catalysts [J]. Acs. Catalysis, 2018, 8 (3): 1672-1682.

[106]　Ghampson I. T., Sepulveda C., Dongil A. B., et al. Phenol hydrodeoxygenation: Effect of support and Re promoter on the reactivity of Co catalysts [J]. Catalysis Science & Technology, 2016, 6 (19): 7289-7306.

[107]　Tran N. T. T., Uemura Y., Chowdhury S., et al. Vapor-phase hydrodeoxygenation of guaiacol on Al-MCM-41 supported Ni and Co catalysts [J]. Applied Catalysis A General, 2016, 512 (2): 93-100.

[108]　Saidi M., Rahzani B., Rahimpour M. R.. Characterization and catalytic properties of molybdenum supported on nano gamma Al₂O₃ for upgrading of anisole model compound [J]. Chemical Engineering Journal, 2017, 319: 143-154.

[109]　Rahzani B., Saidi M., Rahimpour H. R., et al. Experimental investigation of upgrading of lignin-derived bio-oil component anisole catalyzed by carbon nanotube-supported molybdenum [J]. Rsc. Advances, 2017, 7 (17): 10545-10556.

[110]　Nimmanwudipong T., Runnebaum R. C., Block D. E., et al. Catalytic Conversion of

Guaiacol Catalyzed by Platinum Supported on Alumina: Reaction Network Including Hydrodeoxygenation Reactions [J]. Energy & Fuels, 2011, 25 (8): 3417-3427.

[111] Deepa A. K. , Dhepe P. L. . Function of Metals and Supports on the Hydrodeoxygenation of Phenolic Compounds [J]. Chempluschem, 2015, 79 (11): 1573-1583.

[112] Zhu X. , Nie L. , Lobban L. L. , et al. Efficient Conversion of m-Cresol to Aromatics on a Bifunctional Pt/HBeta Catalyst [J]. Energy & Fuels, 2014, 28 (6): 4104-4111.

[113] Nie L. , Peng B. , Zhu X. . Vapor-phase hydrodeoxygenation of guaiacol to aromatics over pt/Hbeta: Identification of the role of acid sites and metal sites on the reaction pathway [J]. Chemcatchem, 2018, 10 (5): 1064-1074.

[114] Souza P. M. D. , Neto R. C. R. , Borges L. E. P. , et al. Effect of zirconia morphology on hydrodeoxygenation of phenol over Pd/ZrO$_2$ [J]. Catalysis, 2015, 5: 7385-7398.

[115] Barrios A. M. , Teles C. A. , Souza P. M. D. , et al. Hydrodeoxygenation of phenol over niobia supported Pd catalyst [J]. Catalysis Today, 2018, 302: 115-124.

[116] Ghampson I. T. , Sepúlveda C. , García R. , et al. Carbon nanofiber-supported ReOx catalysts for the hydrodeoxygenation of lignin-derived compounds [J]. Catalysis Science & Technology, 2016, 6 (10): 2964-2972.

[117] Nguyen T. S. , Laurenti D. , Afanasiev P. , et al. Titania-supported gold-based nanoparticles efficiently catalyze the hydrodeoxygenation of guaiacol [J]. Journal of Catalysis, 2016, 344: 136-140.

[118] Mao J. , Zhou J. , Xia Z. , et al. Anatase TiO$_2$ Activated by Gold Nanoparticles for Selective Hydrodeoxygenation of Guaiacol to Phenolics [J]. Acs. Catalysis, 2017, 7 (1): 695-705.

[119] Valdés-Martínez O. U. , Suárez-Toriello V. A. , Reyes J. A. D. L. , et al. Support effect and metals interactions for NiRu/Al$_2$O$_3$, TiO$_2$, and ZrO$_2$, catalysts in the hydrodeoxygenation of phenol [J]. Catalysis Today, 2017, 296: 219-227.

[120] Fang H. , Zheng J. , Luo X. , et al. Product tunable behavior of carbon nanotubes-supported Ni-Fe catalysts for guaiacol hydrodeoxygenation [J]. Applied Catalysis A General, 2017, 529: 20-31.

[121] Liu X. , An W. , Turner C. H. , et al. Hydrodeoxygenation of m-cresol over bimetallic NiFe alloys: Kinetics and thermodynamics insight into reaction mechanism [J]. Journal of Catalysis, 2018, 359: 272-286.

[122] He Z. , Hu M. , Wang X. . Highly effective hydrodeoxygenation of guaiacol on Pt/TiO$_2$: Promoter effects [J]. Catalysis Today, 2017, 302: 136-145.

[123] Resende K. A. , Teles C. A. , Jacobs G. , et al. Hydrodeoxygenation of phenol over zirconia supported Pd bimetallic catalysts. The effect of second metal on catalyst performance [J]. Applied Catalysis B Environmental, 2018, 232: 213-231.

[124] Kordouli E. , Kordulis C. , Lycourghiotis A. , et al. HDO activity of carbon-supported

Rh，Ni and Mo-Ni catalysts [J]. Molecular Catalysis，2017，441：209-220.

[125] Teles C. A.，Rabelo-Neto R. C.，Lima J. R. D.，et al. The Effect of Metal Type on Hydrodeoxygenation of Phenol Over Silica Supported Catalysts [J]. Catalysis Letters，2016，146（10）：1-10.

[126] Teles C. A.，Rabelo-Neto R. C.，Jacobs G.，et al. Hydrodeoxygenation of Phenol over Zirconia-Supported Catalysts：The Effect of Metal Type on Reaction Mechanism and Catalyst Deactivation [J]. Chemcatchem，2017，9（14）：2850-2863.

[127] Gamliel D. P.，Karakalos S.，Valla J. A.. Liquid Phase Hydrodeoxygenation of anisole，4-ethylphenol and benzofuran using ni，ru and pd supported on USY zeolite [J]. Applied Catalysis A General，2018，559：20-29.

[128] Boscagli C.，Yang C.，Welle A.，et al. Effect of pyrolysis oil components on the activity and selectivity of nickel-based catalysts during hydrotreatment [J]. Applied Catalysis A General，2017，544：161-172.

[129] Yang F.，Wang H.，Han J.，et al. Catalysis Today（2018），https：//doi. org/10. 1016/j. cattod. 2018. 04. 073.

[130] Li K，Wang R.，Chen J.. Hydrodeoxygenation of Anisole over Silica-Supported Ni_2P，MoP，and NiMoP catalysts [J]. Energy & Fuels，2011，25（3）：854-863.

[131] Li Y.，Fu J.，Chen B.. Highly selective hydrodeoxygenation of anisole，phenol and guaiacol to benzene over nickel phosphide [J]. Rsc. Advances，2017，7（25）：15272-15277.

[132] Lan X.，Hensen E. J. M.，Weber T.. Hydrodeoxygenation of guaiacol over Ni_2P/SiO_2 reaction mechanism and catalyst deactivation [J]. Applied Catalysis A General，2018，550：57-66.

[133] Rodríguez-Aguado E.，Infantes-Molina A.，Cecilia J. A.，et al. CoxPy Catalysts in HDO of Phenol and Dibenzofuran：Effect of P content [J]. Topics in Catalysis，2017，60（15-16）：1-14.

[134] Rensel D. J.，Kim J.，Jain V.，et al. Composition-directed $FeXMo_2$-XP bimetallic catalysts for hydrodeoxygenation reactions [J]. Catalysis Science & Technology，2017，7（9）：1857-1867.

[135] Chen C. J.，Lee W. S.，Bhan A.. Mo_2C catalyzed vapor phase hydrodeoxygenation of lignin-derived phenolic compound mixtures to aromatics under ambient pressure [J]. Applied Catalysis A General，2016，510：42-48.

[136] Cao Z. W.，Engelhardt J.，Dierks M.，et al. Catalysis meets nonthermal separation for the production of（alkyl）phenols and hydrocarbons from pyrolysis oil [J]. Angewandte Chemie International Edition，2017，56（9）：2334-2339.

[137] Sepúlveda C.，Leiva K.，García R.，et al. Hydrodeoxygenation of 2-methoxyphenol over Mo_2N catalysts supported on activated carbons [J]. Catalysis Today，2011，172（1）：232-239.

[138] Boullosa-Eiras S. , Lødeng R, Bergem H. , et al. Catalytic hydrodeoxygenation（HDO） of phenol over supported molybdenum carbide，nitride，phosphide and oxide catalysts [J]. Catalysis Today，2014，223（5）：44-53.

[139] Zhang W. , Chen J. , Liu R. , et al. Hydrodeoxygenation of Lignin-Derived Phenolic Monomers and Dimers to Alkane Fuels over Bifunctional Zeolite-Supported Metal Catalysts [J]. Acs. Sustainable Chemistry & Engineering，2014，2（4）：683-691.

[140] Liu J. , Xiang M. , Wu D. . Enhanced Phenol Hydrodeoxygenation Over a Ni Catalyst Supported on a Mixed Mesoporous ZSM-5 Zeolite and Al_2O_3 [J]. Catalysis Letters，2017，147（10）：2498-2507.

[141] Huang Y. B. , Yan L. , Chen M. Y. , et al. ChemInform Abstract：Selective Hydrogenolysis of Phenols and Phenyl Ethers to Arenes Through Direct C—O Cleavage over Ruthenium—Tungsten Bifunctional Catalysts [J]. Cheminform，2015，46（38）：3010-3017.

[142] Roldugina E. A. , Naranov E. R. , Maximov A. L. , et al. Hydrodeoxygenation of guaiacol as a model compound of bio-oil in methanol over mesoporous noble metal catalysts [J]. Applied Catalysis A General，2018，553，24-35.

第7章
煤焦油掺混加氢

7.1 煤焦油与煤共炼

因煤焦油保持了煤的一部分化学组成特点，具有杂原子、多环芳烃、胶质、沥青质含量高和灰分高等特点，导致煤焦油采用常规的石油加氢处理催化剂及工艺过程时存在反应系统结焦沉积、催化剂使用寿命不长等问题。依照相似相溶的原理，溶剂结构与煤分子近似的多环芳烃对煤热解的自由基碎片有较强的溶解能力，因此将煤焦油作为溶剂，油与煤进行反应，是实现煤焦油与煤共加工的一种重要途径。

陕西延长石油[1]提出了一种煤焦油加工与煤共炼组合工艺，见图7-1。该工艺首先对煤焦油轻质组分进行提酚处理；然后对煤焦油重馏分油进行预加氢，促进重馏分油中胶质、沥青质转化为部分氢化多环芳烃，提高重馏分油的供氢性能；最后将加氢后分离器中的不同馏程液相产物与煤粉混合进入煤油共炼装置，最终得到汽油、柴油以及酚类产物，实现煤焦油与煤共处理。该方法将煤焦油提酚、重馏分预加氢与煤油共炼工艺相结合，不仅实现了煤焦油的分质利用，而且为煤油共炼提供大量具有良好供氢性能的溶剂油，提高了煤焦油及煤的转化效率，降低了氢耗。

陕西延长煤焦油加工与煤共炼工艺过程如下：

① 煤焦油进入蒸馏装置进行分离，分离出的轻组分进入焦油提酚装置获得粗酚和抽余油，分离出的重组分与重油加氢催化剂、循环油浆进入混合罐，经过充分搅拌后与氢气一起进入预加氢反应装置；

② 经预加氢反应装置反应后的气液产物依次进入热高压分离器、中温高压分离器和低温高压分离器，分别得到高温溶剂油、低温溶剂油和轻质油；

③ 中温高压分离器分离出的低温溶剂油，经过降温降压后，与煤粉和煤直接液化催化剂进入油、煤混合罐混合，经升温升压后，与热高压分离器分离出的高温溶剂油混合得到油煤浆，并与氢气混合后进入煤油共炼装置；

④ 经煤油共炼装置的产物送入气液分离装置，得到轻组分和重组分油，重组分油送入减压蒸馏装置得到塔顶油、残渣以及侧线采出的循环油浆，循环油浆返

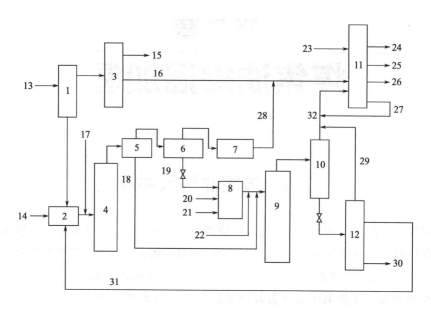

图 7-1 煤焦油加工与煤共炼组合工艺流程图

1—蒸馏装置；2—混合罐；3—焦油提酚装置；4—预加氢反应装置；5—热高压分离器；6—中温高压分离器；7—低温高压分离器；8—油煤混合罐；9—煤油共炼装置；10—气液分离装置；11—固定床加氢装置；12—减压蒸馏装置；13—煤焦油；14—重油加氢催化剂；15—粗酚；16—抽余油；17—氢气；18—高温溶剂油；19—低温溶剂油；20—煤；21—煤油共炼催化剂；22—氢气；23—氢气；24—LPG；25—汽油组分；26—柴油组分；27—循环蜡油；28—轻质油；29—减压塔顶油；30—残渣；31—循环油浆；32—轻组分油

回混合罐，残渣排出减压蒸馏装置；

⑤ 减压蒸馏装置分离出的塔顶油与焦油提酚装置分离出的抽余油、低温高压分离器分离出的轻质油、气液分离装置分离出的轻组分油及氢气混合后进入固定床加氢装置，得到LPG、汽油组分、柴油组分和循环蜡油，循环蜡油返回固定床加氢装置。

表 7-1 为两种煤焦油加工与煤共炼组合工艺加工结果，以煤粉为 100％标准进料计算，煤焦油 1 的转化率可达到 98.82％，共炼煤的转化率达到 92.57％，粗酚收率为 7.3％，总液相收率达到 174.43％，相当于进料（煤焦油＋煤）的74.36％，氢耗仅为 6.33％，相当于进料（煤焦油＋煤）的 2.69％；煤焦油 2 的转化率达到 97.46％，共炼煤转化率为 91.83％，粗酚收率为 15.71％，总液相收率达到 209.35％，相当于进料（煤焦油＋煤）的 80.08％，氢耗仅为 6.93％，相当于进料（煤焦油＋煤）的 2.65％。煤焦油的分质利用，为煤油共炼提供了大量的溶剂油，大幅度提高了煤油共炼装置的生产效率，获得了附加值高的酚类，增加了工艺的经济效益，不仅实现了煤、煤焦油的高转化率，而且具有液体收率高、氢耗低等优点，易于实现煤油共炼装置长周期、规模化运转。

表 7-1 煤焦油加工与煤共炼组合工艺物料平衡表

项目		单位	煤焦油 1	煤焦油 2
煤粉进料量(干基)		(质量分数)%	100	100
煤焦油进料量(无水)		(质量分数)%	134.43	161.66
化学氢耗		(质量分数)%	6.33	6.93
产物转化率	煤焦油转化率	%	98.82	97.46
	煤转化率	%	92.57	91.83
产物分布	NH_3、H_2S	(质量分数)%	3.52	3.91
	H_2O、CO 及 CO_2	(质量分数)%	15.78	14.19
	粗酚	(质量分数)%	7.30	15.71
	C_1C_2	(质量分数)%	6.87	5.12
	LPG	(质量分数)%	2.91	2.39
	石脑油组分	(质量分数)%	75.46	92.40
	柴油组分	(质量分数)%	91.76	101.24
	残渣	(质量分数)%	33.15	31.60
总液相收率		(质量分数)%	174.52	209.35

7.2 煤焦油与重油共炼

7.2.1 煤焦油与稠油掺混悬浮床加氢

悬浮床加氢裂化工艺是适合重油轻质化改质的加工路线，是以热裂化为主的加氢裂化反应，原料中预先加入分散型催化剂，在高温、氢气条件下发生热裂化及加氢反应，最大限度地生产优质轻质油，因其兼具加氢和热加工工艺的特点而得到迅速发展[2]。该工艺装置产生的尾油中含有大量的催化剂，难以深加工，可以作为生产沥青的原料。煤焦油沥青对碎石料具有良好的润湿和黏附性能，具有抗油侵蚀、路面摩擦系数大等特点；石油沥青则具有良好的抗老化性、受热稳定性及黏弹性。而二者的混合型沥青因兼具两种沥青的优点而备受关注。将稠油和煤焦油进行共炼，裂解反应中产生的自由基碎片交联接枝、重新组合，在分子水平上融为一体，得到的重质产物为均一稳定的胶体体系，可作为制备高等级道路沥青的原料。

李庶峰等在高压反应釜中进行了煤焦油与稠油混合共炼的悬浮床加氢裂化反应研究[3]，高温煤焦油及新疆塔里木油田轮古稠油性质见表 7-2。该研究采用了 Ni-Naph 和 FeNaph 催化剂，两种催化剂的有效金属含量相同，以此探究添加不同催化剂的临氢热裂化反应、无催化剂的热裂化反应、无催化剂的临氢热裂化反应四种不同的反应情况对产物分布的影响，结果见表 7-3。临氢裂化反应气体产率在没有催化剂的情况下会略低于热裂化反应。临氢热裂化反应蜡油收率及尾油收率在没有催化剂的情况下相较于热裂化反应收率有所提高，而轻质油（石脑油＋柴油）收率反而降低。氢气的存在降低了反应的裂解深度及缩合反应程度，改变了反应产物的分布，使临氢热裂化的反应途径与热裂化的反应途径有所差异。而且，气体产率及生焦量受到催化剂的影响而有所降低。这代表缩合反应与裂解反应同时被抑制，只是对缩合反应的抑制效果更强一些。在 FeNaph 催化作用下，气体产率为 5.73％，生焦量为 6.01％。在 NiNaph 催化作用下，气体产率为 4.88％，生焦量为 5.24％，轻质油收率有一定程度的减小，但是蜡油及尾油收率都有一定程度的增大。通常采用单位裂化转化率即生焦指数 R 来对催化剂效果进行比较，生焦指数 R 越大，那么生焦量便会越多。结果表明，NiNaph 催化剂比 FeNaph 催化剂的催化效果好。

表 7-2 煤焦油及轮古稠油的基本性质

项目		煤焦油	轮古稠油	项目		煤焦油	轮古稠油
密度(20℃)/(g/cm$_3$)		1.1350	0.9261	元素分析/%	C	92.16	85.57
残炭/%		8.92	14.20		H	5.38	10.94
酸值/(mgKOH/g)		0.488	0.460		S	0.34	2.33
运动黏度(100℃)/(mm^2/s)		14.52	157.11		N	1.65	0.34
四组分/%	饱和分	25.03	30.30	金属含量/(μg/g)	Fe	21.80	3.41
	芳香分	28.42	30.80		Ni	0.63	30.49
	胶质	18.01	22.20		V	0.27	285.00
	沥青质(正庚烷不溶物)	28.54	16.70				

表 7-3 不同反应类型对产物分布（质量分数）的影响

项目	热裂化反应		临氢热裂化反应	
	无催化剂	无催化剂(临氢)	FeNaph	NiNaph
气体/%	9.17	8.70	5.73	4.88
石脑油/%	18.97	17.67	13.70	12.67
柴油/%	30.13	28.33	27.93	25.33
蜡油/%	30.46	31.47	35.89	38.29
尾油/%	11.27	13.83	16.87	18.83
生焦量/%	10.03	7.42	6.01	5.24

他们还研究了 NiNaph 催化剂添加量对反应产物分布的影响（表 7-4），结果表明催化剂添加量越多，气体收率、轻质油收率及生焦量越少，蜡油、尾油越多。由此可见，裂化转化率与催化剂含量成反比。因此，增大催化剂的含量可以使催化剂内的质点分布更为密集，致使更多活化氢生成，有益于加氢反应进行。

表 7-4　反应产物（质量分数）与催化剂含量的关系

项目	催化剂含量/(μg/g)			
	100	120	150	200
气体/%	5.07	4.94	4.88	4.61
石脑油/%	14.35	12.96	12.67	11.69
柴油/%	26.47	26.21	25.33	25.03
蜡油/%	37.94	38.26	38.29	39.01
尾油/%	16.17	17.63	18.83	19.66
生焦量/%	5.73	5.49	5.24	5.11

在加氢裂化反应中，温度是较为显著的影响因素。温度越高，反应速度越快，这是由于加氢裂化反应是一种放热反应。当温度超过一定界限时，热量无法及时散去会导致装置超温。而温度太低时反应过慢会导致装置单程转化率降低。

在 NiNaph 催化剂上探究了反应温度对产物分布的影响（表 7-5），结果表明随着温度的提升，气体收率与生焦量提升，而尾油收率却减小。这说明反应温度提高增强了加氢裂化反应的裂化程度，产生了更多的产物。探究了反应时间对产物分布情况的改变（表 7-6），结果表明反应时间越长，气体收率和生焦量越大，轻质油越多，蜡油收率和尾油收率越小。而对于加氢裂化反应而言，反应时间和温度相辅相成，通常选择温度调节为主。悬浮床的加氢裂化反应中，随着反应时间延长，缩合反应越多，会影响反应装置。探究了反应压力对产物分布的影响（表 7-7），结果表明，9.0MPa 与 7.0MPa 的产物相较于 7.0MPa 与 5.0MPa 的产物减少量较小，说明反应压力达到一定数值后继续提高反应压力，对气体产率、转化率和生焦量等产物分布的影响较微弱。探究了原料配比对产物分布的影响（表 7-8），结果表明在煤焦油比例不断增大的情况下，气体收率基本没有改变，轻质油收率有一定程度的提高，尾油收率有大幅度提高，生焦量受原料组成影响较大而有显著提高。与稠油相比，煤焦油的组分中芳烃侧链的数量相对较少，因此煤焦油在裂解反应中生成的小分子烃数量较少，缩合产物数量较多，这导致煤焦油生焦量高。这说明加氢对稠油的影响比煤焦油大，而煤焦油又更容易缩合生焦。

综上所述可得出，重油与煤焦油的最佳质量比为 3∶1，反应温度 430℃、压力 7.0MPa 和反应时间 60min 为最佳条件。

表 7-5　反应温度对产物分布（质量分数）的影响

项目	425℃	430℃	435℃
气体/%	4.21	4.88	5.78
石脑油/%	11.03	12.67	13.90

续表

项目	425℃	430℃	435℃
柴油/%	22.97	25.33	25.93
蜡油/%	40.10	38.29	38.10
尾油/%	21.69	18.83	16.27
生焦量/%	3.20	5.24	5.97

表 7-6　反应时间对产物分布（质量分数）的影响

项目	40min	60min	80min
气体/%	4.11	4.88	5.81
石脑油/%	10.72	12.67	14.03
柴油/%	23.70	25.33	26.75
蜡油/%	39.69	38.29	37.11
尾油/%	21.78	18.83	16.30
生焦量/%	3.07	5.24	6.11

表 7-7　反应压力对产物分布（质量分数）的影响

项目	5.0MPa	7.0MPa	9.0MPa
气体/%	4.97	4.88	4.67
石脑油/%	13.25	12.67	12.73
柴油/%	26.17	25.33	26.10
蜡油/%	37.80	38.29	38.01
尾油/%	17.81	18.83	18.49
生焦量/%	5.70	5.24	5.05

表 7-8　反应产物分布（质量分数）随原料配比的变化

项目	重油与煤焦油的质量比			
	3：0	3：1	3：2	3：3
气体/%	3.84	4.88	4.63	4.70
石脑油/%	12.65	12.67	13.45	13.85
柴油/%	26.20	25.33	26.04	27.15
蜡油/%	39.52	38.29	36.98	34.76
尾油/%	17.79	18.83	18.90	19.54
生焦量/%	2.67	5.24	5.42	6.02

他们研究了供氢剂四氢萘及蜡油循环对产物分布的影响，见表7-9。由表7-9

可知，当有循环蜡油和四氢萘的时候，气体产率和生焦量都有一定程度的减少，而尾油收率却有很大程度的提高，这代表供氢剂与循环蜡油的加入可以在很大程度上抑制裂化及生焦。四氢萘身为供氢剂可以利用活化氢封闭裂解的自由基，在一定程度上减少缩合反应，并凭借其特有的溶剂效应使自由基浓度降低。加入蜡油溶剂，可以在一定程度上降低多环芳烃浓度，从而达到生焦量减少的目的。蜡油循环使得原料转化率在生焦量不变的情况下得到提高。

表 7-9　添加供氢剂或蜡油循环时的产物分布（质量分数）

项目	空白	蜡油循环	添加四氢萘
气体/%	4.88	4.47	4.07
石脑油/%	12.67	12.20	11.49
柴油/%	25.33	25.81	24.70
蜡油/%	38.29	36.22	36.24
尾油/%	18.83	21.30	23.50
生焦量/%	5.24	4.81	4.30

李庶峰等[4] 在前期研究基础上采用相对缓和的反应条件，对煤焦油与轮古稠油悬浮床加氢共炼工艺做了研究，在尽量多生产轻质馏分的同时，将共炼尾油作为生产沥青的原料。悬浮床加氢反应和分离方案示意图见图 7-2。在计算尾油收率与生焦量时都用原料油作为基准。悬浮床加氢裂化反应条件：温度（430±1）℃，时间 60min，压力 7.0MPa，催化剂含量 200μg/g，稠油与煤焦油的质量比 3:1,2 倍硫化反应当量的硫粉。

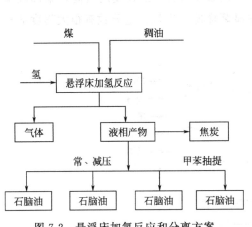

图 7-2　悬浮床加氢反应和分离方案

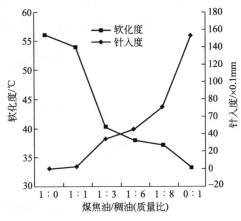

图 7-3　混合物的性质与煤焦油/稠油
配比之间的关系

在 180℃下以 300r/min 的速率将大于 400℃馏分中 50%（质量分数）的煤沥

青与大于 400℃尾油混合搅拌 30min，形成的混合物的性质与混合物配比之间的关系如图 7-3。在煤焦油与稠油质量比为 1∶1 时针入度基本不变，在煤焦油与稠油的质量比达到 1∶6 时针入度改变不大，即使煤焦油与稠油的质量比达到 1∶8 时针入度依旧无显著改变。56℃是煤沥青在煤焦油与稠油质量比为 1∶1 时的软化点，40℃是煤沥青在煤焦油与稠油质量比为 1∶3 时的软化点，可以看出煤沥青的软化点先快速下降，然后缓慢下降。这代表煤焦油对稠油软化点影响很大。而在实验室制得的混合沥青延伸度极低，煤焦油与稠油质量比为 1∶8 时，延伸度也极为不理想。混合沥青温度较高时还有很小程度的分层现象。综合考虑煤焦油和稠油无法通过化学调和获得性质稳定产物，而物理手段又难以作为制备沥青的原料。

对比了水溶性的 $Ni(NO_3)_2$ 和油溶性的 NiNaph、FeNaph 三种催化剂对产物分布的影响（表 7-10），其中水溶性的 $Ni(NO_3)_2$ 要以水溶液的形式高速搅拌加入后分离水，结果表明，镍催化剂的催化加氢能力比铁催化剂好。油溶性的 NiNaph 催化加氢能力优于其他两种催化剂，油溶性催化剂有更好的分散度，且更易硫化。

表 7-10　不同催化剂类型对产物分布（质量分数）的影响

催化剂类型	产气	石脑油	柴油	蜡油	>480℃尾油	生焦
FeNaph	5.73	13.70	27.93	35.89	16.75	5.01
$Ni(NO_3)_2$	5.17	13.21	26.74	36.59	18.29	4.19
NiNaph	4.88	12.67	25.33	38.29	18.83	3.24
无催化剂（临氢反应）	8.70	17.67	28.33	31.47	13.83	7.42

在尾油的切割点额定 420℃下探究煤焦油与稠油不同配比对产物的影响（图 7-4），结果表明煤焦油占比越大，产气率与轻油收率有一定程度的提高，柴油收率与尾油收率有很大程度的提高，蜡油收率显著降低，生焦质量分数有很大程度的提

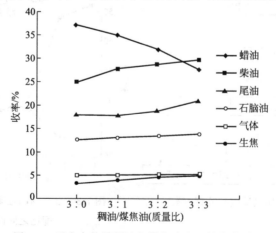

图 7-4　反应产物随稠油与煤焦油配比的变化关系

高。这与煤焦油的胶质、沥青质组分中芳烃侧链的数量较少密不可分，也与裂解过程中生成的小分子烃数量少、缩合产物相对较多息息相关。而在重油悬浮床加氢裂化反应中，不仅需要生焦量满足工艺要求，而且要得到不错的轻馏分收率，因此煤焦油的比例不宜过高。在重油悬浮床加氢裂化反应中稠油比煤焦油更难缩合成焦，这是因为加氢对稠油裂化反应与缩合反应抑制能力更好。

分别以 410℃、420℃、430℃、435℃ 作为尾油切割温度对煤焦油和轮古稠油进行共处理，对尾油的四种不同组分分布与沥青的针入度、软化点、延伸度进行测试，结果见表 7-11、表 7-12。以沥青的三大指标性质作为共处理改质反应后得到的沥青样品的探究指标。沥青是一种成分极为复杂的混合物，沥青的表观性质和它的化学组成密不可分。沥青质是一种沥青胶体溶液的核心分散于沥青的其他组分后构成的一个稳定的胶体体系。沥青四种组分的比例是否平衡，是衡量沥青质量优劣的重要标准。由表 7-11 可以看出，煤焦油和稠油共处理改质反应得到的尾油中有一组比例优异，拥有良好的沥青性质，和某 90♯ 道路沥青的四组分相差无几。由表 7-12 可知，尾油切割温度为 420℃、430℃ 时得到的沥青与 90♯ 道路沥青较为接近。因此能通过调整比例得到很好的沥青原料，稠油和煤焦油共炼产物分离后可以得到类似于 90♯ 道路沥青的材料。

表 7-11　不同切割点尾油的四组分组成数据（质量分数）

切割点温度/℃	饱和组分	芳香组分	胶质	庚烷沥青质
410	24.89	30.84	34.23	10.04
420	22.50	29.98	36.71	10.81
430	21.01	29.51	38.04	11.44
435	20.28	28.30	39.18	12.24
某90♯沥青	19.20	28.37	42.26	10.17

表 7-12　不同切割点尾油的沥青性质

切割点温度/℃	针入度(25℃)/mm	软化点/℃	延伸度/cm
410	15.5	32	>120
420	10.7	41	112
430	9.3	44	97
435	6.5	48	86
某90♯沥青	8.1~10.0	42~45	2100

7.2.2　焦油与渣油掺混加氢

悬浮床工艺也适用于劣质重油和煤焦油混合原料的加工，煤焦油可以改变劣质重油的胶体性质，提高其临氢反应转化率，对生焦也有一定影响。减压渣油和煤焦油的共热解存在一定的协同作用，掺炼煤焦油能促进渣油的热裂解。然而反应器的结焦问题是该工艺所面临的最大问题，是制约其开工周期的主要问题，也是工艺开发者首先考虑的问题。

孙强[5] 以马瑞常压渣油（MRAR）、榆林中/低温煤焦油常压渣油（CTAR）为原料，在高压釜中探究了在不同掺兑比、反应温度、反应时间下 MRAR 和 CTAR 混炼体系加氢反应行为及生焦特点。

（1）不同掺比对混炼体系加氢反应的影响

掺比对混炼体系加氢反应产物分布的影响见表 7-13。由表 7-13 可知，MRAR 中掺入 CTAR 后，产物的分布发生了明显的变化，汽油和柴油含量都出现了先增加后减小的趋势，且都在 CTAR 质量分数为 30% 时达到极大值，此时，轻油（汽油＋柴油）收率高达 51.12%，比 MRAR 加氢裂化产物高出 15.32%，比 CTAR 加氢裂化产物也高出 11.65%，>360℃ 馏分油收率也是在 CTAR 质量分数 30% 时达到最小值。随着 CTAR 含量持续增加，产物分布趋近于煤焦油单独加氢的产物分布。这与文献中研究结果一致，即加入煤焦油能促进渣油的热裂解，改变产物的分布状况，提高轻油收率，能够实现劣质重油的高效转化。

表 7-13 掺比对混炼体系加氢反应产物分布的影响

w(CTAR)/%	w(产物)/%		
	IBP~180℃	180~360℃	>360℃
0.00	8.97	26.83	51.63
10.00	11.84	32.75	49.99
20.00	13.56	32.95	45.37
30.00	14.21	36.91	38.07
40.00	13.84	32.85	42.27
50.00	10.03	33.00	45.83
70.00	11.03	34.23	46.69
90.00	9.98	28.21	50.02
100.00	8.21	31.26	47.47

不同煤焦油掺比对混炼体系生焦情况的影响见图 7-5。由图 7-5 可知，MRAR 与 CTAR 在上述反应条件下进行加氢反应，CTAR 的生焦量要明显高于 MRAR，主要是由于 CTAR 中含有 30%（质量分数）的沥青质及 3.78%（质量分数）的原生甲苯不溶物，CTAR 生成焦炭的质量分数高达 3.13%，但焦炭主要以悬浮焦的形式存在，沉积焦很少，这是煤焦油加氢反应生焦的一个很重要的特点。当 MRAR 中掺入 CTAR 后，总生焦量先增加后减小，在 CTAR 质量分数为 70% 附

近达到最大值，而沉积焦含量在加入 CTAR 后迅速增加，在 CTAR 质量分数 30%附近达到最大值，此时生焦都集中在反应器的底部，生成的焦炭大量聚沉也导致悬浮焦含量迅速减少，达到极小值，然后随着煤焦油掺兑量增加，生焦特性趋向于煤焦油的生焦特性。重油加氢反应是催化剂作用下的临氢催化热裂化反应，在热作用下大分子发生热裂化生成烃自由基。马瑞渣油中掺入煤焦油后，煤焦油能促进渣油的热裂解，大分子裂解生成更多的轻馏分油，与此同时，生成的大分子自由基增多，缩合反应也增加，生焦量增大；掺入煤焦油后体系的稳定性变差，沥青质更容易从胶体体系中分离出来，促进第二液相形成，缩短生焦诱导期，生焦量增加。煤焦油质量分数为 30%时轻油转化率最大，也是沉积焦量的一个极值点。

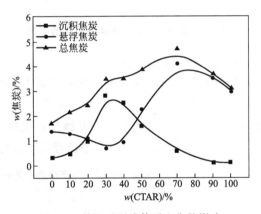

图 7-5 掺比对混炼体系生焦的影响

（2）反应温度对混炼体系临氢催化热裂化反应的影响

反应温度是影响加氢反应生焦的关键因素，考察了混炼体系在不同反应温度下产物分布及生焦状况。反应产物分布如表 7-14 所示，不同反应温度下混炼体系生焦量如图 7-6 所示。结果表明，随着反应温度升高，汽油和柴油的收率逐渐增加，>360℃ 常渣组分逐渐减少。反应温度<420℃，反应较温和；反应温度达到 430℃时，反应剧烈，轻油收率显著增加。

表 7-14 反应温度对混炼体系加氢反应产物分布的影响

T/℃	w(产物)/%		
	IBP~180℃	180~360℃	>360℃
410	2.33	19.96	65.27
420	4.91	20.24	63.82
425	9.35	26.59	53.33
430	14.21	36.91	38.07
440	19.51	33.54	32.43

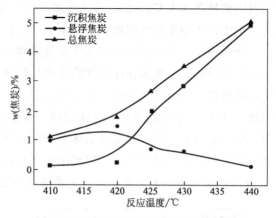

图 7-6　反应温度对混炼体系生焦的影响

（3）反应时间对混炼体系加氢反应的影响

混炼体系加氢反应生焦过程中生焦量不断变化，考察了不同反应时间的生焦情况（图 7-7）和反应产物分布（表 7-15）。由表 7-15 可知，随着反应时间不断延长，汽油和柴油收率不断增加，＞360℃常渣组分不断减少；反应 0min 时，体系中轻油收率达到 15％（质量分数），说明在升温过程中已经发生部分反应。

表 7-15　反应时间对混炼体系加氢反应产物分布的影响

t/min	w(产物)/%		
	IBP～180℃	180～360℃	＞360℃
0	2.27	12.90	73.30
20	6.10	22.35	61.92
40	9.83	27.41	50.39
60	14.21	36.91	38.07

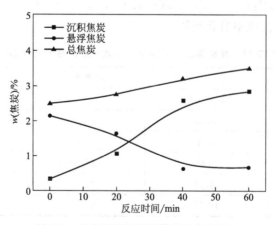

图 7-7　反应时间对混炼体系生焦的影响

由图 7-7 可知，随着反应时间延长，混炼体系生焦量逐渐增加，其中沉积焦量不断增加，悬浮焦量逐渐降低最后趋于稳定。反应一开始体系内焦炭含量为 2.47%（质量分数），以悬浮焦为主，主要是由于 CTAR 原料中就含有 3.78%（质量分数）的原生甲苯不溶物，随着反应进行，原生甲苯不溶物并不能完全转化。一般煤焦油原生甲苯不溶物分为有机组分和无机组分，有机组分在高于 360℃时会发生部分转化，并且煤焦油体系的反应温度较低，温度在 360℃下沥青质会缩合成生焦，在升温过程中沥青质已经发生反应，因此刚达到反应温度 430℃便有 2.47%（质量分数）的生焦。随着反应进行，生成的焦炭逐渐增多，焦炭颗粒在反应过程中逐渐变大变多，混炼体系对焦炭的胶溶能力有限，达到一定程度后大量聚沉，沉积焦量不断增加，而悬浮焦逐渐减少，最后在体系胶溶能力范围内趋于稳定。

MRAR 中掺入 CTAR 后混炼体系加氢反应产物分布发生了很大的变化。随着 CTAR 掺兑量增加，轻油收率呈现先增加后减小的趋势，并且在 CTAR 质量分数为 30%时达到最大值，此时焦炭主要以沉积焦形式存在，生焦总量也是先增大后减小；在 CTAR 质量分数为 70%时达到最大值，煤焦油质量分数超过 50%后，生焦以悬浮焦为主，沉积焦很少。随着反应温度上升，混炼体系的轻油收率及总生焦量都逐渐增加，混炼体系敏感反应温度在 420~430℃，反应温度达到 430℃，沉积焦大量生成，轻油收率也大幅增加。随着反应时间延长，轻油收率与生焦量逐渐增加，悬浮焦逐渐沉积。

曹相鹏等[6] 以马瑞常压渣油（MRAR）、榆林中/低温煤焦油（CT）为原料，在高压搅拌釜中分别研究了在不同掺混比、混合温度、停留时间下 MRAR/CT 掺混体系胶体稳定性变化规律。研究结果表明，马瑞常压渣油体系胶体稳定性较好，黏度较大。随着煤焦油加入量增加，体系的黏度呈现出下降的趋势，而且体系的胶体稳定性指数下降，体系胶体稳定性变差，掺混体系沥青质的芳碳率增加，缩合程度增大，体系中的马瑞沥青质与煤焦油沥青质发生缔合作用，体系沥青质缔合体尺寸增加。在 CT 质量分数为 30%时，随着混合温度升高或停留时间延长，掺混体系胶体稳定性逐渐下降；在＜470℃时，随着掺混煤焦油窄馏分馏程温度升高，掺混体系的稳定性增加，其中 360~470℃馏程煤焦油与渣油掺混体系稳定性最好。不同煤焦油原生固体颗粒添加量对渣油/煤焦油体系胶体稳定性影响不同。1%（质量分数）煤焦油原生固体颗粒的加入可以降低沥青质间的氢键作用，减弱沥青质间的缔合作用，颗粒吸附重组分均匀分散在体系内，重组分间联结现象较弱，体系胶体稳定性提高；随着煤焦油原生固体颗粒添加量增加，沥青质间缔合作用增强，体系重组分分散较差，重组分间联结现象较强，体系稳定性变差。

7.3 煤焦油与杂油、煤加氢共炼

北京宝塔三聚能源科技有限公司[7] 提出了一种杂油、煤和煤焦油加氢共炼工艺。北京宝塔三聚的杂油、煤和煤焦油加氢共炼工艺流程如下：

① 对煤焦油原料进行蒸馏处理，分为≤320℃的轻质馏分油和＞320℃的重质馏分油。

② 将蒸馏处理得到的所述重质馏分油与煤、杂油混合，加入加氢催化剂，制成油煤浆。其中，所述重质馏分油、煤、杂油的质量比为（1～4）:（1～3）:（1～4），所述杂油为石油渣油、高稠油中的一种或两种的混合物。

③ 将得到的油煤浆经预热后送入浆态床反应器，进行加氢反应。

④ 将加氢反应的生成物采用高温高压分离器进行气液分离。

⑤ 将经气液分离得到的含固重质残油进行减压蒸馏，得到减压油。

⑥ 将得到的减压油和第一步得到的≤320℃轻质馏分油预热，与气液分离得到的气相物料依次送入第一固定床反应器和第二固定床反应器进行加氢精制。

⑦ 加氢精制后的产物经分馏得到汽油、柴油和350～500℃重质油，其中，将350～500℃重质油作为循环供氢溶剂再循环，与重质馏分油、煤和杂油一起送入加氢反应器进行加氢反应，350～500℃重质油与重质馏分油质量比为（1:3）～（4:1）。

该工艺使用的加氢催化剂为 Fe 系催化剂、Mo 系催化剂、Ni 系催化剂中的一种或者多种，且加氢催化剂中还添加有硫黄或有机硫化物。第一固定床反应器中的保护催化剂为镍-钼系催化剂，加氢催化剂为镍-钼系催化剂；第二固定床反应器中使用的催化剂为镍-钼-钨系催化剂。第一固定床反应器为下进料、上出料的鼓泡床反应器，在鼓泡床反应器中设置有两层分布板，其中下层分布板上设置有保护催化剂，上层分布板上设置有加氢催化剂，在鼓泡床反应器的底部设置有减压阀；第二固定床反应器为上进料、下出料的滴流床反应器。

表 7-16 为杂油、煤、煤焦油加氢结果。

表 7-16 杂油、煤和煤焦油加氢结果

项目	产品收率/%	气产率/%	水产率/%	氢耗/%
实施例 1	86.15	4.56	2.34	3.15
实施例 2	82.10	3.28	1.79	2.00
实施例 3	90.75	5.01	2.25	3.79

其中：

产品收率%＝分馏得到的≤350℃汽油、柴油/（煤＋煤焦油＋杂油）×100%；

气产率% = 整个加氢工艺过程中生成的气体馏分/（煤＋煤焦油＋杂油）×100%；

水产率% = 整个加氢工艺过程中生成的水分/（煤＋煤焦油＋杂油）×100%；

氢耗% = 整个加氢工艺过程中耗费的氢气/（煤＋煤焦油＋杂油）×100%。

这种杂油、煤和煤焦油加氢共炼工艺将油煤共炼工艺与煤焦油加氢工艺有机结合在一起，可使煤焦油加氢后生成汽、柴油，收率提高10%～30%，并提高了产品油的油品质量。

参考文献

[1]　陕西延长石油（集团）有限责任公司.一种煤焦油加工与煤共炼组合工艺：中国，201811543935.9［P］.2018-12-17.

[2]　马宝岐.煤焦油制燃料油品［M］.北京：化学工业出版社，2011：469-481.

[3]　李庶峰，邓文安，文萍等.轮古稠油与煤焦油混合原料悬浮床加氢裂化研究［J］.石油炼制写化工，2007，38（10）：25-28.

[4]　李庶峰，邓文安，文萍等.煤焦油与轮古稠油悬浮床加氢共炼工艺的研究［J］.辽宁石油化工大学学报，2007，27（4）：9-12.

[5]　孙强.沥青质对渣油/煤焦油混炼体系加氢反应生焦的影响［D］.青岛：中国石油大学（华东），2017.

[6]　曹相鹏.渣油掺混煤焦油体系胶体稳定性研究［D］.青岛：中国石油大学（华东），2018.

[7]　北京宝塔三聚能源科技有限公司.一种杂油、煤和煤焦油加氢共炼的方法：中国，CN104087339 B［P］.2015-11-18.

附　录

附录1　中国黑色冶金行业标准 煤焦油（YB/T 5075—2010）

指标名称		指标	
		1 号	2 号
密度(ρ_{20})/(g/cm^3)		1.15～1.21	1.13～1.22
水分/%	不大于	3.0	4.0
灰分/%	不大于	0.13	0.13
黏度(E_{80})	不大于	4.0	4.2
甲苯不溶物(无水基)/%		3.5～7.0	不大于 9
萘含量(无水基)/%	不小于	7.0	7.0

注：萘含量指标不作质量考核依据。

附录2　陕西省地方标准 中低温煤焦油（DB61/T 995—2015）

项目	技术要求		试验方法
	一级	二级	
密度(ρ_{20})/(g/cm^3)	≤1.0300	1.0301～1.0700	GB/T 2281
水分/%	≤2.00	2.01～4.00	GB/T 2288
灰分/%	≤0.15	0.16～0.20	GB/T 2295
黏度 E_{80}	≤3.00	4.00	GB/T 24209
机械杂质/%	≤0.55	0.56～2.00	GB/T 511
残炭/%	≤8.0	8.1～10.0	SH/T 0170
甲苯不溶物(无水基)/%		≤1.0	GB/T 2292

附录3 国家标准车用汽油

车用汽油（Ⅴ）技术要求和试验方法 GB 17930—2016

项目		质量指标			试验方法
		89	92	95	
抗爆性：					
研究法辛烷值（RON）	不小于	89	92	95	GB/T 5487
抗爆指数（RON＋MON）/2	不小于	84	87	90	GB/T 503，GB/T 5487
铅含量ª/(g/L)	不大于	0.005			GB/T 8020
馏程：					GB/T 6536
10%蒸发温度/℃	不高于	70			
50%蒸发温度/℃	不高于	120			
90%蒸发温度/℃	不高于	190			
终馏点/℃	不高于	205			
残留量（体积分数）/%	不大于	2			
蒸气压b/kPa：					GB/T 8017
11月1日～4月30日		45～85			
5月1日～10月31日		40～65c			
胶质含量/(mg/100 mL)：					GB/T 8019
未洗胶质含量（加入清净剂前）	不大于	30			
洗胶质含量	不大于	5			
诱导期/min	不小于	480			GB/T 8018
硫含量d/(mg/kg)	不大于	10			SH/T 0689
硫醇（博士试验）		通过			NB/SH/T 0174
铜片腐蚀（50℃,3h）/级	不大于	1			GB/T 5096
水溶性酸或碱		无			GB/T 259
机械杂质及水分		无			目测e
苯含量f（体积分数）/%	不大于	1.0			SH/T 0713
芳烃含量g（体积分数）/%	不大于	40			GB/T H132
烯烃含量g（体积分数）/%	不大于	24			GB/T 11132
氧含量h（质量分数）/%	不大于	2.7			NB/SH/T 0663
甲醇含量ª（质量分数）/%	不大于	0.3			NB/SH/T 0663
锰含量ª/(g/L)	不大于	0.002			SH T 0711
铁含量ª/(g/L)		0.01			SH/T 0712
密度i(20℃)/(kg/m²)		720～775			GB/T 1884，GB/T 1885

ª 车用汽油中，不得人为加入甲醇以及含铅、含铁和含锰的添加剂。

b 也可采用 SH/T0794 进行测定，在有异议时，以 GB/T 8017 方法为准。换季时，加油站允许有 15 天的置换期。

c 广东、海南全年执行此项要求。

d 也可采用 GB/T 11140、SH/T 0253、ASTM D7O39 进行测定，在有异议时，以 SH/T 0689 方法为准。

e 将试样注入 100 mL 玻璃量筒中观察，应当透明，没有悬浮和沉降的机械杂质和水分。在有异议时，以 GI5/T511 和 GB/T 260 方法为准。

f 也可采用 GB/T 28768，GB/T 30519 和 SH/T 0693 进行测定，在有异议时，以 SH/T 0713 方法为准。

g 对于 95 号车用汽油，在烯烃、芳烃总含量控制不变的前提下，可允许芳烃的最大值为 42%（体积分数）也可采用 GB/T 28768，GB/T 30519、NB/SH/T 0741 进行测定，在有异议时，以 GB/T 11132 方法为准。

h 也可采用 SH/T 0720 进行测定. 在有异议时. 以 NB/SH/T 0663 方法为准。

i 也可采用 SH/T 0604 进行测定，在有异议时，以 GB/T 1884、GB/T 1885 方法为准。

车用汽油（ⅥA）技术要求和试验方法 GB 17930—2016

项目		质量指标			试验方法
		89	92	95	
抗爆性：					
研究法辛烷值（RON）	不小于	89	92	95	GB/T 5487
抗爆指数（RON＋MON）/2	不小于	84	87	90	GB/T 503，GB/T 5487
铅含量[a]/（g/L）	不大于	0.005			GB/T 8020
馏程：					GB/T 6536
10%蒸发温度/℃	不高于	70			
50%蒸发温度/℃	不高于	110			
90%蒸发温度/℃	不高于	190			
终馏点/℃	不高于	205			
残留量（体积分数）/%	不大于	2			
蒸气压[b]/kPa：					GB/T 8017
11月1日～4月30日		45～85			
5月1日～10月31日		40～65[c]			
胶质含量/（mg/100 mL）：					GB/T 8019
未洗胶质含量（加入清净剂前）	不大于	30			
洗胶质含量	不大于	5			
诱导期/min	不小于	480			GB/T 8018
硫含量[d]/（mg/kg）	不大于	10			SH/T 0689
硫醇（博士试验）		通过			NB/SH/T 0174
铜片腐蚀（50℃,3h）/级	不大于	1			GB/T 5096
水溶性酸或碱		无			GB/T 259
机械杂质及水分		无			目测[e]
苯含量[f]（体积分数）/%	不大于	0.8			SH/T 0713
芳烃含量[g]（体积分数）/%	不大于	35			GB/T H132
烯烃含量[g]（体积分数）/%	不大于	18			GB/T 11132
氧含量[h]（质量分数）/%	不大于	2.7			NB/SH/T 0663
甲醇含量[a]（质量分数）/%	不大于	0.3			NB/SH/T 0663
锰含量[a]/（g/L）	不大于	0.002			SH T 0711
铁含量[a]/（g/L）		0.01			SH/T 0712
密度[i]（20℃）/（kg/m²）		720～775			GB/T 1884，GB/T 1885

[a] 车用汽油中,不得人为加入甲醇以及含铅、含铁和含锰的添加剂。

[b] 也可采用 SH/T0794 进行测定,在有异议时,以 GB/T 8017 方法为准。换季时,加油站允许有 15 天的置换期。

[c] 广东、海南全年执行此项要求。

[d] 也可采用 GB/T 11140、SH/T 0253、ASTM D7O39 进行测定,在有异议时,以 SH/T 0689 方法为准。

[e] 将试样注入 100 mL 玻璃量筒中观察,应当透明,没有悬浮和沉降的机械杂质和水分。在有异议时,以 GI5/T511 和 GB/T 260 方法为准。

[f] 也可采用 GB/T 28768,GB/T 30519 和 SH/T 0693 进行测定,在有异议时,以 SH/T 0713 方法为准。

[g] 也可采用 GB/T11132,GB/T28768 进行测定,在有异议时,以 GB/T 30519 方法为准。

[h] 也可采用 SH/T 0720 进行测定.在有异议时.以 NB/SH/T 0663 方法为准。

[i] 也可采用 SH/T 0604 进行测定,在有异议时,以 GB/T 1884、GB/T 1885 方法为准。

车用汽油（ⅥB）技术要求和试验方法 GB 17930—2016

项目		质量指标			试验方法
		89	92	95	
抗爆性：					
研究法辛烷值（RON）	不小于	89	92	95	GB/T 5487
抗爆指数（RON＋MON）/2	不小于	84	87	90	GB/T 503，GB/T 5487
铅含量[a]/（g/L）	不大于	0.005			GB/T 8020
馏程：					GB/T 6536
10％蒸发温度/℃	不高于	70			
50％蒸发温度/℃	不高于	110			
90％蒸发温度/℃	不高于	190			
终馏点/℃	不高于	205			
残留量（体积分数）/％	不大于	2			
蒸气压[b]/kPa：					GB/T 8017
11月1日～4月30日		45～85			
5月1日～10月31日		40～65[c]			
胶质含量/（mg/100 mL）：					GB/T 8019
未洗胶质含量（加入清净剂前）	不大于	30			
洗胶质含量	不大于	5			
诱导期/min	不小于	480			GB/T 8018
硫含量[d]/（mg/kg）	不大于	10			SH/T 0689
硫醇（博士试验）		通过			NB/SH/T 0174
铜片腐蚀（50℃,3h）/级	不大于	1			GB/T 5096
水溶性酸或碱		无			GB/T 259
机械杂质及水分		无			目测[e]
苯含量[f]（体积分数）/％	不大于	0.8			SH/T 0713
芳烃含量[g]（体积分数）/％	不大于	35			GB/T H132
烯烃含量[g]（体积分数）/％	不大于	15			GB/T 11132
氧含量[h]（质量分数）/％	不大于	2.7			NB/SH/T 0663
甲醇含量[a]（质量分数）/％	不大于	0.3			NB/SH/T 0663
锰含量[a]/（g/L）	不大于	0.002			SH T 0711
铁含量[a]/（g/L）		0.01			SH/T 0712
密度[i]（20℃）/（kg/m²）		720～775			GB/T 1884，GB/T 1885

　[a] 车用汽油中,不得人为加入甲醇以及含铅、含铁和含锰的添加剂。

　[b] 也可采用 SH/T0794 进行测定,在有异议时,以 GB/T 8017 方法为准。换季时,加油站允许有 15 天的置换期。

　[c] 广东、海南全年执行此项要求。

　[d] 也可采用 GB/T 11140、SH/T 0253、ASTM D7O39 进行测定,在有异议时,以 SH/T 0689 方法为准。

　[e] 将试样注入 100 mL 玻璃量筒中观察,应当透明,没有悬浮和沉降的机械杂质和水分。在有异议时,以 GI5/T511 和 GB/T 260 方法为准。

　[f] 也可采用 GB/T 28768,GB/T 30519 和 SH/T 0693 进行测定,在有异议时,以 SH/T 0713 方法为准。

　[g] 也可采用 GB/T11132,GB/T28768 进行测定,在有异议时,以 GB/T 30519 方法为准。

　[h] 也可采用 SH/T 0720 进行测定.在有异议时.以 NB/SH/T 0663 方法为准。

　[i] 也可采用 SH/T 0604 进行测定,在有异议时,以 GB/T 1884、GB/T 1885 方法为准。

附录 4　国家标准　车用柴油

车用柴油（Ⅴ）技术要求和试验方法 GB 19147—2016

项目	质量指标						试验方法
	5 号	0 号	−10 号	−20 号	−35 号	−50 号	
氧化安定性(以总不溶物计)/(mg/100 mL) 不大于	2.5						SH/T 0175
硫含量ᵃ/(mg/kg)　不大于	10						SH/T 0689
酸度(以 KOH 计)/(mg/100 mL) 不大于	7						GB/T 258
10%蒸余物残炭ᵇ(质量分数)/% 不大于	0.3						GB/T 17144
灰分(质量分数)/%　不大于	0.01						GB/T 508
铜片腐蚀(50℃,3 h)/级　不大于	1						GB/T 5096
水含量ᶜ(体积分数)/%　不大于	痕迹						GB/T 260
机械杂质ᵈ	无						GB/T 511
润滑性 　校正磨痕直径(60℃)/μm　不大于	460						SH/T 0765
多环芳烃含量ᵉ(质量分数)/%　不大于	11						SH/T 0806
运动黏度ᶠ(20℃)/(mm²/s)	3.0~8.0		2.5~8.0		1.8~7.0		GB/T 265
凝点/℃　不高于	5	0	−10	−20	−35	−50	GB/T 510
冷滤点/℃　不高于	8	4	−5	−14	−29	−44	SH/T 0248
闪点(闭口)/℃　不低于	60		50		45		GB/T 261
十六烷值　不小于	51		49		47		GB/T 386
十六烷指数ᵍ　不小于	46		46		43		SH/T 0694
馏程: 　50%回收温度/℃　不高于	300						GB/T 6536
90%回收温度/℃　不高于	355						
95%回收温度/℃　不高于	365						
密度ʰ(20℃)/(kg/m³)	810-850		790~840				GB/T 1884 GB/T 1885
脂肪酸甲酯含量ⁱ(体积分数)/% 不大于	1.0						NB/SH/T 0916

　ᵃ也可采用 GB/T 11140 和 ASTM D7039 进行测定,结果有异议时,以 SH/T 0689 方法为准。

　ᵇ也可采用 GB/T 268 进行测定,结果有异议时,以 GB/T 17144 方法为准。若车用柴油中含有硝酸酯型十六烷值改进剂,10%蒸余物残炭的测定使用不加硝酸酯的基础燃料进行。车用柴油中是否含有硝酸酯型十六烷值改进剂的检验方法见附录 B。

　ᶜ可用目测法,即将试样注入 100 mL 玻璃量筒中,在室温(20℃+5℃)下观察,应当透明,没有悬浮和沉降的水分。也可采用 GB/T 11133 和 SH/T 0246 测定,结果有异议时,以 GB/T 260 方法为准。

　ᵈ可用目测法,即将试样注入 100 mL 玻璃量筒中,在室温(20℃±5℃)下观察,应当透明,没有悬浮和沉降的杂质。结果有异议时,以 GB/T 511 方法为准。

　ᵉ也可采用 SH/T 0606 进行测定,结果有异议时,以 SH/T 0806 方法为准。

　ᶠ也可采用 GB/T 30515 进行测定,结果有异议时,以 GB/T 265 方法为准。

　ᵍ十六烷指数的计算也可采用 GB/T 11139,结果有异议时,以 SH/T 0694 方法为准。

　ʰ也可采用 SH/T 0604 进行测定,结果有异议时,以 GB/T 1884 和 GB/T 1885 方法为准。

　ⁱ脂肪酸甲酯应满足 GB/T 20828 要求。也可采用 GB/T 23801 进行测定,结果有异议时,以 NB/SH/T 0916 方法为准。